"十四五"职业教育国家规划教材配套用书
江苏省高等学校在线开放课程配套教材

基础化学实验指导

主　编　唐　迪　李树炎
副主编　徐晓燕　赵忠涛　王　林
主　审　夏　红

特配电子资源

微信扫码
◎ 慕课学习
◎ 视频浏览
◎ 延伸阅读

南京大学出版社

图书在版编目(CIP)数据

基础化学实验指导 / 唐迪，李树炎主编. — 南京：
南京大学出版社，2023.7
ISBN 978-7-305-27163-2

Ⅰ.①基… Ⅱ.①唐… ②李… Ⅲ.①化学实验－高
等职业教育－教学参考资料 Ⅳ.①O6-3

中国国家版本馆 CIP 数据核字(2023)第 133202 号

出版发行　南京大学出版社
社　　址　南京市汉口路 22 号　　　邮　编　210093
出 版 人　王文军

书　　名　**基础化学实验指导**
主　　编　唐 迪　李树炎
责任编辑　高司洋　　　　　　　编辑热线　025-83592146

照　　排　南京南琳图文制作有限公司
印　　刷　南京人文印务有限公司
开　　本　787×1092　1/16　印张 14　字数 351 千
版　　次　2023 年 7 月第 1 版　2023 年 7 月第 1 次印刷
ISBN 978-7-305-27163-2
定　　价　38.00 元

网址：http://www.njupco.com
官方微博：http://weibo.com/njupco
官方微信号：njupress
销售咨询热线：(025) 83594756

* 版权所有，侵权必究
* 凡购买南大版图书，如有印装质量问题，请与所购
　图书销售部门联系调换

前　言

《基础化学实验指导》自 2008 年 5 月出版以来,已在多所高职院校使用,并受到广大师生的欢迎与好评。至 2018 年,已修订至第三版。本书内容涵盖了无机化学、分析化学、有机化学、生物化学等专业知识,综合了化学各学科的重要实验方法和技术,尽可能反映各学科的前沿领域和现代科学技术的发展,目的是扩大学生的知识面,增强学生的实际操作技能,提高学生的综合素质。

本教材是在原教材的基本框架和基本内容的基础上进行修订的。编者一致认为,本书的突出之处在于"基础"二字。本着巩固、完善和提高的修订原则,力图在强调基础知识与基本技能的同时,反映基础化学实验技术的科学性与先进性,更强调实验室安全宣传。本次修订进行了数据更新和内容完善,同时增删了部分实验,使内容尽量与生产实际贴近,教材配套了立体化教学资源,方便学生用移动终端扫描二维码,利用碎片时间免费在线学习。

全书仍分为六部分:第一章介绍实验基础知识;第二章介绍基本实验操作技术;第三章介绍基础训练实验,包括 41 个基础化学实验;第四章介绍综合及设计性实验,包括 12 个提高性实验,旨在培养学生的综合应用能力、分析与设计能力、逻辑思维能力;第五部分为附录,包括实验室常用指示剂及常用缓冲液的配制、常用基准物质的干燥条件及应用、危险化学品使用知识、化学技能比赛方案样例等,可供使用者查阅;第六部分为参考文献。为了满足不同学校、不同专业的教学要求,我们编写的实验内容多于实际开出数,各校可根据自己的条件及要求自行选择与专业相关的实验内容。

本书由江苏农林职业技术学院唐迪、李树炎、徐晓燕、赵忠涛、王林五位老师在综合其他学院老师建议的基础上执笔修订,唐迪、李树炎任主编,并负责全书的统稿和定稿。苏州农业职业技术学院夏红教授主审全书。

本教材可作为高职高专农、林、牧、资源环境、食品、生物工程等专业学生的基础化学、分析化学、有机化学、生物化学等化学类课程的实验教材,也可供其他从事农业类生产的技术人员使用与参考。

本书参考、引用、借鉴了国内一些同类出版物,谨向有关作者表示感谢。

本教材是2007年江苏省高等学校精品立项建设教材。虽然编者在本次修订过程中力求严谨和正确,但限于学识水平与能力,书中不足乃至错误仍属难免,殷切希望读者批评指正。

编者
2023年5月

目 录

第一章 实验基础知识 … 1

- 第一节 化学实验室环境健康与安全 … 1
- 第二节 化学实验室安全须知 … 2
- 第三节 试剂的分级和保存 … 5
- 第四节 化学实验常用玻璃仪器 … 6
- 第五节 实验数据的记录与处理 … 10
- 第六节 实验室"三废"的处理 … 12

第二章 基本实验操作技术 … 14

- 第一节 玻璃仪器的洗涤与干燥 … 14
- 第二节 加热、冷却、干燥 … 17
- 第三节 玻璃管的简单加工 … 24
- 第四节 溶解与搅拌 … 26
- 第五节 化学试纸的使用 … 28
- 第六节 试剂的取用 … 29
- 第七节 物质的分离技术 … 30
- 第八节 称量仪器的使用 … 41
- 第九节 容量瓶的使用 … 47
- 第十节 滴定分析基本操作 … 48
- 第十一节 试剂的配制 … 53
- 第十二节 常用仪器的使用 … 54

第三章 基础训练实验 … 70

- 实验一 基本操作 … 70
- 实验二 粗盐的提纯 … 72
- 实验三 电解质溶液、胶体 … 74
- 实验四 醋酸解离常数的测定 … 79
- 实验五 配合物的性质 … 81
- 实验六 电子分析天平称量 … 83

实验七　溶液 pH 的测定 …… 85
实验八　氯化钠标准溶液的直接法配制 …… 87
实验九　滴定分析基本操作 …… 89
实验十　酸碱标准溶液的配制及标定 …… 91
实验十一　铵盐中氮含量的测定 …… 94
实验十二　食醋总酸度的测定 …… 96
实验十三　EDTA 标准溶液的配制和标定 …… 98
实验十四　天然水总硬度的测定 …… 100
实验十五　高锰酸钾标准溶液的配制与标定 …… 103
实验十六　试样中钙含量的测定（高锰酸钾法） …… 105
实验十七　水中化学需氧量的测定 …… 107
实验十八　碘标准溶液的配制与标定 …… 109
实验十九　亚铁盐中铁含量的测定 …… 111
实验二十　硝酸银标准溶液的配制和标定 …… 113
实验二十一　可溶性硫酸盐中硫含量的测定 …… 115
实验二十二　分光光度法测定微量铁（邻二氮菲法） …… 117
实验二十三　植物组织中氮含量的测定 …… 119
实验二十四　氯化物中氯含量的测定（莫尔法） …… 121
实验二十五　碘的萃取 …… 123
实验二十六　烃的制取及性质 …… 125
实验二十七　烃的衍生物的性质 …… 129
实验二十八　白酒的蒸馏 …… 133
实验二十九　玫瑰精油的提取 …… 136
实验三十　熔点的测定 …… 138
实验三十一　葡萄糖旋光度的测定 …… 141
实验三十二　乙酸异戊酯的制取 …… 143
实验三十三　肥皂的制作 …… 145
实验三十四　叶绿素的提取和分离 …… 146
实验三十五　糖的测定 …… 148
实验三十六　酶的底物专一性 …… 155
实验三十七　卵磷脂的提取与鉴定 …… 157
实验三十八　氨基酸的分离鉴定——纸层析法 …… 158
实验三十九　蛋白质的提取和分离 …… 159
实验四十　蛋白质浓度的测定 …… 165
实验四十一　酵母 RNA 的提取（浓盐法） …… 168

第四章 综合及设计性实验 ……………………………………………………………… 170

实验一 蛋壳中钙、镁含量的测定 ……………………………………………………… 170
实验二 茶叶中微量元素的鉴定与测定 ………………………………………………… 174
实验三 水泥熟料中 SiO_2、Fe_2O_3、Al_2O_3、CaO 和 MgO 的系统分析 …………… 178
实验四 从茶叶中提取咖啡因 …………………………………………………………… 183
实验五 火腿肠中亚硝酸盐的测定——盐酸萘乙胺比色法 …………………………… 185
实验六 果蔬维生素 C 含量的测定 ……………………………………………………… 187
实验七 酸奶中总酸度的测定 …………………………………………………………… 189
实验八 饼干中脂肪含量的测定（索氏抽提法）………………………………………… 191
实验九 黄连中黄连素的提取 …………………………………………………………… 192
实验十 红辣椒中红色素的测定 ………………………………………………………… 194
实验十一 盐酸小檗碱含量的测定 ……………………………………………………… 195
实验十二 苯甲酸的微波合成及苯甲酸乙酯的制备 …………………………………… 197

附 录 …………………………………………………………………………………… 200

附录一 常用缓冲溶液的配制 …………………………………………………………… 200
附录二 常用指示剂及其配制方法 ……………………………………………………… 201
附录三 常用基准物质的干燥条件和应用 ……………………………………………… 203
附录四 常用干燥剂的性能与应用范围 ………………………………………………… 203
附录五 危险化学品的使用知识 ………………………………………………………… 204
附录六 化学技能比赛实验方案 ………………………………………………………… 207

参考文献 ………………………………………………………………………………… 213

第一章 实验基础知识

第一节 化学实验室环境健康与安全

化学实验室是进行化学实验和研究的重要场所,但同时也可能存在一定的安全隐患。化学实验室的安全管理至关重要。因此,必须采取适当的措施来确保实验室的安全和防止事故的发生。本节将介绍化学实验室安全的重要性,意外事故的预防及处理方法,并提供一些安全建议和措施,以帮助实验室确保安全和保护师生的健康。

1985 年,为了应对化工领域的灾难性事故,加拿大化学工业协会(CIAC)发起了世界性的"责任关怀"自愿倡议,首次引入了正式的环境健康与安全(Environmental Health & Safety,简称 EHS)管理方法,被世界多国和组织广泛采用。经过多年的发展,EHS 已成为一个涵盖多个领域的综合性学科,旨在确保组织的员工、公众和环境的健康和安全。该学科包括许多不同的领域,如环境保护、职业健康和安全、安全管理和风险评估等。20 世纪 90 年代,我国开始进行健康风险评价,展开了一系列研究,发布了相应的调查方法与技术规范,并颁布了《国家环境保护环境与健康工作办法(试行)》《"十四五"环境健康工作规划》等政策规划。

EHS 在大学化学实验室中具有非常重要的作用。由于实验室中使用的化学品和设备可能会带来危险和健康风险,因此,必须采取适当的措施来确保实验室的安全和保护师生的健康。

一、化学品管理和安全

化学品的正确管理和安全使用对实验室安全至关重要。实验室必须保证所有化学品都得到正确储存、标记、使用和处置,以避免危险和污染。此外,实验室必须确保每个人都明确化学品的危险特性,并在使用时遵循正确的安全措施和程序。

二、设备和仪器安全

实验室中的许多仪器和设备可能会带来一定的危险和健康风险,如高温、高压、强电场等。因此,实验室必须确保这些设备得到正确的维护和操作,并且在使用时遵循正确的安全程序。

三、废物管理和处置

实验室中产生的化学废物必须得到正确的管理和处置,以防止其对环境和健康的危害。实验室必须确保废物得到正确的储存、标记、处理和处置,并且遵循正确的法规和标准。

四、事故预防和应急响应

实验室必须采取适当的措施来预防事故的发生,并且制定应急响应计划,以处理意外事故和紧急情况。实验室必须确保所有师生都知道应急程序,并且知道如何正确使用应急设备和器材。

五、健康和安全培训及教育

实验室必须为所有师生提供健康和安全的培训及教育,以确保他们了解化学品、设备和实验的危险,并且知道如何正确遵循安全程序和措施。

综上所述,EHS在大学化学实验室中的应用对确保实验室安全和教师、学生的健康至关重要。实验室必须确保实验室环境和实验过程得到正确的管理和控制,并且符合相关的法规和标准。

第二节 化学实验室安全须知

化学实验室规则

一、化学实验室规则

(1) 进入实验室后,应对号就位,保持安静,遵守纪律,听从指导,熟悉环境,注意安全;应身穿工作服,请勿穿着短裤和露趾头的拖鞋、凉鞋;女生长发须盘起。

(2) 根据实验要求及规范,认真操作,仔细观察,积极思考,及时、详细记录实验现象及原始数据。

(3) 爱护公共财物,实验前后应对本组仪器进行检查,在实验中仪器如有破损,要及时登记补领;实验中注意节省水、电和药品。

(4) 实验中注意保持实验台的整洁,纸屑、棉花、火柴梗、碎玻璃等固体废物以及具有强腐蚀性、强毒性的废液,应弃置废液缸(桶)内。

(5) 严禁在实验室内饮食、吸烟,或把食具带进实验室,实验室药品严禁入口;实验完毕,应把手洗净后方可离开实验室。

(6) 严禁做未经教师允许的实验和任意混合各种药品,以免发生意外事故;不得动用与本实验无关的药品及仪器;实验室所有的仪器和药品不得带出室外。

(7) 涉及易燃、易爆物质(乙醇、乙醚、丙酮、苯等)的操作都要在离火源较远的地方进行。

(8) 一切有毒或有刺激性气体产生的实验都应在通风橱内进行。

(9) 使用强酸、强碱、溴等具有强腐蚀性的试剂时,要格外当心,切勿溅到皮肤或衣服上,应特别注意保护眼睛。

(10) 切勿直接俯视容器中的化学反应或正在加热的液体;当需要借助于嗅觉判别少量气体时,决不能用鼻子直接对着瓶口或试管口嗅闻气体,而应当用手轻轻扇动少量气体进行嗅闻;不允许用手直接拿取固体药品。

(11) 精密仪器使用后应在登记本上记录使用情况,并经教师检查认可。

(12) 发生意外事故应保持镇静,及时向教师报告,不能盲目处理。

(13) 实验完毕,必须清洗玻璃仪器,按原定位置有序放置好,清洁桌面,对电、水、气进行安全检查,做到断电、断水、断气,最后由值日生清理废液缸(桶),拖洗地面,关好门窗。

二、意外事故的预防及处理

实验过程中,安全是最重要的,因此,学生进入实验室的第一堂课是安全教育课。实验室安全是为了保证师生人身和学校财产安全的,它包括防水、防爆等方面。如发生意外事故,应立即向实验指导教师汇报,并根据伤情,先做应急处理,必要时立即送医院治疗。

1. 防火

防火就是防止意外燃烧。通过控制意外燃烧的条件,就可有效防止火灾。

(1) 使用或处理易燃试剂时,应远离明火。不能用敞口容器盛放乙醇、乙醚、石油醚等低沸点、易挥发、易燃液体,更不能用明火直接加热。这些物质应在回流或蒸馏装置中用水浴或蒸气浴进行加热。

(2) 蒸馏易燃的有机物时,装置不能漏气,如发生漏气应立即停止加热,并检查原因。实验时产生的尾气最好用橡胶管引入下水槽。

(3) 实验后的易燃、易挥发物质不可乱倒敞放,应回收处理。

(4) 一旦不慎发生火情,应沉着冷静,及时采取措施,以免事故扩大化。应立刻熄灭附近所有火源,切断电源,迅速移开附近一切易燃物质,停止通风。再根据具体情况,采取适当的灭火措施,将火熄灭。如容器内着火,可用石棉网或湿布盖住容器口,隔绝氧气使火熄灭;实验台面或地面小范围着火,可用湿布或黄沙覆盖熄灭;电器着火,可用 CO_2 灭火器熄灭;衣服着火时,切忌四处乱跑,应用厚的外衣淋湿后包裹使其熄灭,较严重时应卧地打滚(以免火焰烧向头部),同时用水冲淋,将火熄灭。

表 1-1 常用灭火器及其适用范围

灭火器类型	药液成分	适用范围
酸碱灭火器	H_2SO_4 和 $NaHCO_3$	非油类和非电器失火的一般初期火灾
泡沫灭火器	$Al_2(SO_4)_3$ 和 $NaHCO_3$	适用于油类起火
二氧化碳灭火器	液态 CO_2	适用于电器设备、小范围的油类及忌水的化学药品的失火
四氯化碳灭火器	液态 CCl_4	适用于电器设备、小范围的汽油、丙酮等失火。不能用于活泼金属钠、钾以及电石、二硫化碳的失火
干粉灭火器	主要成分是 Na_2CO_3、$NaHCO_3$ 等盐类物质与适量的润滑剂和防滑剂	油类、可燃性气体、电器设备、精密仪器、图书文件等物品的初期火灾

2. 防爆

实验仪器堵塞或装配不当、减压蒸馏装置使用不耐压的仪器、反应过于猛烈(难以控制)都有可能引起爆炸。爆炸事故容易造成严重后果,实验室中应认真防范,杜绝此类事故发生。为防止爆炸,应注意以下几点:

(1) 实验室中的气体钢瓶应远离热源,避免暴晒与强烈震动。使用钢瓶或自制的氢气、乙炔或乙烯等气体做燃烧实验时,一定要在除尽容器内的空气后,方可点燃。

(2) 某些有机过氧化物、干燥的金属炔化物和多硝基化合物等都是易爆的危险品,不能用磨口容器盛装,不能研磨,不能使其受热或受剧烈撞击。使用时必须严格按操作规程进行。

(3) 仪器装置不正确,也会引起爆炸。在进行蒸馏或回流操作时,全套装备必须与大气相通,绝不能造成密闭体系。减压或加压操作时,应注意事先检查所用器皿是否能承受体系的压力。减压蒸馏时,应用圆底烧瓶或吸滤瓶做接收容器,不得使用一般锥形瓶,容器器壁过薄或有伤痕都容易发生爆炸。

(4) 常压操作时,切勿封闭体系加热或反应,并应防止反应装置出现堵塞而导致体系压力剧增而爆炸。

(5) 易燃有机溶剂(特别是低沸点易燃溶剂),在室温时具有较大蒸气压。空气中混杂有机溶剂的蒸气达到某一极限时,遇明火即发生爆炸。

3. 防电

实验室中应注意安全用电,用电应注意以下几点:

(1) 使用电器设备前,应先用验电笔检查电器是否漏电。实验过程中如察觉有焦煳异味,应立即切断电源,以免造成严重后果。

(2) 连接仪器的电线插头不能裸露,要用绝缘胶带缠好。不能用湿手触碰电源开关,也不能用湿布去擦拭电器及开关。

(3) 一旦发生触电事故,应立即切断电源,并尽快用绝缘物质(如干燥的木棒、竹竿等)使触电者脱离电源,然后对其进行人工呼吸,并送医院抢救。

4. 防灼伤

皮肤接触高温、低温或腐蚀性物质后,均可能造成灼伤。为避免灼伤,取用这类药品时,应戴护目镜和橡胶手套,发生灼伤时按下列要求处理:

(1) 被热水烫伤。一般在患处涂上红花油,再擦烫伤膏。

(2) 被酸灼伤。若酸溅在皮肤上,应先用大量水冲洗,再用弱碱性稀溶液(如1%碳酸钠溶液或碳酸氢钠溶液)清洗,最后涂上烫伤膏。若酸液溅入眼睛,应抹去溅在外面的酸,立即用大量水冲洗,然后送往医院治疗。

(3) 被碱灼伤。若碱溅在皮肤上,应先用大量水冲洗,再用弱酸性稀溶液(如硼酸溶液)清洗,然后用水冲洗,最后涂上烫伤膏。若碱液溅入眼睛,应抹去溅在外面的碱,立即用大量水冲洗,然后送往医院治疗。

5. 防割伤

玻璃仪器是化学实验最常使用的仪器,玻璃割伤是常发生的事故。使用玻璃仪器应注意以下几点:

(1) 在安装仪器时,要特别注意保护其薄弱部位。如插温度计时,在插入端蘸上一点水或甘油,以起到润滑作用。安装仪器时,不宜用力过猛,以免仪器破裂,割伤皮肤。

(2) 一旦发生割伤,应先将伤口处的玻璃碎片取出,用蒸馏水清洗伤口后,涂上红药水或敷上创可贴。如伤口较大或割破了主血管,则应在伤口上方5~10 cm处用绷带扎紧或用双手掐住,立即送医院治疗。

6. 防毒

化学药品大多数具有不同程度的毒性,主要通过皮肤接触或呼吸道吸入引起中毒。因此,防毒要做到以下几点:

(1) 进行有毒或有刺激性气体实验时,应在通风橱内操作或采用气体吸收装置。在使用通风橱时,不得将头伸入通风橱内。

(2) 任何药品都不能直接用手接触。取用毒性较大的化学试剂时,应戴护目镜和橡胶手套。洒落在桌面或地面上的药品应及时清理。

(3) 严禁在实验室内饮食。若误食或口中溅入有毒物质,尚未咽下者应立即吐出,再用大量水冲洗口腔;如已吞下,则需根据毒物性质进行解毒处理。如果吞入强酸,先饮大量水,然后服用氢氧化铝膏、鸡蛋白;如果吞入强碱,则先饮大量水,然后服用醋、酸果汁和鸡蛋白。无论是酸中毒还是碱中毒,服用鸡蛋白后,都需灌注牛奶,不要吃呕吐剂。

(4) 实验室应通风良好,尽量避免吸入化学物质的烟雾和蒸气。

(5) 实验完毕,要及时、认真洗手。

(6) 吸入气体中毒者,应将其移到户外空气流通处,解开衣领和纽扣,严重者要及时送医院治疗。若不慎吸入少量氯气或溴水,可用碳酸氢钠溶液漱口,然后吸入少量酒精蒸气,并到室外空气流通处休息。

第三节 试剂的分级和保存

一、试剂的分级

化学试剂的种类很多,世界各国对化学试剂的分类和分级的标准不尽一致。国际标准化组织(ISO)近年来已陆续建立了很多种化学试剂的国际标准。我国化学试剂的等级是按杂质含量的多少来划分的。如表1-2所示。

表1-2 化学试剂的等级及标志

等级	名称	英文名称	符号	适用范围	标签标志
一级试剂	优级纯(保证试剂)	Guaranteed Reagent	GR	纯度很高,适用于精密分析工作和科学研究工作	绿色
二级试剂	分析纯(分析试剂)	Analytical Reagent	AR	纯度仅次于一级品,适用于一般定性定量分析工作和科学研究工作	红色
三级试剂	化学纯	Chemically Pure	CP	纯度较二级差些,适用于一般定性分析工作	蓝色
四级试剂	实验试剂	Laboratorial Reagent	LR	纯度较低,适用作实验辅助试剂及一般化学制备	棕色或其他颜色
生化试剂	生化试剂	Biochemical Reagent	BR	生化实验	咖啡或玫瑰红

选用试剂的主要依据是该试剂所含杂质对实验结果有无影响。因此,应本着节约的原则,按照实验要求选用不同规格的试剂,不要认为试剂越纯越好。

二、试剂的保存

化学试剂保存时,应根据外界因素对试剂的影响和试剂本身的性质特点,采用不同的保存方法。

1. 化学试剂变质的因素

（1）空气的影响　空气中的氧气易使还原性试剂氧化而变质；二氧化碳易被强碱性试剂吸收而使其变质；水分可以使某些试剂潮解、结块；纤维、灰尘能使某些试剂还原、变色等。

（2）温度的影响　试剂变质的速率与温度有关。温度高时不稳定、易挥发的试剂加快分解、挥发；温度低会使某些试剂析出沉淀、发生冻结。

（3）光的影响　日光中的紫外线能加速某些试剂的化学反应而使其变质。如银盐，汞盐，溴及碘的钾、钠、铵盐和某些酚试剂。

（4）时间的影响　不稳定的试剂在长期贮存后可能发生歧化、聚合、分解、沉淀等变化。

2. 化学试剂的保存

化学试剂若保管不当，会变质失效，不仅造成浪费，甚至会引起事故。因此，要根据不同的物质，考虑引起试剂变质的各种因素，妥善保管化学试剂。一般的化学试剂应保存在通风良好、干净、干燥的房间，避免阳光直射，且需远离火源。试剂应分类存放，即根据试剂不同的状态、性质而采取不同的保管方法。危险药品应按公安部门的规定管理。

固体试剂应装在广口瓶中，液体试剂应盛在细口瓶或滴瓶中；容易侵蚀玻璃而影响试剂纯度的试剂，如氢氟酸、含氟盐（KF、NaF、NH_4F）和苛性碱（KOH、$NaOH$），应保存在聚乙烯塑料瓶或涂有石蜡的玻璃瓶中。

见光会逐渐分解的试剂（如过氧化氢、硝酸银、焦性没食子酸、高锰酸钾、草酸、铋酸钠等），与空气接触易逐渐被氧化的试剂（如氯化亚锡、硫酸亚铁、硫代硫酸钠、亚硫酸钠等），以及易挥发的试剂（如溴、氨水及乙醇等），应放在棕色瓶内置于冷暗处。

吸水性强的试剂，如无水碳酸盐、苛性钠、过氧化钠等应严格密封（应该蜡封）。

相互易作用的试剂，如挥发性的酸与氨、氧化剂与还原剂应分开存放。易燃的试剂（如乙醇、乙醚、苯、丙酮）与易爆炸的试剂（如高氯酸、过氧化氢、硝基化合物），应分开贮存在阴凉通风、不受阳光直射的地方。

剧毒试剂，如氰化钾、氰化钠、氢氟酸、氯化汞、三氧化二砷（砒霜）等，应由专人妥善保管，严格做好记录，经一定手续取用，以免发生事故。

极易挥发并有毒的试剂可放在通风橱内。当室内温度较高时，可放在冷藏室内保存。

第四节　化学实验常用玻璃仪器

实验室的玻璃仪器一般是由软质或硬质玻璃制作而成的。软质玻璃耐温、耐腐蚀性较差，价格便宜，因此，一般用它制作的仪器均不耐温，如普通漏斗、量筒、吸滤瓶、干燥器等。硬质玻璃具有较好的耐温和耐腐蚀性，制成的仪器可在温度变化较大的情况下使用，如烧瓶、烧杯、冷凝器等。玻璃仪器可分为普通玻璃仪器及标准磨口玻璃仪器。

使用玻璃仪器时应注意以下几点：

（1）使用时，应轻拿轻放。

（2）不能用明火直接加热的玻璃仪器，加热时应垫石棉网。

（3）不能用高温加热的玻璃仪器，如吸滤瓶、普通漏斗、量筒等。

（4）玻璃仪器使用完后，应及时清洗干净。玻璃仪器最好自然晾干。

（5）带旋塞或具塞的仪器清洗后，应在塞子和磨口接触处夹放纸片或涂抹凡士林，以防黏结。

（6）安装仪器时，应做到横平竖直，磨口连接处不应受歪斜的应力，以免仪器破裂。

（7）使用温度计时，应注意不要用冷水冲洗较高温度的温度计，以免炸裂，尤其是水银球部位，应冷却至室温后再冲洗。不能用温度计搅拌液体或固体物质，以免损坏后，因有汞或其他有机液体泄漏而难以处理。

一、普通玻璃仪器

实验室常用的普通玻璃仪器有非磨口锥形瓶、烧杯、布氏漏斗、吸滤瓶、普通漏斗、分液漏斗等，见图1-1。

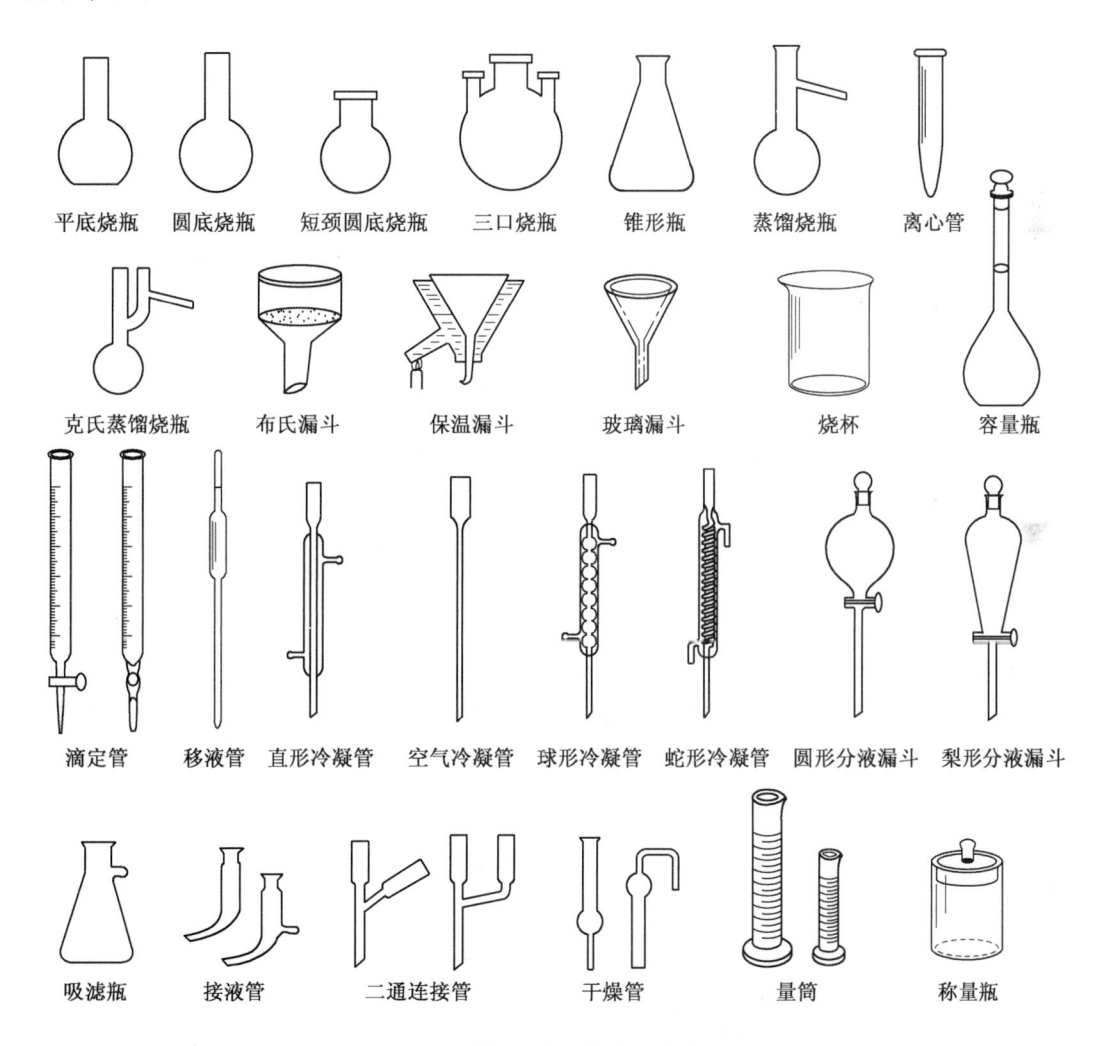

图1-1 化学实验常用的普通玻璃仪器

二、标准磨口玻璃仪器

标准磨口玻璃仪器(简称标准口玻璃仪器)见图1-2,通常应用在有机化学实验中。标准磨口是根据国际通用技术标准制造的,国内已经普遍生产和使用。由于口塞尺寸的标准化、系列化、磨砂密合,凡属于同类型规格的接口,均可任意互换,各部件能组装成各种配套仪器。当不同类型规格的部件无法直接组装时,可使用变径接头使之连起来。使用标准接口玻璃仪器既可免去配塞子的麻烦,又能避免反应物或产物被塞子沾污的危险;磨口塞磨砂性能良好,使密合性可达较高真空度,对蒸馏,尤其减压蒸馏有利,对于毒物或挥发性液体的实验较为安全。

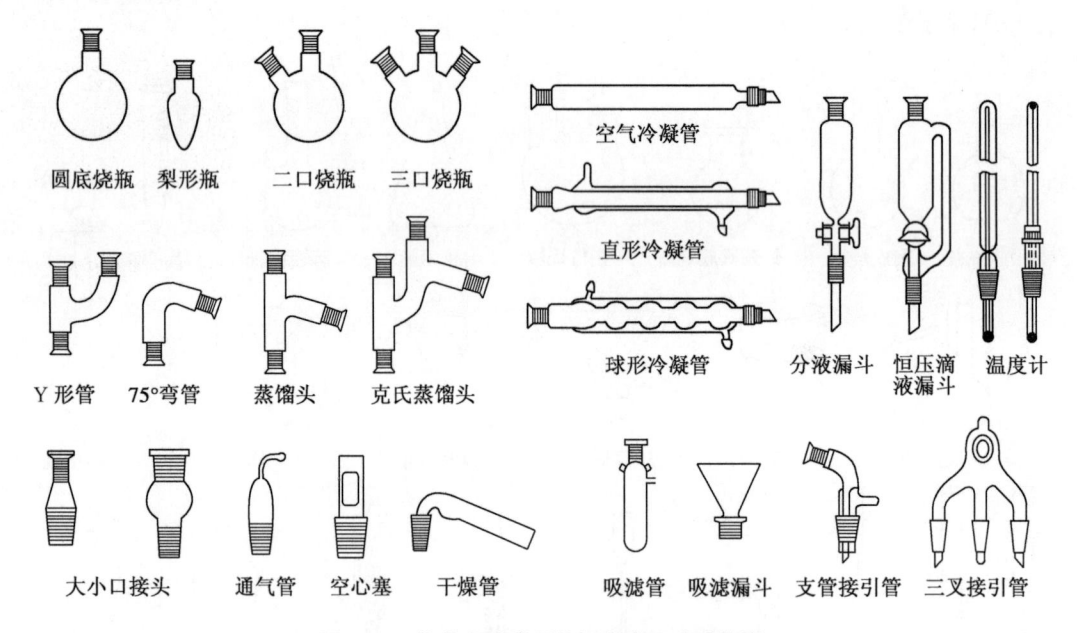

图1-2 化学实验常用的标准磨口玻璃仪器

现在常用的是锥形标准磨口,其锥度为1∶10,即锥体大端直径与锥体小端直径之差与磨面的锥体轴向长度之比为1∶10。根据需要,标准磨口制作成不同的大小,通常以整数数字表示标准磨口的系列编号,这个数字是锥体大端直径(以mm表示)的最接近的整数,见表1-3。

表1-3 常用的标准磨口编号

编 号	10	12	14	16	19	24	29	34	40
大端直径(mm)	10.0	12.5	14.5	16.0	18.8	24.0	29.2	34.5	40.0

有时也用D/H表示标准磨口的规格,如14/23,即大端直径为14.5 mm,锥体长度为23 mm。

学生使用的常量仪器一般是19号的磨口仪器,半微量实验中采用的是14号的磨口仪器,微量实验中采用10号磨口仪器。

使用标准接口玻璃仪器注意事项:

（1）标准口塞应经常保持清洁，使用前宜用软布擦拭干净，但不能附上棉絮。

（2）一般使用时，磨口处无须涂润滑剂，以免粘有反应物或产物。反应中使用强碱时，则要涂润滑剂以免磨口连接处因碱腐蚀而黏结在一起，无法拆开。当减压蒸馏时，应在磨口连接处涂真空润滑脂，保证装置密封性好。

（3）装配时，把磨口和磨塞轻微地对旋连接，不宜用力过猛，不能装得太紧，只要润滑密封即可。

（4）用后应立即拆卸洗净，否则，对接处常会粘牢，以致拆卸困难。标准磨口仪器放置时间太久，容易黏结在一起，很难拆开，如果发生此情况，可用热水煮黏结处或用热风吹磨口处，使其膨胀而脱落，还可用木槌轻轻敲打黏结处。

（5）装拆时应注意相对的角度，不能在角度偏差时进行硬性装拆，否则，极易造成破损。

（6）磨口套管和磨塞应该是由同种玻璃制成的，迫不得已时，才用膨胀系数较大的磨口套管。

三、微型玻璃仪器

要进行微量、半微量化学实验，就必须有相应的仪器配置。目前国内已有几种成套的微量化实验仪器研制成功，并投入了批量生产。与常规仪器相比，微型仪器具有减少试剂用量，缩短反应时间、减少实验污染等显著特点。微型玻璃仪器见图1-3。

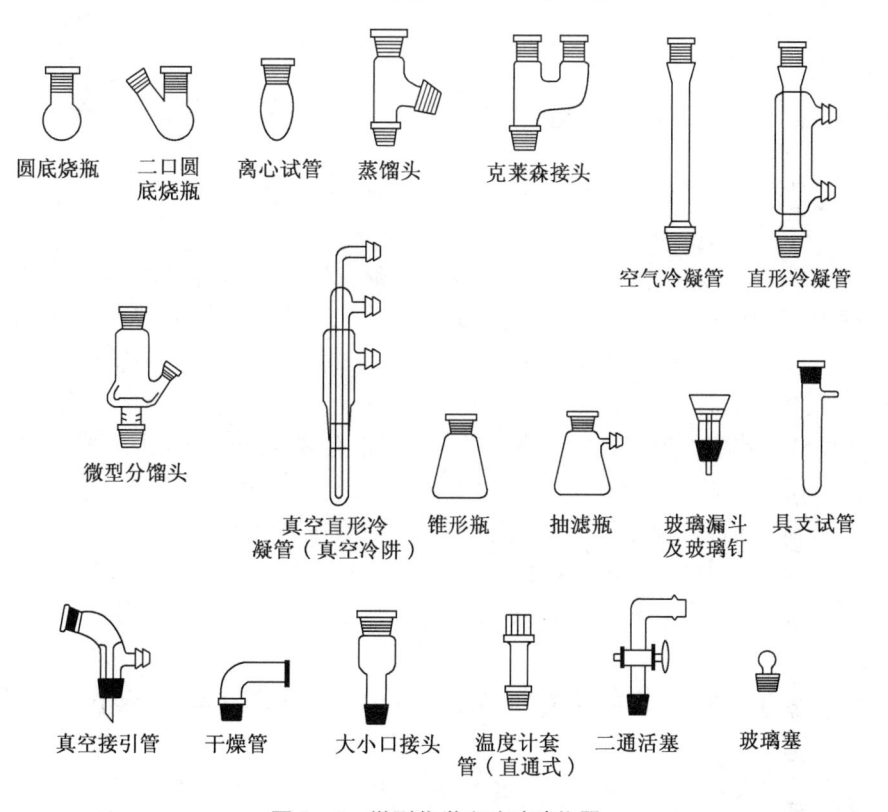

图1-3 微型化学实验玻璃仪器

第五节　实验数据的记录与处理

一、实验记录

要做好实验,除了安全、规范地操作外,还要做好实验工作的原始记录。实验过程中,应及时、真实、准确地记录实验现象和实验数据,不许事后凭记忆补写或以零星纸条暂记,那样容易记错或漏记。具体实验记录要求如下:

(1) 在实验过程中要仔细地观察实验现象,重要的实验现象要及时记录下来。

(2) 记录数据时,一定要真实,不要为了追求某个结果,擅自更改数据。

(3) 记录的数据应准确、有效。应认真仔细地多次测量,尽量减少测量误差,有效数字应体现出实验所用仪器和实验方法所能达到的精确度。

通常测量时,可估计到测量仪器最小刻度的十分位,在记录测定数据时,只应保留1位不确定数字,其余都应是准确的,通常称此时所记录的数字为有效数字。任意超出或低于仪器精度的数字都是不恰当的。

二、实验数据处理

1. 有效数字

(1) 有效数字的概念

有效数字是指在科学实验中实际能测量到的数字。它包括测量中的全部准确数字和最后一位估计数字。

有效数字与数学上的数字含义不同。它不仅表示量的大小,还表示测量结果的可靠程度,反映所用仪器的精度和实验方法的准确度。

如某物质称得的质量为 8.4 g,则表明该数据的有效数字为两位,是在精度为 0.1 g 的台秤上测得的数据。若某物质称得的质量为 8.4 000 g,则表明该数据的有效数字为五位,是在精度为 0.000 1 g 的分析天平上测得的数据。所以,记录数据时不能随便写。

(2) 有效数字位数的确定

除"0"以外的数字均为有效数字,而"0"有时算作有效数字,有时则不算,应根据其在数据中的位置确定。

① "0"在数字前,仅起定位作用,本身不算有效数字。如 0.001 24,数字 1 前的三个 0 都不算有效数字,该数据有三位有效数字。

② "0"在数字中间,算作有效数字。如 4.006 中的两个 0 都是有效数字,该数据有四位有效数字。

③ "0"在数字后,也算作有效数字。如 0.045 60,6 后面的 0 是有效数字,该数据有四位有效数字。

④ 以"0"结尾的正整数,有效数字位数不定。如 2 500,其有效数字位数可能是两位、三位或四位。这种情况应根据实际改写成 2.5×10^3(两位),或 2.50×10^3(三位)等。

⑤ 对数形式的有效数字的位数取决于小数部分数字的位数。如 pH=10.20,其有效数字位数为两位。

⑥ 计算过程中使用到的常数,不受其位数的影响,需要几位就是几位。

(3) 有效数字的修约

在数据处理过程中,涉及各测量值的有效数字的位数可能不同,因此,在数据运算中,根据运算规则修正各数据的有效数字位数,舍弃多余的位数,这一过程称为有效数字的修约。目前一般采用"四舍六入五留双"规则。

规则规定:当测量值中被修约的数字≤4时,则舍弃;数字≥6时,则进位;数字等于5时,若5前面数字是奇数,进位,5前面的数字是偶数,舍弃。

例如,将下列测量值修约成两位有效数字时,其结果是:

修约前	修约后
4.147	4.1
6.2623	6.3
1.4510	1.4
2.5500	2.6

2. 有效数字的运算规则

(1) 加减法运算

几个数据相加或相减时,有效数字的保留应以这几个数据中小数点后位数最少的数字为依据。如:

$$0.0231 + 12.56 + 1.0025 = ?$$

由于每个数据中的最后一位数有±1的绝对误差,其中以12.56的绝对误差最大,在加合的结果中总的绝对误差值取决于该数,故各数的有效数字位数应根据它来修约。

即修约成:$0.02 + 12.56 + 1.00 = 13.58$

(2) 乘除法运算

几个数据相乘或相除时,有效数字的位数以这几个数据中相对误差最大的为依据,即根据有效数字位数最少的数来进行修约。所得结果也要根据有效数字的要求进行修约。如:

$$0.0231 \times 12.56 \times 1.0025 = ?$$

即修约成:$0.0231 \times 12.6 \times 1.00 = 0.291$

有时在运算中为了避免修约数字间的累计,给最终结果带来误差,也可先运算最后再修约或修约时先多保留一位数进行运算,最后再修约。

三、实验结果的正确表示

1. 记录及计算分析结果的基本原则

(1) 记录数据时,只应保留一位估计数字。运算过程中遵循有效数字修约规则和运算规则。

(2) 高组分含量(>10%)分析结果要求有四位有效数字;含量为1%~10%,保留三位;含量<1%,保留两位。

(3) 对误差、偏差的计算结果通常保留1~2位有效数字。

(4) 对标准溶液浓度,保留四位有效数字。

(5) 计算过程中,不应出现(如pH=4等)有效数字不清的结果。

2. 实验结果的表示

实验所得结果的表示方法主要有三种：列表法、图解法和数学方程式法。这里介绍常用的方法——列表法和作图法。

(1) 列表法

将各种实验数据列入一种设计得体、形式紧凑的表格内，有利于获得对实验相互比较的直观效果，有利于分析和阐明某些实验结果的规律性。设计数据表的原则是简单明了，因此，列表时应注意以下几点。

① 每个表应有简明、达意、完整的名称。

② 表格的横排为行，纵排为列，每个变量占表格一行或一列，每一行或一列的第一栏，要写出变量的名称和量纲。

③ 表中数据应化为最简单的形式，公共的乘方因子应在第一栏的名称下面注明。

④ 表中数据排列要整齐，应注意有效数字的位数、小数点对齐。

⑤ 处理方法和运算公式要在表下注明。

(2) 作图法

实验数据常要用作图来处理，作图可直接显示数据的特点和数据变化的规律。根据作图还可求得斜率、截距、外推值等。因此，作图好坏与实验结果有着直接的关系。以下简要介绍一般的作图方法。

① 准备材料：作图需要用直角坐标纸、铅笔（以 1H 的硬铅为好）、透明直角三角板、曲线尺等。

② 选取坐标轴：在坐标纸上画两条互相垂直的直线，一条为横坐标，一条是纵坐标，分别代表实验数据的两个变量，习惯上以自变量为横坐标，应变量为纵坐标。坐标轴旁需要标明代表的变量和单位。坐标轴上比例尺的选择原则：a. 从图上读出有效数字与实验测量的有效数字要一致；b. 每一格所对应的数值要易读，有利于计算；c. 要考虑图的大小布局，要能使数据的点分散开，有些图不必把数据的零值放在坐标原点上。

③ 标定坐标点：根据数据的两个变量在坐标内确定坐标点，符号可用×、⊙、△等表示。同一曲线上各个相应的标定点要用同一种符号表示。

④ 画出图线：用均匀光滑的曲线（或直线）连接坐标点，要求这条线能通过较多的点，不要求通过所有的点。没有被连上的点，也要均匀地分布在靠近曲线的两边。

第六节 实验室"三废"的处理

实验过程中产生的废气、废液、废渣大多数是有害的，必须经过处理才能排放，以消除对环境的污染。

一、废气的处理

少量有毒气体可以通过排风设备排出室外，被空气稀释。毒气量大时，必须处理后再排出，如氮氧化物、二氧化硫等酸性气体用碱液吸收。H_2S 可通过 $CuSO_4$ 溶液吸收；NH_3 等碱性气体可用酸性溶液吸收。

二、废液的处理

（1）实验所产生的对环境有污染的废液应倒入指定容器储存。

（2）酸性、碱性废液按其化学性质，分别进行中和后处理，使pH达到6～9后排放。

（3）有机物废液集中后进行回收、转化、燃烧等处理。如：

低浓度含酚废液加次氯酸钠或漂白粉使酚氧化为二氧化碳和水；高浓度含酚废水用乙酸丁酯萃取，重蒸馏回收酚。

乙醚废液置于分液漏斗中，用水洗一次，中和，用0.5%高锰酸钾洗至紫色不褪，再用水洗，用0.5%～1%硫酸亚铁铵溶液洗涤，除去过氧化物，再用水洗，用氯化钙干燥、过滤、分馏，收集33.5～34.5℃馏分。

乙酸乙酯废液先用水洗几次，再用硫代硫酸钠稀溶液洗几次，使之褪色，再用水洗几次，蒸馏，用无水碳酸钾脱水，放置几天，过滤后蒸馏，收集76～77℃馏分。

可燃性有机废液可于燃烧炉中通氧气完全燃烧。

（4）含汞、铬、砷的废液处理

含汞盐的废液先调至pH=8～10，加入过量硫化钠，使其生成硫化汞沉淀，再加入共沉淀剂硫酸亚铁，生成的硫化亚铁将水中的悬浮物硫化汞微粒吸附而共沉淀，排出清液，残渣用焙烧法回收汞或再制成汞盐。

铬酸洗液失效，浓缩冷却后加高锰酸钾粉末氧化，用砂芯漏斗滤去二氧化锰后即可重新使用。废洗液用废铁屑还原残留的Cr(Ⅵ)到Cr(Ⅲ)，再用废碱中和成低毒的$Cr(OH)_3$沉淀。

含砷废液可加入氧化钙，调节pH=8，生成砷酸钙和亚砷酸钙沉淀。或调节pH为10以上，加入硫化钠与砷反应，生成难溶、低毒的硫化物沉淀。

三、废渣的处理

（1）能够自然降解的有毒废物，集中深埋处理。

（2）不溶于水的废弃化学药品禁止丢进废水管道中，必须集中到焚化炉焚烧或用化学方法处理成无害物。

（3）碎玻璃和其他有棱角的锐利废料，不能丢进废纸篓内，要收集于特殊废品箱内处理。

第二章　基本实验操作技术

第一节　玻璃仪器的洗涤与干燥

玻璃仪器洗涤

一、玻璃仪器的洗涤

化学实验中经常使用各种玻璃仪器,如试管、烧杯、量筒、锥形瓶、漏斗、容量瓶、滴定管、移液管等,实验时这些仪器干净与否,直接影响实验结果的准确性。因此,玻璃仪器的洗涤在化学实验中非常重要。

玻璃仪器的洗涤方法很多。洗涤时,应根据实验要求、污染物的性质及污染的程度来选择合适的洗涤方法。一般说来,玻璃仪器上的污染物既有可溶性物质,也有尘土和其他不溶性物质,还有油污和有机物质等。根据不同情况,可以分别采用下列洗涤方法。

1. 用水刷洗

用水和毛刷刷洗,可以除去仪器上的水溶性物质、尘土和部分易被刷落的不溶性物质。

2. 用肥皂、合成洗涤剂、去污粉刷洗

对于有油污,但可以用刷子直接刷洗的仪器,如烧杯、锥形瓶、试管等,可先用水冲洗可溶性物质,再用毛刷蘸取少许洗涤剂进行擦洗,将油污洗净。去污粉的主要成分是碳酸钠、白土、细砂。

3. 用洗液浸洗

对于某些油污严重、用一般方法难以洗净的仪器,或是口小、管细等不便于用毛刷直接刷洗的仪器,如滴定管、移液管、容量瓶、蒸馏器等特殊形状的仪器,可选用洗液浸洗。最常用的洗液(如表2-1)有铬酸洗液、高锰酸钾洗液、纯酸纯碱洗液等,这类洗液具有强氧化性、强酸性或强碱性,对于洗去油污和有机物的效果特别好。洗涤时,先将仪器内水倒尽,然后向仪器内注入一定量的洗液或将仪器浸泡在洗液中,使仪器壁全部被洗液浸润,一段时间后,将仪器内洗液倒尽或将仪器从洗液中取出,用水冲洗干净。如果用热的洗液浸润效果会更好。

表2-1　常用洗液

洗液名称	配制方法	适用洗涤的仪器	注意事项
合成洗涤剂	选用合适的洗涤剂或洗衣粉,溶于温水中,配成浓溶液	洗涤玻璃器皿,安全方便,不腐蚀衣物	用该洗液后,最好再用6 mol/L硝酸浸泡片刻

(续表)

洗液名称	配制方法	适用洗涤的仪器	注意事项
铬酸洗液	称20 g研细的重铬酸钾（工业纯）加40 mL水，加热溶解，冷却后，沿玻璃棒慢慢加入360 mL浓硫酸，边加边搅拌，放冷后装入试剂瓶中盖紧瓶塞备用	用于去除器壁残留油污，用少量洗液刷洗或浸泡	① 具有强腐蚀性，防止烧伤皮肤和衣物 ② 新配的洗液呈红色，用毕回收，可反复使用。贮存时瓶塞要盖紧，以防吸水失效 ③ 如该液体转变成绿色，则失效 ④ 废液应集中回收处理
碱性高锰酸钾洗液	称4 g $KMnO_4$溶于少量水中，加10%的NaOH溶液至100 mL	此洗液作用缓慢、温和，用于洗涤油污或某些有机物	① 玻璃器皿上沾有褐色二氧化锰时可用盐酸羟胺或草酸洗液洗除 ② 洗液不应在所洗的玻璃器皿中长期存留
草酸洗液	称5～10 g草酸溶于100 mL水中，加入少量浓盐酸	用于洗涤使用高锰酸钾洗液后，器皿产生的二氧化锰	必要时加热使用
纯酸洗液	①（1∶1）HCl；②（1∶1）H_2SO_4；③（1∶1）HNO_3；④ H_2SO_4与HNO_3等体积混合液	浸泡或浸煮器皿，洗去碱性物质及大多数无机物残渣	使用需加热时，温度不宜太高，以免浓酸挥发或分解
碱性乙醇洗液	称25 g氢氧化钾溶于少量水中，再用工业纯乙醇稀释至1 L	适于洗涤玻璃器皿上的油污	① 应贮于胶塞瓶中，久贮易失效 ② 应防止挥发，防火
碘－碘化钾洗液	称1 g碘和2 g碘化钾混合研磨，溶于少量水中，再加水稀释至100 mL	洗涤硝酸银的褪色残留物	洗液应避光保存
有机溶剂	汽油、甲苯、二甲苯、丙酮、酒精、氯仿等有机溶剂	用于洗涤粘有较多油脂性污物、小件和形状复杂的玻璃仪器，如活塞内孔、吸管和滴定管尖头等	① 使用时要注意其毒性及可燃性，注意通风 ② 用过的废液回收、蒸馏后仍可继续使用

　　有些洗液具有很强的腐蚀性，使用时要特别注意安全，千万不能用毛刷直接蘸取洗液刷洗仪器。如果不慎将洗液洒在衣物、皮肤、桌面时，应立即用水冲洗。废的洗液或洗液的首次冲洗液应倒入废液缸，不能倒入水槽，即使是稀的冲洗液倒入水槽后，也要用大量水冲洗水槽，以免腐蚀下水道。

　　洗涤带有脂肪性污物的器皿也可用有机溶剂，如用汽油、甲苯、二甲苯、丙酮、酒精、三氯甲烷、乙醚等有机溶剂擦洗或浸泡。但用有机溶剂作为洗液浪费较大，能用刷子洗刷的大件仪器应尽量采用其他洗液。只有无法使用刷子的小件或特殊形状的仪器才使用有机溶剂洗涤，如活塞内孔、移液管尖头、滴定管尖头、滴管、小瓶等。

　　4. 用特殊试剂刷洗

　　对于某些已知组成的物质可选用特殊试剂洗涤。如仪器上沾有较多的二氧化锰，可用酸性硫酸亚铁溶液洗涤；被有色溶液染色后的比色管等仪器，可用盐酸-乙醇（体积比1∶2配制）洗涤液浸泡内外壁。

　　玻璃仪器在使用上述方法洗去污物后，还必须用自来水冲洗数次，最后用蒸馏水荡洗

2~3次才能使用。自来水和蒸馏水都应按少量多次的原则使用。洗净的玻璃仪器应洁净透明,其内壁应能被水均匀地润湿且不挂水珠。凡是已洗净的仪器,不能再用布或纸擦拭其内壁,否则反而会污染仪器。

二、玻璃仪器的干燥

有些化学实验要求仪器必须是干燥的。根据不同情况和要求,可选用以下方法将仪器干燥。

1. 晾干法

对于不急用的仪器,可将洗净的仪器倒置于仪器柜内的格栅板上或实验室的干燥架上晾干。利用仪器上残存水分的自然挥发而使仪器干燥。

2. 烘干法

(1) 烘箱

实验室一般使用的是恒温、鼓风干燥箱,如图2-1所示。主要用于干燥玻璃仪器或无腐蚀性、热稳定好的药品。使用时应先调好温度(烘玻璃仪器时一般控制在100~110℃),刚洗好的仪器应将水沥干后再放入烘箱中。烘仪器时,将烘热干燥的仪器放在上面,湿仪器放在下面,以防湿仪器上的水滴到热仪器上造成仪器炸裂。热仪器取出后,不要马上碰冷的物体如冷水、金属用具等。带旋塞或具塞的仪器,应取下塞子后再放入烘箱中烘干。

图 2-1 烘 箱　　　　图 2-2 气流烘干器

(2) 气流烘干器

气流烘干器是一种用于快速烘干仪器的设备,如图2-2所示。使用时,将仪器洗干净,沥干水分后,将仪器套在烘干器的多孔金属管上。注意随时调节热空气的温度,气流烘干器不宜长时间加热,以免烧坏电机的电热丝。

3. 吹干法

对于急于干燥的仪器,可先将洗净的仪器倒置控去水分后,注入少量(3~5 mL)能与水互溶且易挥发的有机溶剂(常用无水乙醇、丙酮或乙醚),转动仪器,待其内壁全部被浸湿后倾出混合液(应回收),并擦干仪器外壁,然后用电吹风机的热风将仪器内残留的混合液赶出即可。

应当指出,在化学实验中,许多情况下并不需要将仪器干燥。带有刻度的计量仪器不能用加热的方法进行干燥,否则会影响仪器的精度。

第二节　加热、冷却、干燥

一、加热

1. 常见的加热仪器

实验室常用的加热仪器有：酒精灯、酒精喷灯、煤气灯、电炉、微波炉、马弗炉、电加热套、电加热板等。

(1) 酒精灯

酒精灯是化学实验中最常用的一种加热仪器，加热温度可达 400～500℃，可用于温度要求不太高的实验。酒精灯的火焰分三层，即焰心、内焰、外焰，外焰的温度最高，加热时应将受热的仪器置于火焰的内焰和外焰之间的位置上，此处加热效果最好。

点燃酒精灯时，应用火柴，切勿用燃烧着的酒精灯直接引燃，以免灯内酒精外溢引起火灾或烧伤。熄灭酒精灯时，应用灯罩盖灭，切不可用嘴吹灭，以免引起灯内酒精燃烧。添加酒精时，应借助漏斗，灯内的酒精不应超过其容积的 2/3，不少于其容积的 1/4，不能向燃烧着的酒精灯内添加酒精，以免引起灯内酒精燃烧，发生火灾。酒精灯不用时，必须将灯罩盖好，以免灯内酒精挥发。

(2) 酒精喷灯

常用的酒精喷灯有挂式和座式两种，其火焰温度可达 1 000℃左右，可用于需温度较高的实验(见图 2-3)。

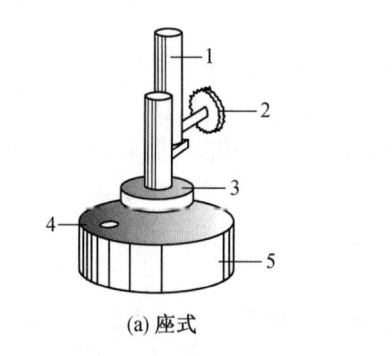

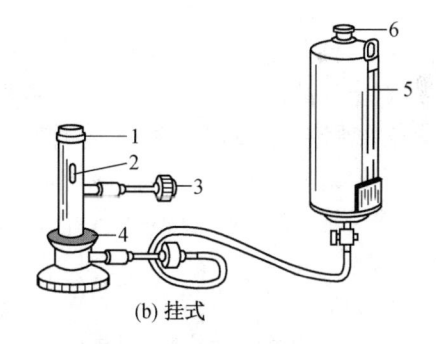

(a) 座式　　　　　　　(b) 挂式

1. 灯管　2. 调节旋钮　3. 预热盘　　　　1. 灯管　2. 空气调节器　3. 调节旋钮
4. 铜帽　5. 酒精壶　　　　　　　　　　4. 预热盘　5. 酒精贮罐　6. 盖子

图 2-3　座式酒精喷灯和挂式酒精喷灯的构造

使用挂式酒精喷灯时，先将酒精储存于悬挂在高处的储罐内，并在预热盘中注入少量酒精，点燃酒精使灯管充分预热，待盘中酒精接近燃完时，打开开关，从储罐内流出的酒精进入预热管受热气化，并与从气孔中进来的空气混合，则气体被点燃。若预热盘中的火焰熄灭，可用火柴点燃管口气体。火焰大小可用开关调节，使用完毕后，关闭开关，火焰熄灭。

座式酒精喷灯的使用方法与挂式喷灯相同。

(3) 煤气灯

煤气灯由灯管和灯座组成，灯管的下部设有螺旋和进入空气的气孔，旋转灯管调节气孔大小控制空气进入量,旋转煤气调节器控制煤气进入量。煤气灯火焰的温度可达1 500 ℃左右(见图2-4)。

点燃煤气灯时,先关闭空气入口,再点燃火柴,然后打开煤气开关,将灯点燃。最后调节煤气调节器,使火焰高度适宜(一般为4~5 cm),调节空气进入量,让煤气充分燃烧,即可得到淡紫色分层的正常火焰。

正常火焰分成三层,即焰心、内焰、外焰。焰心由未燃烧的煤气和空气混合物组成,呈绿色;内焰是还原焰,由煤气不完全燃烧并产生含碳的物质组成,温度较高,呈淡蓝色;外焰是氧化焰,煤气完全燃烧,呈淡紫色。温度的最高处位于淡蓝色火焰上方与淡紫色火焰交界处(见图2-5)。

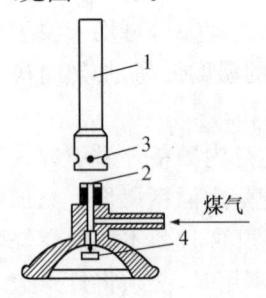

1. 灯管 2. 煤气出口
3. 空气入口 4. 煤气调节阀

图2-4 煤气灯

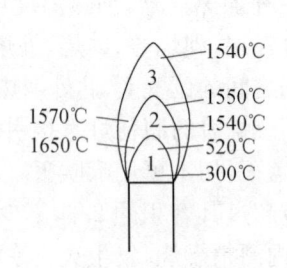

1. 焰心(绿色) 2. 还原焰(淡蓝色)
3. 氧化焰(淡紫色)

图2-5 正常火焰及区域温度

(a) 临空火焰 (b) 侵入火焰

图2-6 不正常火焰

当煤气和空气的进入量调配不合适时,会产生不正常火焰。如煤气和空气的进入量都很大时,气流冲击管口,会造成火焰脱离灯管,临空燃烧,形成"临空火焰"。遇到这种情况,应当减少煤气和空气的进入量。若煤气进入量很小,而空气进入量过大,则会造成火焰在灯管内燃烧,火焰呈绿色,并发出一种特殊的嘶嘶声,有时在灯管的一侧有细长的火焰,形成"侵入火焰"。遇到这种情况,应当立即减少空气进入量或增加煤气的进入量(见图2-6)。

煤气灯使用完毕,必须随手关闭煤气开关,以免发生意外事故。

(4) 电炉

电炉有不同的规格(如500 W、1 000 W、1 500 W等),有的电炉可通过调节电阻来控制所需的加热温度。使用电炉加热时,可在电炉上垫一块石棉网,使容器均匀受热。电炉可用于加热体积较大或数量较多的仪器,如图2-7(a)所示。

(5) 电加热套(亦称电热包)

电热包是专为加热圆底烧瓶而设计的,为凹型半球的电加热设备,如图2-7(b)所示,可取代油浴、砂浴对圆底容器加热。电加热套有多种规格,使用时应根据圆底容器的大小选用合适的型号,否则会影响加热效果。受热容器应悬置在加热套的中央,不能接触套的内壁。电加热套相当于一个均匀加热的空气浴。为有效地保温,可在套口和容器之间用玻璃布围住,电加热套最高可达450~500 ℃。

电热套与调压变压器结合起来使用是既方便又安全的加热方法。电热套主要在回流加热时使用,蒸馏和减压蒸馏时最好不用。因为随着蒸馏的进行,瓶内物质减少,会导致瓶壁过热现象。

(a) 电炉 (b) 电加热套 (c) 管式炉

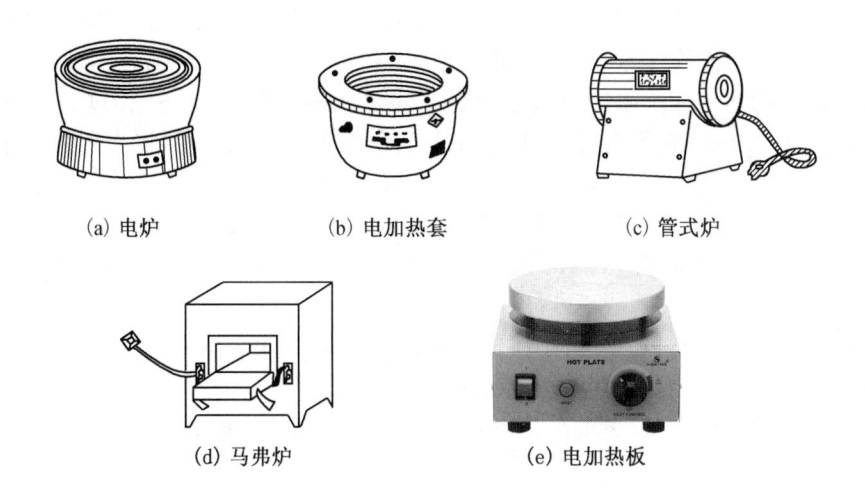

(d) 马弗炉 (e) 电加热板

图 2-7 一些加热设备

(6) 管式炉

管式炉有一管状炉膛，利用电热丝或硅碳棒加热，温度可达 1 000 ℃ 以上，炉膛中插入一根瓷管或石英管，管内放入盛有反应物的反应舟，如图 2-7(c) 所示，反应物可在空气或其他气氛中加热反应。通常用来焙烧少量物质或对气氛有一定要求的试样。

(7) 马弗炉(箱式炉)

马弗炉有一个长方形炉膛，与管式炉一样，也用电热丝或硅碳棒加热，打开炉门即可放入各种欲加热的器皿和样品，如图 2-7(d) 所示。

马弗炉的炉温由高温计测量，由一对热电偶和一只毫伏电表组成温度控制装置，可以自动调温和控温。马弗炉使用时的注意事项：

① 检查马弗炉所接电源的电压是否与电炉所需电压相符；热电偶是否与测量温度相符；热电偶正负极是否接反。

② 调节温度控制器的定温调节螺丝使定温指针指示到所需温度处，打开电源开关升温，当温度升至所需温度即能恒温。

③ 灼烧结束后，先关电源，不要立即打开炉门，以免炉膛聚冷而碎裂。一般温度降至 200 ℃ 以下方可打开炉门，用坩埚钳取出样品。

④ 马弗炉应置于水泥台面上，不可放置在木质桌面上，以免过热引起火灾。

⑤ 炉膛内应保持清洁，炉周围不要放置易燃物品，也不能放精密仪器。

2. 常用的加热方法

(1) 直接加热法

直接加热法指被加热的仪器直接放置于火焰上加热或放在石棉网上加热。常见的仪器有试管、烧杯、蒸发皿、锥形瓶、烧瓶、坩埚等。蒸发皿、试管、坩埚可直接置于火焰上加热；烧杯、锥形瓶、烧瓶等置于石棉网上加热。

直接加热试管中的液体时，先把试管外壁擦干，用试管夹夹住试管的中上部(微热时也可用拇指和食指持试管)，试管应稍微倾斜且管口向上，先加热液体的中上部，再慢慢往下移动，然后不时上下移动或摇荡试管，使试管内液体均匀受热，以防受热不均、局部过热而暴沸。加热时,试管中液体不超过试管的1/3高度,试管口不得对着他人或自己,以免发生意外。

直接加热试管中的固体时,试管口要稍稍向下倾斜,略低于试管底,以防冷凝在管口的水滴倒流入试管的灼热部位而导致试管破裂。试管所盛固体药品不得超过其容量的1/3,块状或粒状固体,一般应先研细,并尽量将其平铺在试管内。加热时,先来回将整个试管预热,然后在药品处来回移动火焰,最后集中在药品处加热。

加热烧杯、烧瓶中的液体时,应将容器放在石棉网上,防止受热不均匀而导致容器破裂。烧杯中的液体不得超过其容量的1/2,烧瓶中的液体不得超过其容量的1/3。为防止产生暴沸现象,可在液体中加些沸石或不断搅拌液体。

液体浓缩应在蒸发皿中进行。固体灼烧应在坩埚中进行,应将坩埚放在泥三角上用煤气灯加热,先用小火使坩埚均匀受热,再用大火加热至坩埚红热。移动坩埚应使用坩埚钳,夹持高温下的坩埚,应先将坩埚钳在火焰上预热一下,以防坩埚破裂。

（2）水浴

当加热温度不超过100℃时,可用水浴加热。水浴加热是将被加热的器皿置于水中加热。水浴常在水浴锅中进行,水浴锅一般为铜制外壳,内壁涂锡,其盖子由一套不同口径的铜圈组成,可以按加热器皿的外径大小任意选用。加热时,水浴锅内存水量应保持在总体积的2/3左右,受热器皿部分浸在水中,但不可触及锅壁或锅底。水浴锅也可用大烧杯代替,如图2-8(a)所示。

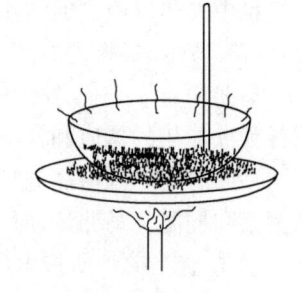

(a) 水浴　　　(b) 油浴锅

图2-8　水浴和蒸汽浴加热　　　图2-9　砂浴加热

（3）油浴

当加热温度在100℃以上时,可用油浴加热。油浴锅一般用生铁铸成[见图2-8(b)],并用油代替水浴锅中的水,油浴所能达到的温度取决于所用油的种类。甘油浴的温度可达到150℃,但温度过高甘油易分解;植物油浴的温度可达220℃左右,如加入1%的对苯二酚可增加其热稳定性;液体石蜡浴温度可达到200℃,但温度过高易挥发,也易燃烧;硅油浴温度可达到250℃,且热稳定性好,但价格较高。使用油浴加热时应特别小心,以防着火。油浴中插入温度计,可以控制温度。

（4）砂浴

当加热温度高于100℃时,可用砂浴加热。砂浴通常采用生铁铸成的砂浴盘,铁盘中铺有一层细砂,被加热的器皿放置在砂层上。砂浴的缺点是传热慢,温度上升慢,且不易控制(见图2-9)。

二、冷却

在化学实验中,常常需要对体系进行冷却。冷却剂的选择以所要维持体系的温度和有待去除的热量而定。在化学实验室里,除了最常用的水冷却外,还有以下几种较为常见的冷却方法。

1. 冰水冷却法

由于水的价格较为便宜以及热容量大,因此冰水冷却法较为常用,冰水浴大致可将体系温度控制在 0~5℃。注意:冰在使用前应予粉碎(可用碎冰机),如果没有碎冰机,可用布包裹冰块,再用锤子击碎。

2. 冰盐浴冷却法

如果要使体系达到更低的温度,可以采用冰盐浴冷却法。冰盐浴的制法通常是将粉碎的冰和相当于其三分之一质量的粗食盐混合,混合物的最低温度可达到 $-21.3℃$。但实际操作中温度约降至 -5~$-18℃$。如果将 143 g 六水氯化钙结晶与 100 g 的碎冰混匀,最低温度可以达到 $-54.9℃$,实际操作中可达到 -20~$-40℃$。由于温度较低,所以盛装冰盐浴的器皿应用隔热材料包裹,以降低其与环境的热量交换。但应当注意,温度若低于 $-38℃$ 时,则不能使用水银温度计,因为水银在低于 $-38.87℃$ 时会凝固。这时必须使用装有如甲苯($-90℃$)或正戊烷($-130℃$)的低温温度计。

3. 干冰溶剂冷却法

如果想获得更低的体系温度,可以采用干冰溶剂冷却法。由于干冰(固体二氧化碳)的升华温度为 $-78.5℃$,所以将粉碎的干冰加入丙酮、甲醇或其他适当的有机溶剂中(加入时必须小心,因为会产生大量泡沫),可使温度降至 $-78℃$。由于这种制冷混合物的冷却容量并不很大,为使其储有足够大的制冷量,最好向冷却剂中加入过量的干冰。为降低其与外界环境的热量交换,可以采用杜瓦瓶或保温瓶隔热。干冰在操作时应注意安全,应戴好护目镜和手套。

4. 液氮冷却法

如果上述冷却法还是达不到实验的要求,则可以采用液氮冷却法。液氮的冷却温度可以为 $-195.8℃$,但在注入液氮前,杜瓦瓶必须干燥。另外,在操作时务必谨慎小心。

化学实验中除了可以采用上述冷却剂冷却外,有条件的还可以采用循环冷却仪冷却法,有些高档的国外仪器还具有操作方便、降温迅速等优点。

三、干燥

1. 固体的干燥

实验中,经常需要干燥固体,一般根据固体物质的性质或使用情况确定干燥方法。有些热稳定性较高的固体,可把固体放在表面皿上用水浴或酒精灯加热烘干,也可放在电烘箱中烘干。有些带有结晶水的晶体,可以用有机溶剂洗涤后晾干。有些易吸水潮解或需要长时间保持干燥的固体,用上述方法干燥后应放在干燥器中保存。

2. 干燥器的使用

(1) 普通干燥器

首先将干燥器洗净晾干,将干燥剂装入干燥器底部,盖上多孔瓷板,再在磨砂口上均匀地涂上凡士林,盖上干燥器盖,备用。它是一种保持物品干燥的仪器。常用的干燥剂有变色硅胶、无水氯化钙等。

干燥器的操作:一手按住干燥器的下部,另一手按住盖子,并从相对的水平方向推动即可打开干燥器,盖子取下后拿在手中或倒放在桌上或斜靠在干燥器旁,存取物品后,用同样的方法及时盖好。移动干燥器时,必须用两手的大拇指按住盖子,以防滑落打碎。温度较高的物品应冷却至接近室温,才可放入干燥器内,否则会因内外的压力差造成盖子很难打开。当放入温热的物品时,先将盖留一缝隙,稍等几分钟后再盖严。长期存放物品或在冬天,磨口上的凡士林可能因凝固而难以打开,可以用热湿的毛巾温热一下或用电吹风热风吹一下干燥器的边缘,使凡士林融化再打开(见图 2-10)。

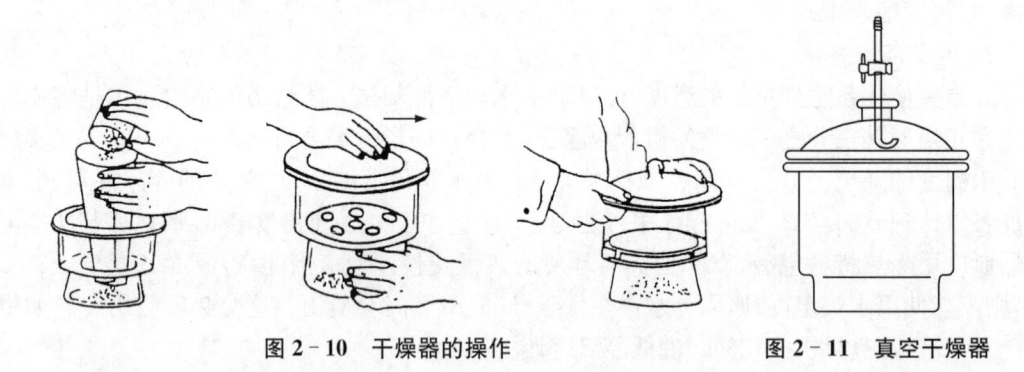

图 2-10 干燥器的操作

图 2-11 真空干燥器

(2) 真空干燥器

如图 2-11 所示,它的干燥效率较普通干燥器好。真空干燥器上有玻璃活塞,用以抽真空,活塞下端呈弯钩状,口向上,防止在通向大气时,因空气注入太快将固体冲散,最好另用一表面皿覆盖盛有样品的表面皿。在抽气过程中,干燥器外围最好能以金属丝(或用布)围住,以保证安全。

使用的干燥剂应按样品所含的溶剂来选择。例如,五氧化二磷可吸水;生石灰可吸水或酸;无水氯化钙可吸水或醇;氢氧化钠可吸收水和酸;石蜡片可吸收乙醚、氯仿、四氯化碳和苯等。有时在干燥器中同时放置两种干燥剂,如在底部放浓硫酸(将 1 L 浓硫酸中溶有 18 g 硫酸钡的溶液放在干燥器底部,如已吸收了大量水分,硫酸钡就沉淀出来,表明已不再适用于干燥而需要重新更换),另用浅的器皿盛氢氧化钠放在瓷板上,这样来吸收水和酸,效率更高。

(3) 数显鼓风干燥箱

仪器示意图如图 2-12 所示。

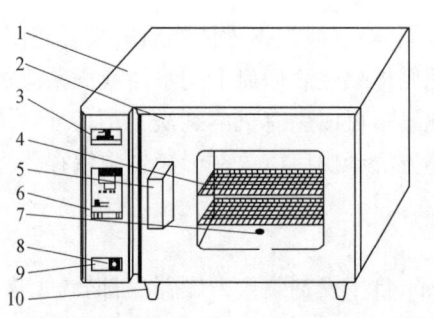

鼓风干燥箱操作

1. 箱体 2. 箱门 3. 铭牌 4. 搁板 5. 手柄 6. 温度控制仪
7. 风机 8. 电源开关 9. 电源指示灯 10. 箱脚

图 2-12 数显鼓风干燥箱示意图

仪器面板按键说明如图 2-13 所示。

① 设定键(SET)：在温度的界面下用于温度的设定,在时间的界面下用于时间的设定。

② 减数键(▽)：在设定状态下用于减数,在非设定状态下用于时间界面与温度界面的切换。

③ 加数键(△)：在设定状态下用于加数。

④ PV——采样值显示窗；SV——设定值显示窗；HEAT——加热指示灯；ALARM——报警指示灯；TIME——时间指示灯；AT——自整定指示灯。

仪器使用方法(步骤)如下：

① 请将所需消毒或实验的物品放置在内胆搁架上,关上箱门。

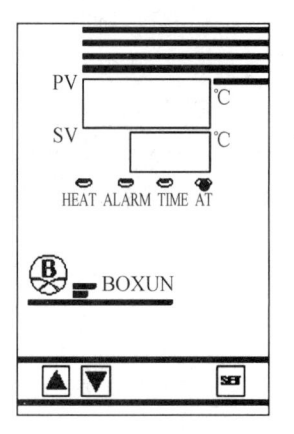

图 2-13 面板图样

② 确认设备的电源已接至 220V 的供电插座,面板上的电源指示灯亮起；将左侧电源开关键"O/I"按至"I"处,此时电源开关指示灯亮起,表明已有电源送至设备。

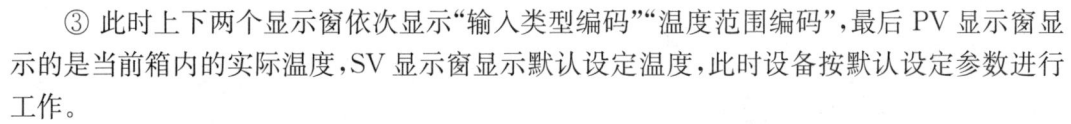

③ 此时上下两个显示窗依次显示"输入类型编码""温度范围编码",最后 PV 显示窗显示的是当前箱内的实际温度,SV 显示窗显示默认设定温度,此时设备按默认设定参数进行工作。

④ 在默认状态下,通过设定"SET"键、"△"键、"▽"键来设定实验工作时所需的温度和定时时间等,具体操作如下：

a. 温度的设定：在默认状态下,按"SET"键进入主控设定状态,PV 显示窗出现 SU 字样,按"△"或"▽"键,在 SV 显示窗的显示值调整到需要设定的温度值,再按"SET"键使设备进入正常工作状态。

b. 定时时间的设定：在 PV/SV 状态下或设定好温度的状态下,按"▽"键,上下显示窗出现时间界面,"TIME"时间指示灯亮,再按一下"SET"键,SV 显示窗显示 TJV,按"△"或"▽"键设定好定时时间,再按一下"SET"即可。仪器工作时,定时功能开始启动。定时结束后,加热输出关闭,温度开始恢复到室温状态。

c. 蜂鸣器鸣叫时,按任何键即可关闭蜂鸣器。

d. 达到最大控温精度的操作方法：为了保证干燥箱的控温精度,需要启动仪表的自整定功能,使设备在环境温度下,控制器内的技术参数与升温曲线调整到最佳状态,从而精确地控制温度。

自整定功能的操作：将温度设定为所需温度后,在 PV/SV 状态下,按"▽"5 秒以上(其间会进入时间状态),出现设定值闪动工作状态,此时自整定指示灯亮,自整定状态开始。当设定值停止闪烁后,表示自整定结束,进入正常工作状态。自整定过程中,如需退出必须按"▽"键 5 秒以上方可退出。在自整定状态下,不能对所有参数进行修改。

e. 当所需温度较低时,可采用二次设定方法。如所需工作温度为 80℃,第一次可以先设定到 70℃,当温度过冲开始回落后,再把温度设定为 80℃,这样可以降低和杜绝温度过冲现象,尽快进入恒温状态。

⑤ 干燥结束后,关闭电源开关,等物品冷却到一定温度后(最好等到降到室温后),再打开箱门取出物品,请小心物品的温度,小心烫伤。

仪器设备使用注意事项：

① 干燥箱外壳必须有效的接地，以保证使用安全。

② 取出被处理的物品时，如处理的是易燃物品，必须待温度冷却到低于燃点后，才能放入空气，以免发生氧化反应引起燃烧。

③ 干燥箱无防爆装置，禁止把易爆物品放入干燥箱内进行干燥。

第三节　玻璃管的简单加工

玻璃管加工操作

一、玻璃管的切割

选择干净、粗细合适的玻璃管，平放在台面上，一手捏紧玻璃管，一手持锉刀（或砂轮），用锋利的边沿压在玻璃管截断处，从与玻璃管垂直的方向用力向内或向外划出一锉痕（只能向一个方向划），然后用两手握住玻璃管，锉痕向外，两拇指压于痕口背面轻轻用力推压，同时两手向两侧拉，则玻璃管在锉痕处断开（见图2-14）。

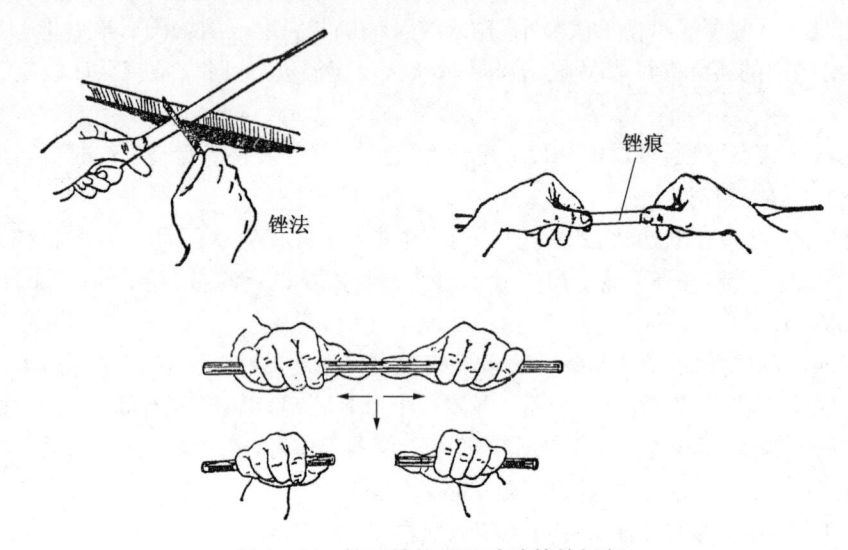

图 2-14　锉刀的使用及玻璃管的折断

截断较粗的玻璃管时，用上述方法较为困难。这时，可以利用玻璃管骤冷、骤热后易裂的性质将其截断。方法是先在玻璃管的截断处用锉刀划出一锉痕，再用另一根末端拉细的玻璃管在灯焰上加热至白炽，并成熔球，然后立即放到用水润湿的粗玻璃管的锉痕处，锉痕处会因骤然受强热而断裂。

为了使玻璃管断截面平滑，可用锉刀面轻轻将其锉平，或将断口在砂纸上来回摩擦，或将断口放在火焰氧化焰的边缘上，不断转动玻璃管，烧至管口微红即可，此时，断口变得光滑。值得注意的是不可烧得太久，以免管口变形、缩小。

二、玻璃管的弯曲

弯曲玻璃管时，先将玻璃管置于弱火焰中左右移动预热，除去管中的水汽，然后将欲弯曲的部位放在氧化焰中加热，为加宽玻璃管的受热面，可使用鱼尾灯头，并不断缓慢地旋转玻璃管，使之均匀受热，当玻璃管加热到适当软化但又不会自动变形时，离开火焰，此时，将玻璃管轻轻地顺势弯曲至所需角度。弯曲时用力需均匀且在同一平面上，以防玻璃管扭曲，造成弯管不在同一平面内（见图 2-15）。

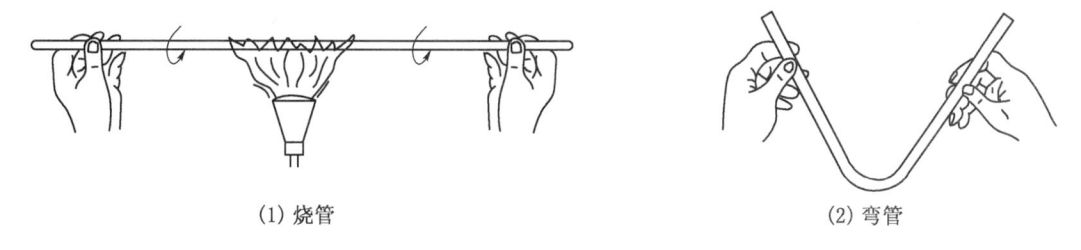

(1) 烧管　　(2) 弯管

图 2-15　玻璃管的弯曲

加工后的玻璃管应及时地进行退火处理，方法是将经高温熔烧的玻璃管趁热在弱火中加热或烘烤片刻，然后慢慢地移出火焰，再放在石棉网上冷却至室温。不经退火的玻璃管质脆易碎。

三、滴管的拉制

选取粗细、长度适当的干净玻璃管，手持两端，将中间部位放入喷灯火焰中加热，并不断地朝一个方向慢慢转动，使之均匀受热，当玻璃管燃烧至发黄变软时，立即使其离开火焰，然后两手以同样的力度慢慢向两侧拉伸，直到其粗细程度符合要求为止。拉出的细管应与原来的玻璃管在同一轴上，不能歪斜，待冷却后，从拉细部分中间断开，即得两根一头粗一头细的玻璃管。然后，将每一根的细端在弱火焰中烧圆，再将粗端烧熔并在石棉网上垂直下压，使端头直径稍微变大，待冷却后，装上胶头即为滴管（见图 2-16）。

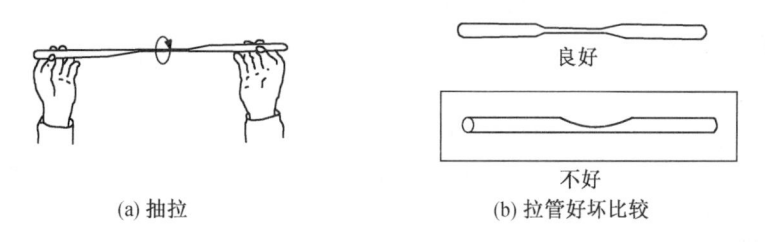

(a) 抽拉　　(b) 拉管好坏比较

良好

不好

图 2-16　玻璃管的抽拉

四、毛细管的拉制

取一根干净的细玻璃管，放在喷灯火焰上加热，两手不断地转动玻璃管，使其均匀受热，当玻璃管被烧到发黄变软时，立即离开火焰，两手水平地向两侧拉伸，开始拉时要稍慢，然后再稍快地拉长，直到拉成直径为 1 mm 左右的毛细管。把拉好的毛细管按所需长度的 2 倍截断，两端用小火封闭，以免储藏时灰尘和湿气进入。使用时，从中间截断，即可得到熔点管和沸点管的内管。若拉成直径为 0.1 mm 左右的毛细管，可用于制作层析点样管（见图2-17）。

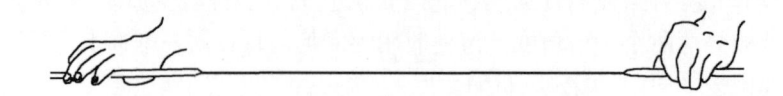

图 2-17　拉制测熔点用毛细管

第四节　溶解与搅拌

一、溶解

溶解操作是化学实验的常用基本操作之一。必须根据溶质和溶剂的性质及溶解的目的,合理选择溶剂及溶解条件,对物质进行溶解。

溶解是溶质在溶剂中分散形成溶液的过程,是一个复杂的物理化学过程,同时伴随着热效应。物质在溶解时若吸热,其溶解度随温度的升高而增大;物质在溶解时若放热,则其溶解度随温度的升高而减小。一般固体溶于水多为吸热过程,因此,实验中常用加热的方法加快溶解速度。

物质溶解度的大小也与溶质和溶剂的性质有关。根据大量实验事实,人们总结出了"相似相溶"的经验规律,即物质在与其性质相似的溶剂中较易溶解。极性物质一般易溶于水、醇等极性溶剂;而非极性物质易溶于苯、四氯化碳等非极性溶剂。无机物大多易溶于水,有机物则易溶于有机溶剂。一些难溶物质可用酸、碱或混合溶剂溶解。一些难溶于水的物质,常常使其先在高温下熔融,转化成可溶于水的物质,然后再溶解。如将 Na_2CO_3 与 SiO_2 共熔,使 SiO_2 转化成可溶于水的硅酸盐。

气体的溶解度还受到压力的影响,随气体压力的增加而增大。而固体和液体的溶解度几乎不受压力的影响。

常用的无机溶剂有水、酸性溶剂和碱性溶剂。

(1) 水　用于溶解可溶性的硝酸盐、醋酸盐、铵盐、硫酸盐、氯化物和碱金属化合物等。

(2) 酸性溶剂　常用的酸性溶剂有硝酸、盐酸、硫酸、氢氟酸、磷酸、王水等。利用它们的酸性、氧化还原性等性质,可溶解一些氧化物、硫化物、碳酸盐、磷酸盐等。

(3) 碱性溶剂　常用的碱性溶剂有氢氧化钠、氢氧化钾。可用于溶解金属铝、锌及其合金、氧化物、氢氧化物等。

溶解固体时,应先根据其性质选择适当的溶剂,再由固体的量及在一定温度下的溶解度,计算或估算出所需溶剂的量。然后将固体在研钵中研成粉末,取一定量放入烧杯中,加入适量溶剂,进行搅拌或加热,以加速溶解。

二、搅拌

搅拌是化学实验中常用的一种实验操作,其作用是使物质间充分混合,促使固体物质溶解,防止局部过热而产生暴沸。实验室中常用的搅拌方法是手动搅拌和电动搅拌两种。

1. 手动搅拌

若所需搅拌时间不长,且对搅拌速度没有一定要求,可在敞口容器(如烧杯)中手动搅拌。一般情况下只可用玻璃棒而不许用温度计搅拌。若在搅拌的同时还需控制温度,可用小橡皮圈将温度计和玻璃棒绑在一起搅拌,玻璃棒的下端应超出温度计水银球的下端约 0.5 cm。搅拌时用力不宜过猛,尽量不要触及容器内壁,以免打破容器或温度计。这是实验室最常用的搅拌方法,可用于少量溶液的配制、溶液的浓缩、液相反应中反应物的混合。

2. 电动搅拌

若搅拌需持续较长时间,或反应需较长时间,同时有回流操作,或需按一定速率长时间持续滴加料液时,可用电动搅拌。实验室常用的电动搅拌器有两种:磁力搅拌器和电动搅拌器。主要用于大量溶液较长时间的搅拌。

(1) 磁力搅拌器

磁力搅拌器(见图 2-18)是以电动机带动磁场旋转,并以磁场控制磁子旋转的。磁子是一根包裹着玻璃或聚四氟乙烯外壳的软铁棒,外形为棒状(用于烧杯、锥形瓶等平底容器)或橄榄状(用于圆底瓶或梨形瓶),直接放在瓶中。一般磁力搅拌器都兼有加热装置,可以调速调温,也可以按照设定的温度维持恒温。在物料较少,不需太高速度的情况下,磁力搅拌器可代替其他方式搅拌,且易密封,使用方便。在打开调速旋钮时,应缓缓地从低档向高档调速,调速不能过急,以防磁子跳动而撞破瓶壁,如发现磁子跳动,应立即将调速旋钮旋至零,查明原因后,再重新缓缓开启。

(2) 电动搅拌器

电动搅拌器(见图 2-19)由电动机、搅拌棒、搅拌头三部分组成。搅拌棒由玻璃棒或不锈钢管制作,分上、下两段,中间用橡皮管连接以做缓冲。搅拌棒下端可弯制成不同的形状或装上不同的叶片,以适应不同的容器(见图 2-20)。

图 2-18 磁力搅拌器

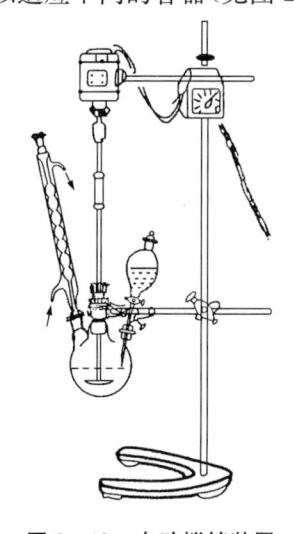

图 2-19 电动搅拌装置

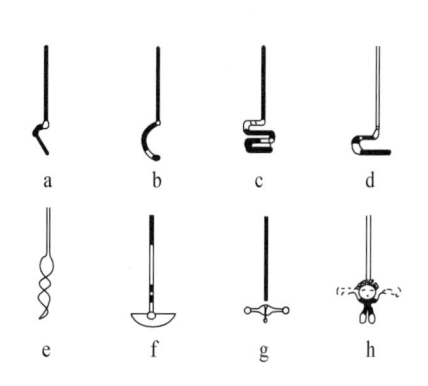

图 2-20 不同形状的搅拌头

在搅拌装置安装好后,先用手指搓动搅拌棒试转,确认搅拌棒及叶片在转动时不会触及瓶壁,摩擦力亦不很大时,才能旋动调速旋钮,缓缓地由低档向高档旋转,直至所需转速,不可一下旋到高档。任何时候只要听到搅拌棒擦刮、撞击瓶壁的声音,或发现有停转、疯转等异常现象,都应立即将调速旋钮调至零,然后查找原因,并做相应调整后继续使用。

第五节　化学试纸的使用

一、试纸的种类

试纸的种类很多,实验室常用的有 pH 试纸、石蕊试纸、醋酸铅试纸、碘化钾-淀粉试纸等。

1. pH 试纸

可用于测定溶液的 pH。一般分为两类:一类是广泛 pH 试纸,变色范围是 pH 为 1~14,只能粗略地估计溶液的 pH;另一类是精密 pH 试纸,这种试纸在 pH 发生很小变化时就有颜色变化,可用于较精细地测定溶液的 pH。根据变色范围的不同有多种试纸,如变色范围有 pH 为 2.7~4.7、3.8~5.4、5.4~7.0、6.8~8.4、8.2~10.0、9.5~13.0 等。根据待测溶液的酸碱性不同,可选用某一变色范围的试纸。pH 试纸应存放于专用的试纸袋中。

2. 石蕊试纸

可用于定性判断溶液或气体的酸碱性。其中红色石蕊试纸遇到碱性溶液或气体时变蓝,蓝色石蕊试纸遇到酸性溶液或气体时变红。石蕊试纸应存放于专用的试纸袋中。

3. 碘化钾-淀粉试纸

可用于定性检验氧化性气体(如氯气等)的存在。当氧化性气体遇到润湿的碘化钾-淀粉试纸后,将试纸上的 I^- 氧化成 I_2,I_2 与试纸上的淀粉作用,使试纸呈现蓝色。值得注意的是,如果气体的氧化性很强,且浓度很大时,可以将生成的 I_2 进一步氧化成 IO_3^- 而使蓝色褪去,因此,使用时应仔细观察试纸的颜色变化,否则会得出错误的结论。试纸须存放在密闭、干燥的广口试剂瓶内。

4. 醋酸铅试纸

可用于定性检测硫化氢气体(或溶液中的 S^{2-})的存在。当含有 S^{2-} 的溶液被酸化时,逸出的硫化氢气体遇到润湿的醋酸铅试纸后,与试纸上的醋酸铅反应,生成黑色的硫化铅,使试纸呈现黑色并有金属光泽。当溶液中 S^{2-} 浓度较小时,则不易检出。试纸须存放在密闭、干燥的广口试剂瓶内。

检验原理:$Pb(CH_3COO)_2 + H_2S =\!=\!= PbS\downarrow + 2CH_3COOH$　　　　(PbS 为黑色)

二、试纸的使用方法

1. pH 试纸的使用

先将试纸剪成大小合适的小纸条,放在洁净干燥的表面皿或点滴板上,再用玻璃棒蘸取要检验的溶液,滴在试纸上,观察试纸的颜色,再与标准比色卡比较,得出溶液的 pH。使用 pH 试纸时不可用水润湿,切不可将试纸投入溶液中试验。

2. 石蕊试纸的使用

使用方法与 pH 试纸的方法大致相同。当要检测挥发性物质的酸碱性时,可先将试纸润湿,然后悬空于气体出口处,观察试纸的颜色变化。

3. 碘化钾-淀粉试纸、醋酸铅试纸的使用

先将试纸剪成大小合适的小纸条,放在洁净干燥的表面皿上,再用蒸馏水润湿,粘在玻璃棒的一端,用玻璃棒把试纸放到气体出口处,观察试纸的颜色变化。切不可将试纸接触溶液。

三、试纸的制备

1. 碘化钾-淀粉试纸的制备

把 3 g 淀粉和 25 mL 水搅和,倾入 225 mL 沸水中,加入 1 g 碘化钾和 1 g 无水碳酸钠并搅拌溶解,再用水稀释至 500 mL,将滤纸在溶液中浸润,取出后,放在无氧化性气体处晾干即可。

2. 醋酸铅试纸的制备

将滤纸在 3% 的醋酸铅溶液中浸润,取出后,放在无硫化氢气体处晾干即可。

第六节　试剂的取用

试剂取用时,首先看清标签再打开瓶塞,瓶塞应倒放在实验桌上,如瓶塞非平顶,则用中指和食指将它夹住或放在清洁的表面皿上,决不能将瓶塞横放在实验桌上,以免受污染,取完试剂后应立即将瓶盖塞上并放回原处,防止弄错瓶塞。不能用手接触化学试剂。取用试剂时应严格按照实验要求的用量取用,不可多取,否则既浪费了药品,又有可能影响实验结果,多取的试剂不能倒回原瓶中,可放在指定的容器中供他人使用或弃去。

试剂取用操作

一、固体试剂的取用

(1) 要用清洁、干燥的药匙取试剂。药匙的两端为大、小两个勺,分别用于取大量固体和少量固体试剂。应专匙专用,用过的药匙必须洗净擦干后才能用于取用其他试剂。

(2) 要求取用一定质量的固体试剂时,可用天平称量。称量时,固体可放在干燥的纸上称,具有腐蚀性或易潮解的固体应放在表面皿上或玻璃容器内称。

(3) 往试管内加入粉状固体试剂时,可用药匙或将取出的药品放在对折的纸条上,送往试管约三分之二处,直立试管,把试剂放入。加入块状固体时,应将试管倾斜,使其沿管壁慢慢滑下,以免击破试管底部(见图 2-21)。

(a) 用对折纸条往试管中装粉状固体

① 用镊子夹住试剂送进试管口
(b) 块状固体的取用

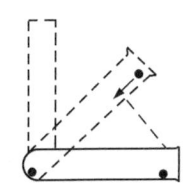

② 使试管慢慢竖起,让试剂沿试管壁慢慢滑到试管底部

图 2-21　固体试剂的取用

(4) 固体的颗粒较大时，可在清洁干燥的研钵中研碎。研钵中所盛固体的量不超过研钵容量的 1/3。

(5) 有毒试剂要在教师指导下取用。

二、液体试剂的取用

(1) 从细口瓶中取用液体试剂时，先将瓶塞取下，把试剂瓶上贴有标签的一面握向手心，逐渐倾斜瓶子，让试剂沿着容器内壁或沿着玻璃棒流入容器内，取出所需试剂后，慢慢竖起试剂瓶，并将瓶口在容器口上靠一下，以免液体沿瓶子的外壁流下。

(2) 从滴瓶中取用液体试剂时，首先提起滴管，使管口离开液面，用手指紧捏滴管上部的乳胶头，以排出滴管中的空气，然后把滴管伸入试剂瓶中，松开手指吸入试剂，再提起滴管，将试剂滴入容器内。值得注意的是，滴管不能伸入容器内，以免接触容器壁而污染药品。滴管不能水平放置或乳胶头处于水平线以下，否则会引起试剂回流到乳胶头，腐蚀乳胶头，污染试剂（见图 2-22）。

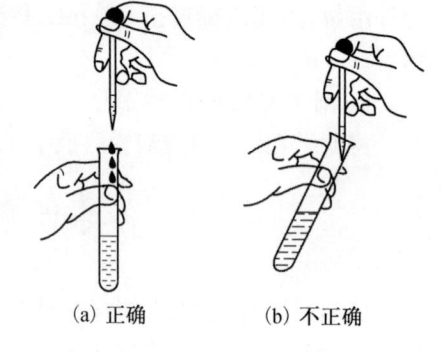

(a) 正确　　(b) 不正确

图 2-22　滴管的使用

(3) 在试管内进行实验，取用一定量的液体试剂时，一般采用估计的方法，不用量器量取。用经验法估算体积，如 1 mL 液体相当于多少滴，或试管中 1 mL 液体大概有多少高度。

(4) 定量取用液体试剂时，可用量筒、移液管、吸量管、滴定管等仪器量取。

第七节　物质的分离技术

物质的分离是把混合物中各物质经过物理（或化学）变化，将其彼此分开的过程，分开后各物质要恢复到原来的状态；物质的提纯是把混合物中的杂质除去，以得到纯物质的过程。在提纯中如果杂质发生化学变化，不必恢复为原来的物质。在进行物质分离与提纯时，应视物质及其所含杂质的性质选择适宜的方法。

分离操作

一、物质的分离与提纯常用的物理方法

表 2-2　常见物质的分离与提纯方法

分离、提纯方法	适用范围	主要仪器、用具	举　例
过滤	不溶性固体与液体分离	漏斗、滤纸、烧杯、玻璃棒	提纯粗食盐
离心分离	两相密度差较小、颗粒粒度较细的非均相物系	离心机	分离牛奶中的酪蛋白
蒸发、浓缩、结晶	可溶性固体与液体分离	蒸发皿、玻璃棒、酒精灯	蒸发食盐溶液制得固体食盐
结晶、重结晶	溶解度不同的可溶性混合物分离	烧杯、酒精灯、玻璃棒、漏斗、滤纸	提纯硝酸钾（硝酸钾中含有少量氯化钠杂质）

(续表)

分离、提纯方法	适用范围	主要仪器、用具	举 例
蒸馏、分馏	沸点不同的液体混合物分离	蒸馏烧瓶、酒精灯、温度计、冷凝管、接收器、锥形瓶	石油的分馏
萃取、分液	互不相溶的两种液体的分离	烧杯、分液漏斗	用汽油把溶于水中的溴或碘提取出来并分离
升华	固体与固体杂质的分离	烧杯、烧瓶、酒精	从粗碘中分离出碘
渗析	胶体微粒与溶液中溶质的分离	半透膜、烧杯、玻璃棒	分离淀粉胶体和食盐溶液的混合物
层析	化学性质相同或相似及相似化合物的异构体、同系物的分离	载体	氨基酸的分离
离子交换	溶液中离子与液体的分离	离子交换柱、烧杯、试管	硬水的软化
电泳	主要用于蛋白质、核酸、酶等生物分子的分离、研究	滤纸、醋酸纤维膜、凝胶等	血清蛋白的分离

1. 过滤

过滤是一种固液分离最常用的操作方法。常用的过滤方法有常压过滤、减压过滤和热过滤三种。

(1) 常压过滤

常压过滤是在常压下用普通漏斗过滤，它是最常用、最简便的方法，因此又称为普通过滤，该方法适用于过滤胶状沉淀或细小的晶体沉淀，但其缺点是过滤速度较慢。所用的仪器主要是过滤器(漏斗和滤纸组成)和漏斗架(也可用铁架台和铁圈代替)。过滤之前，按沉淀物的多少选择合适的漏斗并根据漏斗的大小选择合适的滤纸。滤纸分为定性滤纸和定量滤纸两种，按滤纸空隙的大小可分为"快速""中速""慢速"三种。

操作应注意做到"一角、二低、三接触"：

① "一角" 滤纸折叠的角度要与漏斗的角度(一般为60°)相符。折叠后的滤纸放入漏斗后，用食指按住，加入少量蒸馏水润湿，使之紧贴在漏斗内壁，赶走纸和壁之间的气泡。

② "二低" 滤纸边缘应略低于漏斗边缘；加入漏斗中液体的液面应略低于滤纸的边缘(低约1 cm)，以防止未过滤的液体外溢。

③ "三接触" 漏斗颈末端与承接滤液的烧杯内壁相接触，使滤液沿烧杯内壁流下；向漏斗中倾倒液体时，要使玻璃棒一端与滤纸三折部分轻轻接触；承接液体的烧杯嘴和玻璃棒接触，使欲过滤的液体在玻璃棒的引流下流向漏斗。过滤后如果溶液仍然浑浊，应重新过滤一遍。如果滤液对滤纸有腐蚀作用，一般可用石棉或玻璃丝代替滤纸。如果过滤是为了得到洁净的沉淀物，则需对沉淀物进行洗涤，方法是：向过滤器里加入适量蒸馏水，使水面浸没沉淀物，待水滤去后，再加水洗涤，连续洗几次，直至沉淀物洗净为止。

(2) 减压过滤

减压过滤(也称抽滤或真空过滤)能加速过滤速度，而且沉淀抽吸得比较干燥(图2-23)。但该方法不适合过滤颗粒太小的沉淀和胶体沉淀。因为颗粒太小的沉淀易在滤纸上形成一层致密的沉淀而堵塞滤孔,使滤液不易透过并减慢抽滤速度;胶体沉淀在快速过滤时易穿透滤纸,因而均达不到过滤的目的。

减压过滤是利用真空泵产生的负压带走瓶内的空气,使抽滤瓶内的压力减小。由于布氏漏斗的液面上与抽滤瓶内形成压力差,从而加快过滤速度。

实验室使用的抽滤泵一般为循环水式多用真空泵。在进行减压过滤时,先将减压过滤装置中的安全瓶出口与真空泵抽气管接口之间用橡皮管连接,接通电源后,指示灯亮,电动机转动并带动循环水使抽滤瓶内压力逐渐降低,以达到减压过滤的目的。抽滤完毕,通常先拔开吸滤瓶与安全瓶相连的橡皮管,也可以拔开布氏漏斗塞子,然后再关电源开关,否则循环水将倒灌。有安全瓶就可以防止吸滤瓶内滤液受到污染。减压过滤的操作步骤如下:

图 2-23 减压过滤装置

① 滤纸的准备 将布氏漏斗倒立在滤纸上并用力压使之出现一痕迹,用剪刀沿痕迹内缘剪下,使滤纸能全部覆盖布氏漏斗底部。

② 铺滤纸 布氏漏斗的圆柱形底部是带有许多小孔的瓷板,以便使滤液穿过滤纸从小孔流出,抽滤时此瓷板支撑着滤纸和截留在滤纸上的固体。将剪好的滤纸平放于布氏漏斗中并加少量蒸馏水湿润,再将吸滤装置连接好。漏斗插入抽滤瓶中(注意橡皮塞插入抽滤瓶内的部分不超过整个塞子高度的1/2),其下端的斜面应对着抽滤瓶侧面的支管。打开真空泵电源,滤纸即紧贴于漏斗底部。

③ 过滤 摇动盛沉淀物的容器使沉淀物与溶液混匀,先将容器里的少许溶液沿玻璃棒转入漏斗中,每次转入的量不能超过漏斗容量的2/3,然后打开真空泵,再将剩余的沉淀转入布氏漏斗中,直至沉淀被抽吸得比较干净为止。注意抽滤瓶中的液体不能超过吸气口。

④ 沉淀洗涤 洗涤沉淀时,应先拔掉橡皮管并关好真空泵,加入洗涤液至全部湿润沉淀。然后接好橡皮塞,开启真空泵,将沉淀中的水分吸干,最后拔掉橡皮管并关闭真空泵。

⑤ 取出沉淀和滤液 将漏斗取下倒放于滤纸上或容器中,在漏斗的边缘轻轻敲打或用洗耳球从漏斗出口处往里吹气,滤纸和沉淀即可脱离漏斗。滤液应从抽滤瓶的上口倒入洁净的容器中,绝对不能从侧面的支管倒出,以免滤液被污染。

若过滤的溶液有强酸性或强氧化性,为了避免溶液与滤纸作用,应采用玻璃砂漏斗。由于碱易与玻璃作用,因此玻璃砂漏斗不宜过滤强碱性溶液。过滤时不能引入杂质,也不能用瓶盖挤压沉淀,其余操作步骤同上。

(3) 热过滤

如果溶液的溶质在温度降低时易结晶析出,而又不希望它在过滤过程中留在滤纸上,这就需要采取热过滤。常压热过滤漏斗是由铜质夹套和普通玻璃漏斗组成的(如图 2-24)。

热过滤漏斗是一种减少散热的夹套式漏斗,其是在金属铜套内放置一短颈且粗的玻璃漏斗而形成的。使用时在夹套内加入热水,加热侧管。在玻璃漏斗中放入折叠滤纸,用少量热水湿润试纸,立即将热溶液分批转入漏斗中,但溶液不能太满,也不要等滤完再转入溶液,未转入的溶液和保温漏斗应小火加热,保持微沸。

若操作顺利,只会有少量结晶在滤纸上析出,可用少量热溶

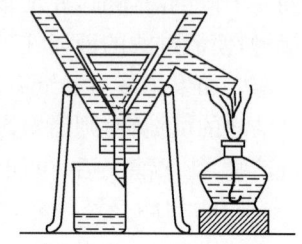

图 2-24 常压热过滤漏斗

剂洗下,也可弃之,以免得不偿失。若结晶较多,可将滤纸取出,用刮刀刮回原来的容器中并进行热过滤。过滤完毕,将溶液加盖放置使其自然冷却。进行热过滤操作时,要求准备充分,动作迅速。

热过滤的特点及注意事项:

① 采用保温热过滤漏斗套,漏斗套的夹层中装有热水,必要时还可用灯具加热,使用时注意夹套内水不要加得太满,以免水沸腾后溢出;也不可太少,必须确保加热支管中充满水,否则在加热支管无水的情况下加热,会使保温漏斗损坏。

② 采用短颈漏斗,避免滤液在漏斗颈中冷却析出晶体造成阻塞。使用时将短颈漏斗按普通过滤要求将滤纸装好,然后放在铁圈上(若漏斗小时可放泥三角),如过滤时间较短,也可以事先将玻璃漏斗在水浴上用蒸气加热或放入沸水中加热后立即使用。

2. **离心分离**

当被分离的沉淀的量很少时,可用离心分离法。本法分离速度快,利于迅速判断沉淀是否完全。

离心机操作

图 2-25 离心机

图 2-26 离心管

（1）离心操作

电动离心机转动速度很快,要特别注意安全。使用离心机时,为了使离心机旋转平衡,几支离心管要放在对称的位置上,如果只有一份试样,则应在对称的位置放另一支离心管,管内装等量的水。各离心管的规格应相同,加入离心管内液体的量不得超过其体积的一半,各管溶液的高度应相同。放好离心管后,把盖旋紧。开始时应把变速旋钮旋到最低挡,以后逐渐加速;离心约 1 min 后,将旋钮逆时针旋到停止位置,任离心机自行停止,绝不可用外力强制它停止运动。

电动离心机如有声音或机身振动时,应立即切断电源,查明和排除故障。

（2）分离溶液和沉淀

离心沉降后,可用吸出法分离溶液和沉淀。先用手挤压滴管上的橡皮帽,排除滴管中的空气,然后轻轻伸入离心管清液中,慢慢减小对橡皮帽的挤压力,清液就被吸入滴管。随着离心管中溶液液面的下降,滴管应逐渐下移。滴管末端接近沉淀时,操作要特别小心,勿使它接触沉淀。最后取出滴管,将清液放入接收容器内。

(3) 沉淀的洗涤

如果要得到纯净的沉淀,必须经过洗涤。往盛沉淀的离心管中加入适量的蒸馏水或其他洗涤液,用细搅棒充分搅拌后,进行离心沉降,用滴管吸出洗涤液,如此重复操作,直至洗净。

3. 蒸馏

蒸馏是提纯液体物质和分离混合物的一种常用的方法,可分为常压蒸馏和减压蒸馏。

(1) 常压蒸馏

如图 2-27 所示,常压操作应注意的事项:

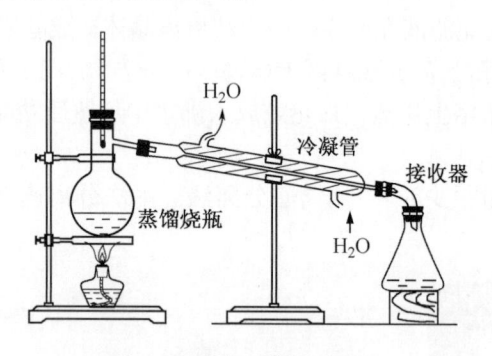

图 2-27 常压蒸馏装置图

① 蒸馏烧瓶中所盛液体不能超过其容积的 2/3,也不能少于 1/3。
② 温度计水银球部分应置于蒸馏烧瓶支管口下方约 0.5 cm 处。
③ 冷凝管中冷却水从下口进,上口出。
④ 为防止暴沸可在蒸馏烧瓶中加入适量碎瓷片或沸石。
⑤ 蒸馏烧瓶的支管和伸入接液管的冷凝管必须穿过橡皮塞,以防止馏出液混入杂质。
⑥ 加热温度不能超过混合物中沸点最高物质的沸点。

(2) 减压蒸馏

在蒸馏操作中,一些有机物加热到其正常沸点附近时,会由于温度过高而发生氧化、分解或聚合等反应,使其无法在常压下蒸馏。若将蒸馏装置连接在一套减压系统上,在蒸馏开始前先使整个系统压力降低到只有常压的十几分之一至几十分之一,那么这类有机物就可以在较其正常沸点低得多的温度下进行蒸馏。

① 减压蒸馏装置　减压蒸馏装置由两个系统构成,一个是蒸馏系统,包括蒸馏烧瓶、Y型管、蒸馏头、直型冷凝管、真空接液管、接收瓶、温度计及套管、毛细管等;另一个是真空系统,包括抽气泵、真空表和安全瓶。两个系统间用耐压胶管(真空胶管)连接(图 2-28)。有时接收烧瓶需用冷却装置强制冷却。

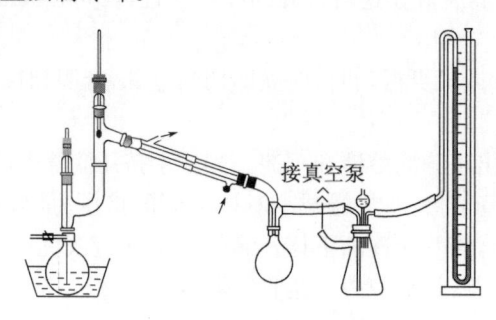

图 2-28 减压蒸馏装置图

② 安装蒸馏装置　从左向右依次安装蒸馏烧瓶、Y型管、蒸馏头、直型冷凝管、真空接液管、接收瓶，真空接液管的支管连接一个安全瓶，安全瓶的支管连接在抽气泵上。启动抽气泵，旋紧安全瓶上旋塞和毛细管上螺旋夹，检查整个装置的气密性。待达到所需的真空度后，放开安全瓶上旋塞，恢复系统的常压状态。

气化中心设置：减压蒸馏时不能用碎瓷片、一端封口的断毛细管等形成气化中心，可以用一根上端粗、下端细的两端开口毛细管从蒸馏头直管上伸入蒸馏烧瓶液面下，上端用胶管连接并用螺旋夹控制。也可以用磁力搅拌器带动搅拌子形成气化中心。

③ 减压蒸馏操作　在蒸馏烧瓶中加入待蒸馏液体，不能超过烧瓶容积的1/2。开启抽气泵，旋紧安全瓶旋塞，待达到所需真空度后开始加热。观察毛细管下端逸出的气泡，使其不中断。控制加热强度，勿使蒸馏过剧。观测出现第一滴馏出液时的温度，待达到所需蒸馏温度时再开始接收馏出液，此前收集的馏出液为前馏分，单独处理。蒸馏结束时，先停止加热，再放开安全瓶上的旋塞，收集馏出液，从右向左拆卸各组件。

(3) 旋转蒸发仪

旋转蒸发仪主要用于在减压条件下连续蒸馏大量易挥发性溶剂。旋转蒸发仪主要部件包括：

① 旋转马达，带动样品旋转，增大蒸发表面积。

② 密封圈，保持旋转蒸发仪系统良好的气密性。

③ 真空泵和真空控制器系统，用来降低蒸馏溶剂的沸点，并控制最佳真空，实现高效蒸馏。

④ 水油通用加热锅，加热样品，提高蒸馏速率。

⑤ 冷凝管，使用三层冷凝设计或者其他冷凝剂（如干冰-丙酮）冷凝样品。

⑥ 冷凝样品收集瓶，实现蒸馏溶剂的回收，一般需要低温。

⑦ 机械或马达机械装置，用于将加热锅中的蒸发瓶快速提升。

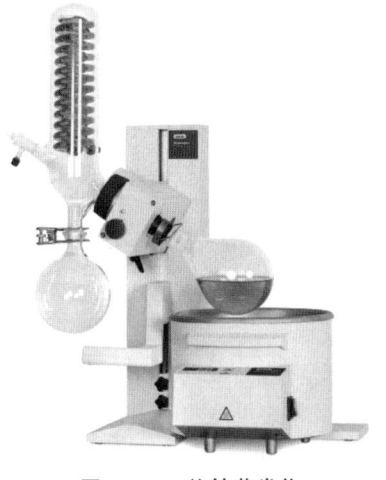

图 2-29　旋转蒸发仪

旋转蒸发仪的使用要点如下：

① 用弹簧夹固定烧瓶与蒸发仪的连接部位。

② 待装置稍变为减压状态时，就同时开始旋转蒸发器。

③ 慢慢地小心谨慎地进行排气操作。要预先考虑到，如果有发泡或暴沸等情况，应能马上中止排气。

④ 如果装置已减压到相当程度，并且也没有发泡和暴沸等现象了，即开始加热。要保持热水浴的温度在溶剂的沸点以下，以免发生沸腾。

⑤ 要把装置内恢复到常压时，必须停止旋转蒸发器，并注意防止烧瓶脱落。

4. 蒸馏与蒸发

将蒸馏原理用于多种混溶液体的分离，叫分馏，分馏是蒸馏的一种。蒸馏与蒸发的区别：加热是为了获得溶液的残留物（浓缩后的浓溶液或蒸干后的固体物质）时，要用蒸发；加热是为了收集蒸气的冷凝液体时，要用蒸馏。

蒸发操作应注意的事项：蒸发皿中的溶液不超过蒸发皿容积的2/3；加热过程中要不断

搅拌,以免溶液溅出;当析出大量晶体时就应熄灭酒精灯,利用余热蒸发至干。

5. 通常采用的结晶方法

(1) 蒸发结晶

蒸发溶剂,使溶液由不饱和变为饱和,继续蒸发,过剩的溶质就会呈晶体析出,叫蒸发结晶。例如,当 NaCl 和 KNO_3 的混合物中 NaCl 多而 KNO_3 少时,即可采用此法,先分离出 NaCl,再分离出 KNO_3。

(2) 降温结晶

先加热溶液,蒸发溶剂成饱和溶液,此时降低热饱和溶液的温度,溶解度随温度变化较大的溶质就会呈晶体析出,叫降温结晶。例如,当 NaCl 和 KNO_3 的混合物中 KNO_3 多而 NaCl 少时,即可采用此法,先分离出 KNO_3,再分离出 NaCl。

6. 萃取

如图 2-30 所示,萃取的操作方法如下:

(1) 用普通漏斗把待萃取的溶液注入分液漏斗,再注入足量萃取液。

(2) 随即振荡,使溶质充分转移到萃取剂中。振荡的方法是用右手压住上口玻璃塞,左手握住活塞部分,反复倒转漏斗并用力振荡。

(3) 将分液漏斗置于铁架台的铁环上静置,待分层后进行分液。

分液的操作方法如下:

① 用普通漏斗把要分离的液体注入分液漏斗内,盖好玻璃塞。

② 将分液漏斗置于铁架台的铁圈上,静置,分层。

③ 将玻璃塞打开,使塞上的凹槽对准漏斗口上的小孔再盖好,使漏斗内外空气相通,以保证漏斗里的液体能够流出。

④ 打开活塞,使下层液体慢慢流出,放入烧杯,待下层液体流完立即关闭活塞,注意不可使上层液体流出。

⑤ 从漏斗上端口倒出上层液体。

(4) 蒸发萃取剂即可得到纯净的溶质。

为把溶质分离干净,一般需多次萃取。

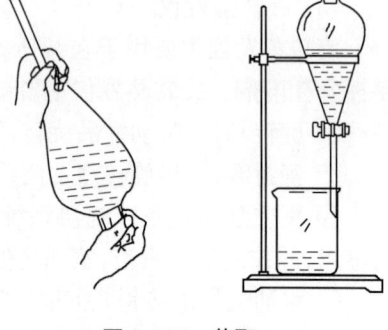

图 2-30 萃取

7. 渗析

将欲提纯或精制的胶体溶液放入半透膜袋中,用细绳把袋口扎好,系于玻璃棒上,然后悬挂在盛蒸馏水的烧杯中(半透膜袋要浸入水中),胶体溶液中的分子或离子就会透过半透膜进入蒸馏水中。悬挂的时间要充分,蒸馏水要换几次,直至蒸馏水中检查不出透过来的分子或离子为止,如图 2-31 所示。例如,把淀粉胶体里的食盐分离出去,即采用渗析方法。

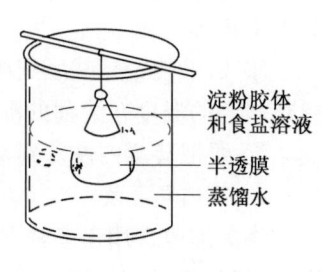

图 2-31 渗析

8. 层析

在分离分析,特别是蛋白质分离分析中,层析是相当重要且相当常见的一种技术,其原理较为复杂,对人员的要求相对较高,这里只能做一个相对简单的介绍。

(1) 吸附层析

① 吸附柱层析　吸附柱层析是以固体吸附剂为固定相,以有机溶剂或缓冲液为流动相构成的一种层析方法。

② 薄层层析　薄层层析是以涂布于玻璃板或涤纶片等载体上的基质为固定相,以液体为流动相的一种层析方法。这种层析方法是把吸附剂等物质涂布于载体上形成薄层,然后按纸层析操作进行展层。

③ 聚酰胺薄膜层析　聚酰胺对极性物质的吸附作用是由于它能和被分离物之间形成氢键。这种氢键的强弱决定了被分离物与聚酰胺薄膜之间吸附能力的大小。层析时,展层剂与被分离物在聚酰胺膜表面竞争形成氢键。因此选择适当的展层剂使分离物在聚酰胺膜表面发生吸附、解吸附、再吸附、再解吸附的连续过程,就能导致分离物质达到分离目的。

(2) 离子交换层析

离子交换层析是在以离子交换剂为固定相,液体为流动相的系统中进行的。离子交换剂是由基质、电荷基团和反离子构成的。离子交换剂与水溶液中离子或离子化合物的反应主要以离子交换方式进行,或借助离子交换剂上电荷基团对溶液中离子或离子化合物的吸附作用进行。

(3) 凝胶过滤

凝胶过滤又叫分子筛层析,其原理是凝胶具有网状结构,小分子物质能进入其内部,而大分子物质却被排除在外部。当混合溶液通过凝胶过滤层析柱时,溶液中的物质就按不同分子量筛分开。

9. 电泳

电泳是指带电颗粒在电场的作用下发生迁移的过程。许多重要的生物分子,如氨基酸、多肽、蛋白质、核苷酸、核酸等都具有可电离基团,它们在某个特定的 pH 下可以带正电或负电,在电场的作用下,这些带电分子会向着与其所带电荷极性相反的电极方向移动。电泳技术就是利用在电场的作用下,待分离样品中各种分子带电性质以及分子本身大小、形状等性质的差异,使带电分子产生不同的迁移速度,从而对样品进行分离、鉴定或提纯的技术。

电泳过程必须在一种支持介质中进行。Tiselius 等在 1937 年进行的自由界面电泳没有固定支持介质,所以扩散和对流都比较强,影响分离效果。于是出现了固定支持介质的电泳,样品在固定的介质中进行电泳,减少了扩散和对流等干扰作用。最初的支持介质是滤纸和醋酸纤维素膜,目前这些介质在实验室已经应用得较少。在很长一段时间里,小分子物质如氨基酸、多肽、糖等通常用滤纸或纤维素、硅胶薄层平板为介质的电泳进行分离分析,但目前一般使用更灵敏的技术如 HPLC 等来进行分析。这些介质适合于分离小分子物质,操作简单、方便。但对于复杂的生物大分子则分离效果较差。凝胶作为支持介质的引入大大促进了电泳技术的发展,使电泳技术成为分析蛋白质、核酸等生物大分子的重要手段之一。最初使用的凝胶是淀粉凝胶,但目前使用得最多的是琼脂糖凝胶和聚丙烯酰胺凝胶。蛋白质电泳主要使用聚丙烯酰胺凝胶。

电泳装置主要包括两个部分:电源和电泳槽。电源提供直流电,在电泳槽中产生电场,驱动带电分子的迁移。电泳槽可以分为水平式和垂直式两类。垂直板式电泳是较为常见的一种,常用于聚丙烯酰胺凝胶电泳中蛋白质的分离。电泳槽中间是夹在一起的两块玻璃板,玻璃板两边由塑料条隔开,在玻璃平板中间制备电泳凝胶,凝胶的大小通常是 12~14 cm,厚度为 1~2 mm。近年来新研制的电泳槽,胶面更小、更薄,以节省试剂和缩短电泳时间。制胶时在凝胶溶液中放一个塑料梳子,在胶聚合后移去,形成上样品的凹槽。水平式电泳,凝胶铺在水平的玻璃或塑料板上,用一薄层湿滤纸连接凝胶和电泳缓冲液,或将凝胶直接浸入缓冲液中。由于 pH 的改变会引起带电分子电荷的改变,进而影响其电泳迁移的速度,所以电泳过程应在适当的缓冲液中进行,缓冲液可以保持待分离物的带电性质的稳定。

电泳分析常用方法介绍如下:

(1) 纸电泳

纸电泳是用滤纸作支持物的一种电泳技术。1984 年 Wiselius 等首次将纸电泳用于氨基酸和多肽物质的分离。电泳装置包括电泳槽和电泳仪两部分。最常用的电泳槽是水平电泳槽,包括电极、缓冲液、液槽、电泳介质冷凝械、透明罩等。电泳仪可提供电源电势,它与电泳槽的两个电极柱相连,在电泳槽两端加上了一个稳定的电场。纸电泳分低压电泳和高压电泳两种,低压电泳电压一般为 100~600 V,高压电泳电压一般为 500~1 000 V。

实验时,将电泳槽洗净、晾干、放平,然后在两个电泳槽中倒入缓冲液,使两液面平衡,将滤纸条一端浸入缓冲液,另一端搭在电泳槽支架上。将滤纸剪成适当尺寸(通常 2~3 cm)搭在滤纸条上,接通电泳仪电源,调节到一定的电压,即可进行电泳。电泳时间根据样品的性质而定。在做高压电泳时,为防止温度升高引起的样品变性,在电泳过程中要通冷凝水。电泳完毕,切断电流,在滤纸与溶液界面处划上记号,以便计算滤纸的有效长度。然后将滤纸平铺在玻璃板上,置于 70℃ 左右的烘箱烘干。烘干后的滤纸按不同的方法进行显色测定。

(2) 醋酸纤维素薄膜电泳

醋酸纤维素是纤维素的羟基乙酰化形成的纤维素醋酸酯,由该物质制成的薄膜称为醋酸纤维素薄膜。这种薄膜对蛋白质样品吸附性小,几乎能完全消除纸电泳中出现的"拖尾"现象,又因为膜的亲水性比较小,它所容纳的缓冲液也少,电泳时电流的大部分由样品传导,所以分离速度快,电泳时间短,样品用量少,5 μg 的蛋白质可得到满意的分离效果。因此特别适合于病理情况下微量异常蛋白的检测。

醋酸纤维素膜经过冰醋酸乙醇溶液或其他透明液处理后,可使膜透明化,有利于对电泳图谱的光吸收扫描测定和膜的长期保存。

① 材料与试剂　醋酸纤维素膜一般使用市售商品,常用的电泳缓冲液为 pH=8.6 的巴比妥缓冲液,浓度在 0.05~0.09 mol/L。

② 操作要点

a. 膜的预处理:必须在电泳前将膜片浸泡于缓冲液中,浸透后,取出膜片并用滤纸吸去多余的缓冲液,不可吸得过干。

b. 加样:样品用量依样品浓度、本身性质、染色方法及检测方法等因素决定。对血清蛋白质的常规电泳分析,每厘米加样不超过 1 μL,相当于 60~80 μg 的蛋白质。

c. 电泳:可在室温下进行。电压为 25 V/cm,电流为 0.4~0.6 mA/cm 宽。

d. 染色:一般蛋白质染色常使用氨基黑和丽春红,糖蛋白用甲苯胺蓝或过碘酸-Schiff

试剂,脂蛋白则用苏丹黑或品红亚硫酸染色。

e. 脱色与透明:水溶性染料最普遍应用的脱色剂是 5% 醋酸水溶液。为了长期保存或进行光吸收扫描测定,可浸入冰醋酸:无水乙醇=30:70(体积比)的透明液中。

(3) 凝胶电泳

以淀粉胶、琼脂或琼脂糖凝胶、聚丙烯酰胺凝胶等作为支持介质的区带电泳法称为凝胶电泳。其中聚丙烯酰胺凝胶电泳普遍用于分离蛋白质及较小分子的核酸。琼脂糖凝胶孔径较大,对一般蛋白质不起分子筛作用,但适用于分离同种酶及其亚型、大分子核酸等,应用较广,介绍如下:

琼脂糖是由琼脂分离制备的链状多糖,其结构单元是 D-半乳糖和 3,6-脱水-L-半乳糖。许多琼脂糖链因氢键及其他力的作用而互相盘绕形成绳状琼脂糖束,构成大网孔型凝胶。因此该凝胶适合于免疫复合物、核酸与核蛋白的分离、鉴定及纯化,常用于 LDH、CK 等同工酶的检测。

琼脂糖凝胶电泳分离核酸的基本技术:在一定浓度的琼脂糖凝胶介质中,DNA 分子的电泳迁移率与其分子量的常用对数成反比;分子构型也对迁移率有影响,如共价闭环 DNA>直线 DNA>开环双链 DNA。当凝胶浓度太高时,凝胶孔径变小,环状 DNA(球形)不能进入凝胶中,相对迁移率为 0,而同等大小的直线 DNA(刚性棒状)可以按长轴方向前移,相对迁移率大于 0。

① 设备与试剂　琼脂糖凝胶电泳分为垂直型和水平型两种。其中水平型可制备低浓度琼脂糖凝胶,而且制胶与加样都比较方便,应用广泛。核酸分离一般用连续缓冲体系,常用的有 TBE(0.08 mol/L Tris·HCl,pH=8.5,0.08 mol/L 硼酸,0.002 4 mol/L EDTA)和 THE(0.04 mol/L Tris·HCl,pH=7.8,0.2 mol/L 醋酸钠,0.001 8 mol/L EDTA)。

② 凝胶制备　用上述缓冲液配制 0.5%～0.8% 的琼脂糖凝胶溶液,沸水浴或微波炉加热使之融化,冷至 55℃ 时加入溴化乙锭(EB)至终浓度为 0.5 μg/mL,然后将其注入玻璃板或有机玻璃板组装好的模子中,厚度依样品浓度而定。注胶时,梳齿下端距玻璃板 0.5～1.0 mm,待胶凝固后,取出梳子,加入适量电极缓冲液使板胶浸没在缓冲液下 1 mm 处。

③ 样品制备与加样　溶解于 TBE 或 THE 内的样品应含指示染料(0.025% 溴酚蓝或橘黄橙)、蔗糖(10%～15%)或甘油(5%～10%),也可使用 2.5% FicoⅡ 增加比重,使样品集中,每齿孔可加样 5～10 μg。

④ 电泳　一般电压为 5～15 V/cm,对大分子的分离可用电压 5 V/cm。电泳过程最好在低温条件下进行。

⑤ 样品回收　电泳结束后在紫外灯下观察样品的分离情况,对需要的 DNA 分子或特殊片段可从电泳后的凝胶中以不同的方法进行回收。如电泳洗脱法:在紫外灯下切取含核酸区带的凝胶,将其装入透析袋(内含适量新鲜电泳缓冲液),扎紧透析袋后,平放在水平型电泳槽两电极之间的浅层缓冲液中,100 V 电泳 2～3 h,然后正负电极交换,反向电泳 2 min,使透析袋上的 DNA 释放出来。吸出含 DNA 的溶液,进行酚抽提、乙醇沉淀等步骤即可完成样品的回收。此外,还有低熔点琼脂糖法、醋酸铵溶液浸出法、冷冻挤压法等,但各种方法都仅仅有利于小分子量 DNA 片段(<1 kb)的回收,随着 DNA 分子量的增大,回收量显著下降。

二、化学方法提纯和分离物质的"四原则"和"三必须"

1. "四原则"

一不增(提纯过程中不增加新的杂质);二不减(不减少欲被提纯的物质);三易分离(被提纯物与杂质容易分离);四易复原(被提纯物质要能复原)。

2. "三必须"

一是除杂试剂必须过量;二是过量试剂必须除尽(因为过量试剂会带入新的杂质);三是除杂途径选最佳。

三、无机物提纯一般采用的化学方法

1. 生成沉淀法

例如,NaCl 溶液中混有 $MgCl_2$、$CaCl_2$ 杂质,可先加入过量的 NaOH,使 Mg^{2+} 转化为 $Mg(OH)_2$ 沉淀而除去(同时引入了 OH^- 杂质);然后加入过量的 Na_2CO_3,使 Ca^{2+} 转化为 $CaCO_3$ 沉淀而除去(同时引入了 CO_3^{2-} 杂质);最后加足量的盐酸,并加热除去 OH^- 及 CO_3^{2-}(加热的目的是赶走溶液中存在的 CO_2 及 HCl),并调节溶液的 pH 至中性即可。

2. 生成气体法

例如,Na_2SO_4 溶液中混有少量 $Na_2S_2O_3$,为了增加 SO_4^{2-} 而不引入新的杂质,可加适量稀 H_2SO_4,将 $S_2O_3^{2-}$ 转化为沉淀和气体而除去($S_2O_3^{2-} +2H^+ =\!=\!= H_2O+S\downarrow +SO_2\uparrow$)。

3. 氧化还原法

例如,$FeCl_2$ 溶液里含有少量 $FeCl_3$ 杂质,可加过量铁粉将 Fe^{3+} 除去($Fe+2Fe^{3+} =\!=\!= 3Fe^{2+}$)。又如,在 $FeCl_3$ 溶液中含有少量 $FeCl_2$ 杂质,可通入适量 Cl_2 将 $FeCl_2$ 氧化为 $FeCl_3$($2Fe^{2+}+Cl_2 =\!=\!= 2Fe^{3+}+2Cl^-$)。

4. 利用物质的两性除去杂质

例如,镁粉中混有少量铝粉,可向其中加入足量的 NaOH 溶液,使其中的 Al 转化为可溶性的 $NaAlO_2$($2Al+2OH^- +2H_2O =\!=\!= 2AlO_2^- +3H_2\uparrow$),然后过滤,即可得到纯净的 Mg。

5. 正盐与酸式盐的相互转化

例如,Na_2CO_3 溶液中含有少量 $NaHCO_3$ 杂质,可用加热法使 $NaHCO_3$ 分解成 Na_2CO_3 而除去($2NaHCO_3 \xrightarrow{\triangle} Na_2CO_3+H_2O+CO_2\uparrow$);若 $NaHCO_3$ 溶液中混有少量 Na_2CO_3,可通入足量的 CO_2 使 Na_2CO_3 转化为 $NaHCO_3$($CO_3^{2-}+H_2O+CO_2 =\!=\!= 2HCO_3^-$)。

四、有机物的分离与提纯

有机物的分离是利用混合物各成分的密度不同、熔沸点不同、对溶剂的溶解性不同等,通过过滤、洗气、萃取、分液、蒸馏(分馏)、盐析、渗析等方法将各成分一一分离。

有机物的提纯是利用被提纯物质性质(包括物理性质和化学性质)的不同,采用物理方法和化学方法除去物质中的杂质,从而得到纯净的物质。在有机物的提纯中也必须遵循"四原则"和"三必须"。现将不同有机混合物除杂与提纯的方法及实例列表比较如下(见表2-3)。

表 2-3　不同有机混合物的除杂和提纯

方法	不纯物质(括号内为杂质)	除杂试剂	简要实验操作方法及步骤
洗气	甲烷(氯化氢)	水或氢氧化钠溶液	将混合气通过盛有水或氢氧化钠溶液的洗气瓶
	乙烷(乙烯)	溴水	将混合气通过盛有溴水的洗气瓶
分液	苯(苯酚)	氢氧化钠溶液	混合后振荡、分液,取上层液体
	苯酚(苯)	氢氧化钠溶液、二氧化碳	混合后振荡、分液,取下层液体,通入足量 CO_2 再分液,取下层液体
	乙酸乙酯(乙酸)	饱和碳酸钠溶液	混合后振荡、分液,取上层液体
	乙酸乙酯(乙醇)	水	混合后振荡、分液,取上层液体
	硝基苯(二氧化氮)	氢氧化钠溶液	混合后振荡、分液,取下层液体
	溴乙烷(乙醇)	水	混合后振荡、分液,取下层液体
	苯(甲苯)	高锰酸钾酸性溶液	混合后振荡、分液,取油层
	溴苯(溴)	氢氧化钠溶液	混合后振荡、分液,取下层液体
蒸馏	乙醇(水)	生石灰	混合后加热、蒸馏,收集馏分
	乙醇(乙酸)	氢氧化钠	混合后加热、蒸馏,收集馏分
	乙醇(苯酚)	氢氧化钠	混合后加热、蒸馏,收集馏分
	乙酸(乙醇)	氢氧化钠、硫酸	先加 NaOH,后蒸馏,取剩余物加 H_2SO_4,再蒸馏,收集馏分
分馏	汽油(柴油)	—	加热,由温度计控制,先蒸馏出汽油
盐析	油脂的皂化产物中分离出高级脂肪酸钠	氯化钠	混合搅拌后,静置,取上层物质,过滤,干燥
渗析	淀粉胶体(氯化钠)	—	将混合物置于半透膜袋中,浸在蒸馏水中

第八节　称量仪器的使用

一、托盘天平

1. 托盘天平的构造和作用原理

托盘天平也称架盘天平或普通药用天平,其称量(最小准称量)范围包括 1 000 g(1 g)、500 g(0.5 g)、200 g(0.2 g)、100 g(0.1 g),仅用于粗略的称量。

托盘天平构造如图 2-32 所示,通常横梁架在底座上,横梁中部有指针与刻度盘相对,据指针在刻度盘上左右摆动的情况,可判断天平是否平衡,并给出称量量。横梁左右两边上边各有一秤盘,用来放置试样(左)和砝码(右)。由天平的构造可知其工作原理是杠杆原理,横梁平衡时力矩相等,若两臂长相等则砝码质量就与试样质量相等。

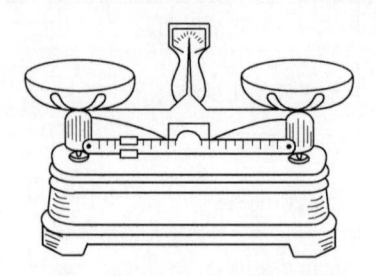

图 2-32　托盘天平的构造

2. 托盘天平的使用方法

(1) 调零　将游码归零,调节调零螺母,使指针在刻度盘中心线左右等距离摆动,表示天平的零点已调好,可正常使用。

(2) 称量　在左盘放试样,右盘用镊子夹入砝码(由大到小),再调游码,直至指针在刻度盘中心线左右等距离摆动。砝码及游码指示数值相加则为所称试样的质量。

(3) 恢复原状　使用后,要求把砝码移到砝码盒中原来的位置,把游码移到零刻度,把夹取砝码的镊子放到砝码盒中。

3. 托盘天平的维护

(1) 使用托盘天平称量时,称量物不能直接放在天平盘上称量,以免天平盘受腐蚀,而应放在已知质量的纸或表面皿上。潮湿的或具腐蚀性的药品则应放在玻璃容器内。

(2) 托盘天平不能称热的物质。

(3) 添加砝码时应从大到小,大砝码放在托盘中央,小砝码放在大砝码的周围。

二、电子天平

1. 电子天平构造

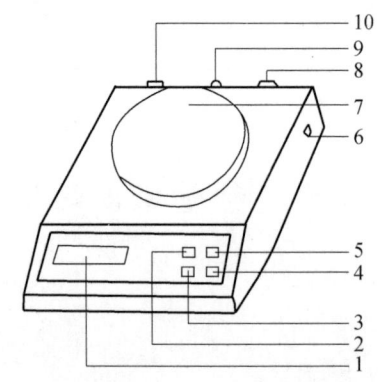

1. 显示窗　2. 单位转换键　3. 校正键　4. 去皮键　5. 计数键
6. 开关　7. 秤盘　8. 电源插座　9. 保险丝座　10. 数据输出口

图 2-33　电子天平构造

2. 电子天平操作方法

（1）接通电源，打开开关，显示窗显示"F---1"到"F---9"，稳定一段时间后出现"0"，接下来应通电预热 15 min，刚开机时显示有所漂移属正常现象，一段时间后即可稳定。

（2）如果在空秤情况下显示偏离零点，应按"去皮"（TARE）键使显示回到零点。

（3）如天平已较长时间未使用或刚购入，则应对天平进行校正。首先在空秤的情况下使天平充分预热（15 min 以上），然后按"校正"（CAL）键，显示窗显示"C-XXX-"进入自动校正状态（XXX 为应放校准砝码的质量，如显示"C-200-"表示应该放上 200 g 标准砝码），此时只需将校准砝码放于秤盘上，待稳定后天平显示砝码质量值，稳定三角符号指向单位"g"，校正即告完毕，可进行正常称量。如按"校正"键显示"C---F"，则表示零点不稳定，可重新按"去皮"键使显示回到零点，再按"校正"键进行校正。

（4）如被称物件质量超出天平称量范围，天平将显示"F---H"以示警告。

（5）如需去除器皿皮重，则先将器皿放于秤盘上，待示值稳定后按"去皮"（TARE）键，天平显示"0"，然后将需称重物品放于器皿上，此时显示的数字为物品的净重，拿掉物品及器皿，天平显示器皿质量的负值，仍按"去皮"键使显示回到"0"。

（6）计数功能的使用

① 样本数量的选择：要对物件进行精确的计数，首先要根据物件的质量来选择计数的样本数量，可供选择的样本数量有"1-10-20-50-100"五种，对质量较小和质量略有差异的物件，应该尽量选择较多的样本数量，以保证计数的精度。

② 在天平空秤的情况下，将选定的样本数量放于秤盘上，天平显示样本的总质量，然后按一下"计数"（COUNT）键，天平显示"1"，三角稳定符号指向"pcs"，表示天平已进入计数工作状态，且将所放样本数量计为 1 个单位，这时按单位转换键，显示会在"1-10-20-50-100"之间切换，选择与选定的样本数量相符合的数量，接下去再放置同类物件，显示值即为物件总个数。此时要退回到正常称重状态，只需再按一下"计数"（COUNT）键即可。

（7）质量单位转换

在天平称重状态下，按"单位转换"键，可在"g"（克）、"ct"（克拉）以及"ozt"（盎司）这三个称量单位之间变换，同时，显示窗下部的三角稳定符号指向相应的单位符号。

（注："g"为公制质量单位，"ozt""ct"均为金衡单位。）

（8）数据输出功能

天平配置有标准 RS232C 数据输出接口，可以直接连接 16 针微型打印机，按一下天平上的"PRINT"键可以打印数据。

3. 使用注意事项

（1）电子天平为精密仪器，称重时物件必须小心轻放并避免超过天平的最大称量范围，任何形式的超载或者冲击均有可能造成电子天平永久性损坏，即使在电子天平不使用或者不通电的情况下也是不可以的。

（2）天平的工作环境应无大的振动及电源干扰，无腐蚀性气体接触。

（3）应保证通电后的预热时间。

三、电子分析天平

1. 称量原理

电子分析天平是最新一代的天平,目前应用的主要有顶部承载式(上皿式)和底部承载式(吊挂单盘)两种(图 2-34),尽管不同类型的电子分析天平的控制方式和电路不尽相同,但其称量原理大都依据电磁力平衡理论。

我们知道,把通电导线放在磁场中时,导线将产生电磁力,力的方向可以用左手定则来判断。当磁场强度不变时,力的大小与流过线圈的电流强度成正比。如果使重物的重力方向向下,电磁力的方向向上,并与之平衡,则通过导线的电流与被称物体的质量成正比。

图 2-34 电子分析天平

秤盘通过支架连杆与线圈相连,线圈置于磁场中,秤盘及被称物体的重力通过连杆支架作用于线圈上,方向向下。线圈内有电流通过,产生一个向上作用的电磁力,与秤盘重力方向相反,大小相等。位移传感器处于预定的中心位置,当秤盘上的物体质量发生变化时,位移传感器检出位移信号,经调节器和放大器改变线圈的电流直至线圈回到中心位置为止。通过数字显示物体的质量。

2. 性能特点

(1) 电子分析天平支撑点采用弹性簧片,没有机械天平的宝石或玛瑙刀,取消了升降框装置,采用数字显示方式代替指针刻度式显示。使用寿命长,性能稳定,灵敏度高,操作方便。

(2) 电子分析天平采用电磁力平衡原理,称量时全程不用砝码,放上被称物后,在几秒钟内即达到平衡,显示读数。称量速度快,精度高。

(3) 电子分析天平具有称量范围和读数精度可变的功能,如瑞士梅特勒 AE240 天平,在 $0\sim205$ g 称量范围,读数精度为 0.1 mg;在 $0\sim41$ g 称量范围内,读数精度为 0.01 mg,可以一机多用。

(4) 分析及半微量电子天平一般具有内部校正功能,天平内部装有标准砝码,使用校准功能时,标准砝码被启用,天平的微处理器将标准砝码的质量值作为校准标准,以获得正确的称量数据。

(5) 电子分析天平是高智能化的,可在全量程范围内实现去皮重、累加、超载显示、故障报警等。

(6) 电子分析天平具有质量电信号输出,这是机械天平无法做到的,它可以连接打印机、计算机,实现称量、记录和计算的自动化。同时也可以在生产、科研中作为称量、检测的手段,或组成各种新仪器。

3. 安装和使用方法

电子分析天平对天平室和天平台的要求与机械天平相同,同时应使天平远离带有磁性或能产生磁场的物体和设备。

电子分析天平的安装较简单,一般按说明书要求进行即可。清洁天平各部件后,放好天平,调节水平,依次将防尘隔板、防风环、托盘、秤盘放上,连接电线即可。

电子分析天平的使用方法如下：

(1) 使用前检查天平是否水平，调节水平。

(2) 称量前接通电源预热 30 min。

(3) 校准。使用天平必须先校准；将天平从一地移到另一地使用时或在使用一段时间（30 天左右）后，应对天平重新校准；为使称量更为精确，亦可随时对天平进行校准。校准可按说明书，用内装砝码或外部自备有修正值的校准砝码进行。

(4) 称量。按下显示屏的开关键，待显示稳定的零点后，将物品放到秤盘上，关上防风门，显示稳定后即可读取称量值。操作相应的按键可以实现"去皮""增重""减重"等称量功能。

例如，用小烧杯称取样品时，可先将洁净干燥的小烧杯放在称盘中央，显示数字稳定后按"去皮"键，显示即恢复为零，再缓缓加样品至显示出所需样品的质量时，停止加样，直接记录称取样品的质量。

短时间（如 2 h）内暂不使用天平，可不关闭天平电源开关，以免再使用时重新通电预热。

四、称量方法与天平使用注意事项

根据不同的称量对象，需采用相应的称量方法，对电子分析天平而言，大致有如下几种常用的称量方法：

(1) 直接法

天平零点调定后，将被称物直接放在秤盘上，所得读数即为被称物的质量，这种称量方法适用于称量洁净干燥的器皿、棒状或块状的金属及其他整块的不易潮解或升华的固体样品。注意：不得用手直接取放被称物，而可采用戴汗布手套、垫纸条、用镊子或钳子等适宜的办法。

(2) 减量法（差减法）

取适量待称样品置于一干燥洁净的容器（称量瓶、纸簸箕、小滴瓶等）中，在天平上准确称量后，取出欲称量的样品置于实验器皿（如锥形瓶）中，再次准确称量，两次称量读数之差，即为所称得样品的质量。如此反复操作，可连续称取若干份样品，这种称量方法适用于一般的颗粒状、粉末状试剂或试样及液体试样。

称量瓶的使用方法：称量瓶是减量法称量粉末状、颗粒状样品最常用的容器，用前要洗净烘干，用时不可直接用手拿，而应用纸条套住瓶身中部，用手指捏紧纸条进行操作，这样可避免手汗和体温的影响。先将称量瓶放在台秤上粗称，然后将瓶盖打开放在同一秤盘上，根据所需样品量（应略多些）向右移动游码，用药勺缓缓加入样品至台秤平衡，盖上瓶盖，再拿到天平上准确称量并记录读数，拿出称量瓶，在盛接样品的容器上方打开瓶盖并用瓶盖的下面轻敲称量瓶口的右上部，使样品缓缓倾入容器（见图 2-35）。估计倾出的样品已够量时，再边敲瓶口边将瓶身扶正，盖好瓶盖后方可离开容器的上方，再准确称量。如果一次倾出的样品质量不够，可再次倾倒样品，直至倾出样品的量满足要求后，再记录第二次称量的读数。

图 2-35 样品的倾入

(3) 固定量称量法(增量法)

直接用基准物质配制标准溶液时,有时需要配成一定浓度值的溶液,这就要求所称基准物质的质量必须是一定的。例如配制 100 mL 含钙 1.000 mg/mL 的标准溶液,必须准确称取 0.249 7 g $CaCO_3$ 基准试剂。称量方法:准确称量一洁净干燥的小烧杯(50 mL 或 100 mL),读数后再按"去皮"键,小心缓慢地向烧杯中加 $CaCO_3$ 试剂,直至天平读数正好增加 0.249 7 g 为止。这种称量操作的速度很慢,适用于不易吸潮的粉末状或小颗粒(最大颗粒应小于 0.1 mg)样品。

(4) 液体样品的称量

液体样品的准确称量比较麻烦。根据不同样品的性质有多种称量方法,现就主要的称量方法予以简单介绍。

① 性质较稳定、不易挥发的样品可装在干燥的小滴瓶中用减量法称取,应预先粗测每滴样品的大致质量。

② 较易挥发的样品可用增量法称量。例如,称取浓 HCl 试样时,可先在 100 mL 具塞锥形瓶中加 20 mL 水,准确称量后,加入适量试样,立即盖上瓶塞,再进行准确称量,然后即可进行测定(如用 NaOH 标准溶液滴定 HCl)。

③ 易挥发或与水作用强烈的样品需要采取特殊的方法进行称量。例如,冰乙酸样品可用小称量瓶准确称量,然后连瓶一起放入已盛有适量水的具塞锥形瓶中,摇开称量瓶盖,样品与水混匀后进行测定,发烟硫酸及浓硝酸样品一般采用直径约 10 mm、带毛细管的安瓿球称取。已准确称量的安瓿球经火焰微热后,毛细管尖插入样品,球泡冷却后可吸入 1~2 mL 样品,用火焰封住管尖后准确称量。将安瓿球放入盛有适量水的具塞锥形瓶中,摇碎安瓿球,样品与水混合并冷却后即可进行测定。

(5) 使用天平的注意事项

① 开、关天平侧门,放、取被称物等操作,其动作都要轻、缓,切不可用力过猛。

② 调定零点及记录称量读数后,应随手关闭天平门,被称物必须放在天平盘中央。

③ 称量读数时必须关闭两个侧门。

④ 所称物品质量不得超过天平的最大载量。称量读数必须立即记在实验记录本中,不得记在其他地方。

⑤ 如果发现天平不正常,应及时报告老师或实验室工作人员,不要自行处理。

⑥ 称量完毕,应随即将天平复原,并检查天平周围是否清洁。

⑦ 天平使用一定时间(半年或一年)后,要清洗并检查计量性能和调整灵敏度,这项工作由实验室技术人员进行。

附 注

拿取称量瓶和烧杯,可借助洁净干燥的纸条或戴上洁净的手套。

第九节　容量瓶的使用

一、容量瓶的介绍

容量瓶是实验室中用于精确配制一定浓度溶液的玻璃或塑胶仪器。容量瓶是细颈、梨形的平底容器，瓶口配有磨口玻璃塞或塑料塞。磨口玻璃塞与瓶身配套，用细线拴在一起。不同容量瓶（即使是相同规格的）的瓶塞不能混用，混用可能导致使用时漏液。容量瓶瓶身标有体积和温度；颈部有刻度线，表示在标注的温度下，当液体的凹液面与该刻度线相切时，溶液的体积恰好与瓶上标注的体积相等（特指量入式容量瓶）。常用的容量瓶规格有 25 毫升、50 毫升、100 毫升、250 毫升、500 毫升和 1 000 毫升。

二、容量瓶使用方法

（1）选择合适体积的容量瓶。

（2）检查容量瓶是否漏液。

在容量瓶中注入少量蒸馏水，盖上塞子后将容量瓶倒置，将塞子转过 180°后盖上，倒置时没有液体漏出则可以使用。

（3）溶解

通过计算求得配制所需浓度溶液需要的溶质质量或体积，称取该质量的溶质或量取一定体积的原溶液。将溶质在烧杯中加蒸馏水溶解或稀释（需要注意不同溶质溶解时的操作规范），待溶液恢复至室温。将该溶液用玻璃棒转移到容量瓶里，再用蒸馏水洗涤烧杯 3 次，洗涤的液体也需要转移到容量瓶里。

（4）定容

逐渐向容量瓶里加水至容积的 2/3 处平摇，继续加水，到液面距刻线约 1 cm 处。改用胶头滴管继续滴加水，直到凹液面最低点刚好与刻度线水平相切。

（5）塞紧瓶塞，适度摇晃容量瓶以使溶液混合均匀。

（6）将配制好的溶液转移到保存溶液的试剂瓶中。

图 2-36　容量瓶的拿法 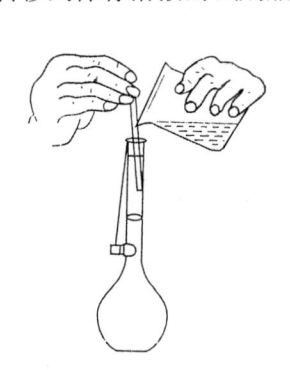　　**图 2-37　转移操作方法** 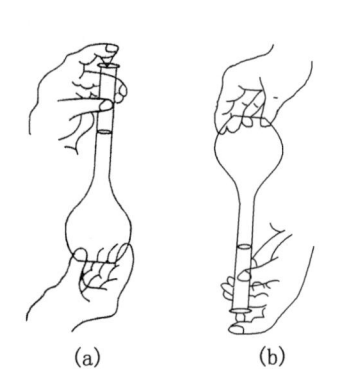　　**图 2-38　容量瓶内溶液的混匀操作**

注意：绝不允许将固体加进容量瓶内，容量瓶不能用火焰加热，也不能放在烘箱中烘烤。加蒸馏水时不慎超过刻线者，只可重新配制。不可用滴管将多余液体吸出（因为吸出液体含溶质，使浓度偏低）；亦不可用滴管测量多出液体体积，再按比例添加溶质（超出之量不多，称量误差较大）；加热使多余液体蒸发亦不可，若加热，容量瓶膨胀，会造成体积不准。

第十节　滴定分析基本操作

一、移液管的洗涤与使用

移液管是用于准确移取一定体积溶液的量出式玻璃量器，正规名称是"单标线吸量管"，习惯称为移液管。它的中间有一膨大部分（见图2-39），管颈上部刻有一标线，用来控制所吸取溶液的体积。移液管的容积单位为毫升(mL)，其容量为在20℃时按规定方式排空后所流出纯水的体积。

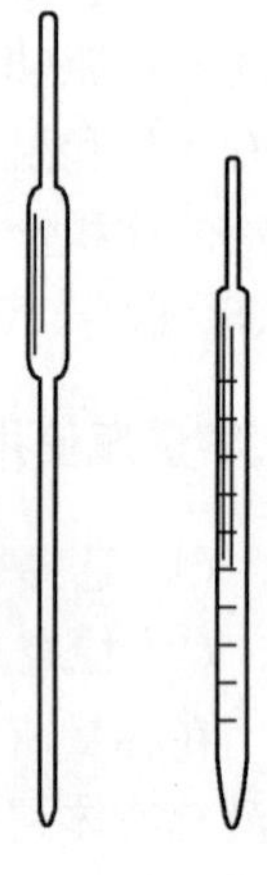

移液管的正确使用方法如下：

（1）用铬酸洗液将其洗净，使其内壁及下端的外壁均不挂水珠。用滤纸片将流液口内外残留的水擦掉。

（2）移取溶液之前，先用待移取的溶液润洗三次。方法是：将一部分待移取的溶液倒入洗净并烘干的小烧杯，用移液管吸取溶液 3～5 mL，立即用右手食指按住管口（尽量勿使溶液回流，以免稀释），将管横过来，用两手的拇指和食指分别拿住移液管的两端，转动移液管并使溶液布满全管内壁，当溶液流至距上口2~3 cm时，将管直立，使溶液由尖嘴（流液口）放出，弃去。

图 2-39　移液管

（3）用移液管自容量瓶中移取溶液时，右手拇指及中指拿住管颈刻线以上的地方（后面两指依次靠拢中指），将移液管插入容量瓶内液面以下 1～2 cm 深度。不要插入太深，以免外壁沾带溶液过多；也不要插入太浅，以免液面下降时吸空。左手拿洗耳球，排除空气后紧按在移液管口上，借吸力使液面慢慢上升，移液管应随容量瓶中液面的下降而下降。当管中液面上升至刻线以上时，迅速用右手食指堵住管口（食指最好是潮而不湿），用滤纸擦去管尖外部的溶液，将移液管的流液口靠着容量瓶颈的内壁，左手拿容量瓶，并使其倾斜约 30°。稍松食指，用拇指及中指轻轻捻转管身，使液面缓慢下降，直到调定刻度线。按紧食指，使溶液不再流出，将移液管移入准备接受溶液的容器中，仍使其流液口接触倾斜的器壁。松开食指，使溶液自由地沿壁流下（图 2-40），待下降的液面静止后，再等待 15 s，然后拿出移液管。

注意：在调整液面和排放溶液过程中，移液管都要保持垂直，其流液口要接触倾斜的器壁（不可接触下面的溶液）并保持不动；等待 15 s 后，流液口内残留的一点溶液绝对不可用外力使其被震出或吹出；移液管用完应放在管架上，不要随便放在实验台上，尤其要防止管颈下端被玷污。

二、滴定管的洗涤与使用

滴定管是用来放出不固定量液体的量出式玻璃仪器，主要用于滴定分析中对滴定剂体积的测量。

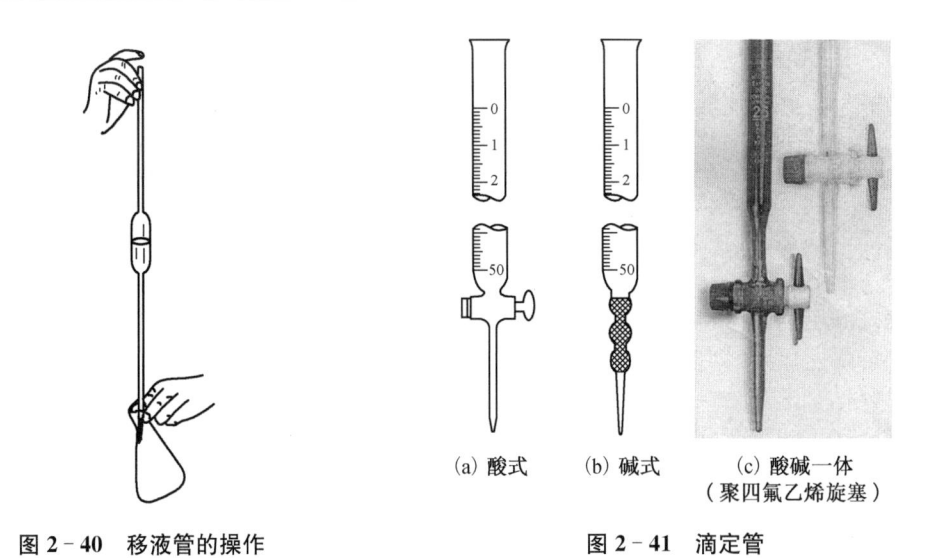

图 2-40 移液管的操作　　　图 2-41 滴定管

(a) 酸式　　(b) 碱式　　(c) 酸碱一体（聚四氟乙烯旋塞）

滴定管一般分为三种：一种是下端带有玻璃活塞的酸式滴定管，如图 2-41(a)所示，用于盛放酸类溶液或氧化性溶液；另一种是碱式滴定管，如图 2-41(b)，用于盛放碱类溶液，其下端连接一段医用橡皮管，内放一玻璃珠，以控制溶液的流速，橡皮管下端再连接一个尖嘴玻璃管；还有一种是酸碱一体的高分子材料滴定管，如图 2-41(c)。常用滴定管的容积一般为 25 mL 或 50 mL，它们的最小刻度为 0.1 mL，读数可估计到 0.01 mL。

1. 滴定管的准备

(1) 洗涤

滴定管使用前必须洗涤干净，其标准为：滴定管装满水后再放出时，管的内壁全部为一层薄水膜湿润，且不挂有水珠。无明显油污的滴定管，可直接用自来水冲洗。若有油污，可用滴定管刷蘸肥皂刷洗；若不行，则用铬酸洗液洗涤，洗时应事先关好活塞，每次将 10 mL 左右的洗液倒入滴定管中，两手平端滴定管，并不断转动，直至洗液布满全管为止，然后打开活塞，将洗液放回原瓶中。若油污严重，可倒入温洗液浸泡一段时间。用洗液洗过的滴定管，先用自来水冲洗，再用少量蒸馏水润洗三次。碱式滴定管的洗涤方法同上，但要注意铬酸洗液不能直接接触橡皮管。为此可将碱式滴定管倒立于装有铬酸洗液的玻璃槽内浸泡，或用橡皮管接于水泵上，轻捏玻璃珠，将洗液徐徐抽至近橡皮管处，让洗液浸泡一段时间后，再把洗液放回原瓶中，然后用自来水冲洗，蒸馏水润洗三次。

(2) 查漏

将已洗净的滴定管装满水，放置在滴定管架上直立静置 2 min，观察有无水滴漏下。然后，将活塞旋转 180°，再静置 2 min，观察有无水滴漏下。如均不漏水，滴定管即可使用。

若酸式滴定管漏水，可按以下方法处理：取下玻璃活塞，用滤纸或纱布擦干活塞及活塞槽。用手指粘少量凡士林抹在活塞粗的一端，沿圆周涂一薄层，尤其在孔的近旁不能涂多，如图 2-42(a)。活塞另一端的凡士林最好是涂在活塞槽内壁上，涂完以后将活塞插入槽内，插时活塞孔应与滴定管平行，如图 2-42(b)。然后转动活塞，从外面观察活塞与活塞槽接触的地方是否呈透明状态，转动是否灵活，如图 2-42(c)。检查活塞是否漏水，如不合要求则需要重新涂凡士林。

(a) 旋塞槽的擦法　　(b) 旋塞涂油法　　(c) 旋塞的旋转法

图 2-42　旋塞涂凡士林

若碱式滴定管漏水，可将橡皮管中的玻璃珠稍加转动，或略微向上推或向下移动一下，进样处理后仍然漏水，则需要更换玻璃珠或橡皮管。

(3) 装液

为了使装入滴定管的溶液不被滴定管内壁的水稀释，要先用所装溶液润洗滴定管。即注入所装溶液约 5～6 mL，然后两手平端滴定管，慢慢转动，使溶液流遍全管。打开滴定管的活塞，使润洗液从管口下端流出。如此润洗 3 次后，再装入溶液。装液时要直接从试剂瓶注入滴定管，不要经过漏斗等其他容器。

(4) 排气

当溶液装入滴定管时，出口管还没有充满溶液。此时将旋塞的滴定管倾斜约 30°，左手迅速打开活塞使溶液冲出，就能使溶液充满全部出口管。假如使用碱式滴定管，则把橡皮管向上弯曲，玻璃尖嘴斜向上方，用两指挤压玻璃珠，使溶液从出口管喷出，气泡随之逸出（见图 2-43）。气泡排除后，加入溶液至刻度以上，再转动活塞或挤捏玻璃珠，把液面调节在"0.00"毫升刻度处或略低于"0"刻度。

图 2-43　碱式滴定管中气泡的赶出　　图 2-44　读数时视线的方向

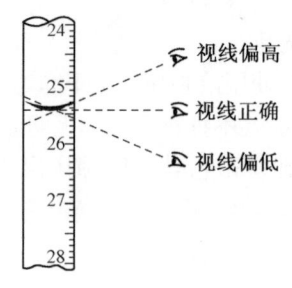

(5) 读数

在读数时，要把滴定管从架上取下，用右手大拇指和食指夹持在滴定管液面上方，使滴定管与地面呈垂直状态。读数时视线必须与凹液面最低点保持在同一直线上，如图 2-44 所示。对于无色或浅色溶液，读它们的弯月面下缘最低点的刻度；对于深色溶液（如高锰酸钾、碘水等），可读两侧最高点的刻度（见图 2-45）。若滴定管的背后有一条蓝带，无色溶液这时就形成了两个弯月面，并且相交于蓝线的中线上，读数时即读此交点的刻度（见图 2-46）；若为深色溶液，则仍读液面两侧最高点的刻度。为了使读数清晰，也可在滴定管后衬一张纸片为背景，形成较深的弯月面，读取弯月面的下缘——这样不受光线影响，容易观察（见图 2-47）。每次滴定最好都将溶液装至滴定管的"0.00"毫升刻度或稍下一点，这样可消除因上下刻度不均匀所引起的误差。读数应读至毫升小数后第二位，即估计到 0.01 mL。

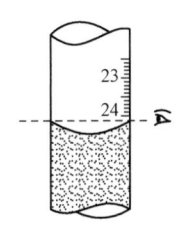

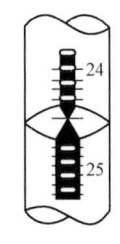

图 2-45 深色溶液的读数　　　图 2-46 蓝条滴定管　　　图 2-47 读数卡

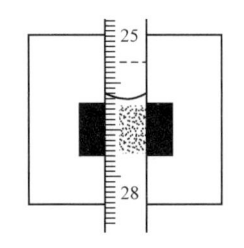

2. 滴定操作

使用酸式滴定管时，左手握滴定管，无名指和小指向手心弯曲，轻轻地贴着出口部分，用其余三指控制活塞的转动（见图 2-48）。注意不要向外用力，以免推出活塞造成漏液，应使活塞稍有一点向手心的回力。使用碱式滴定管时，仍以左手握管，拇指在前，食指在后，其他三指辅助夹住出口管。用拇指和食指捏住玻璃珠所在部位，向右边挤压橡皮管，使玻璃珠移至手心一侧，从而使溶液可从玻璃珠旁边空隙流出（见图 2-49）。注意不要用力捏玻璃珠，也不要使玻璃珠上下移动；不要捏玻璃珠下部橡皮管，以免空气进入而形成气泡，影响读数。

图 2-48 酸式滴定管的操作　　　图 2-49 碱式滴定管的操作

滴定一般在锥形瓶中进行，滴定管下端伸入瓶中约 1 cm，必要时也可在烧杯中进行。操作方法如图 2-48 和图 2-49 所示。左手按前述方法操作滴定管，右手的拇指、食指和中指拿住锥形瓶颈，沿同一方向按圆周摇动锥形瓶，不要前后振动。边滴边摇，两手协同配合，开始滴定时，无明显变化，液滴流出的速度可以快一些，但必须成滴而不能成线状流出，滴定速度一般控制在 3～4 滴/秒，注意观察标准溶液的滴落点。随着滴定的进行，滴落点周围出现暂时性的颜色变化，但摇动锥形瓶，颜色变化很快。当接近终点时，颜色变化消失较慢，这时应逐滴加入，加一滴后把溶液摇匀，观察颜色变化情况，再决定是否还要滴加溶液。最后应控制液滴悬而不落，用锥形瓶内壁把液滴靠下来（这时加入的是半滴溶液），用洗瓶吹洗锥形瓶内壁，摇匀。如此重复操作直至颜色变化半分钟不消失，即可认为到达终点。滴定结束后，滴定管内剩余的溶液应弃去，不要倒回原瓶中。然后依次用自来水、蒸馏水各冲洗三次，倒立夹在滴定管架上。

三、移液器的使用

1. 移液器的工作原理

1958年，Eppendorf公司发明了世界上第一支微量加样器，并于1961年成功申请气体活塞式移液器专利。移液器的工作原理是活塞通过弹簧的伸缩运动来实现吸液和放液。即在活塞推动下，排出部分空气，利用大气压吸入液体，再由活塞推动空气排出液体。使用移液器时，配合弹簧的伸缩性特点来操作，可以很好地控制移液的速度和力度。

2. 移液器的操作使用

（1）设定移液体积

旋转刻度旋钮即可调节移液体积。从大体积调节至小体积时，逆时针旋转刻度即可。从小体积调节至大体积时，可先顺时针调至超过设定体积的刻度，再回调至设定体积，以保证最佳的精确度。

（2）装配移液器吸头

对于单道移液器，将移液器端垂直插入吸头，左右微微转动，上紧即可。注意不要用反复撞击吸头的方法来上紧，长期这样操作，会导致移液器中的零部件因强烈撞击而松散，甚至会导致调节刻度的旋钮卡住（图2-50）。

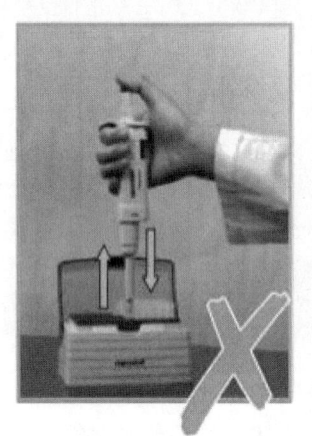

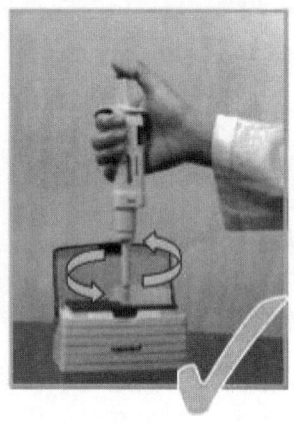

图 2-50　单道移液器装配吸头

多道移液器装配吸头时，应将移液器的第一道对准第一个吸头，倾斜插入，前后稍许摇动上紧（图2-51）。

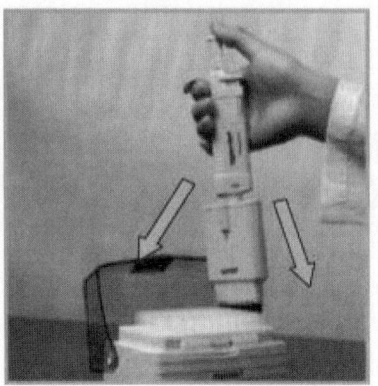

图 2-51　多道移液器装配吸头

(3) 吸液和放液

黏稠液体可以通过吸头预润湿的方式来达到精确移液，即先吸入样液，打出，吸头内壁会吸附一层液体，使表面吸附达到饱和，然后再吸入样液，最后打出液体的体积会很精确。

吸液分为正向吸液和反向吸液两种方式。正向吸液是指正常的吸液方式。吸液操作时可将按钮按到第一挡吸液，释放按钮。放液时先按下第一挡，打出大部分液体，再按下第二挡，将余液排出。反向吸液是指吸液时将按钮直接按到第二挡再释放，这样会多吸入一些液体，打出液体时只要按到第一挡即可。多吸入的液体可以补偿吸头内部的表面吸附。反向吸液一般与预润湿吸液方式结合使用，适用于黏稠液体和易挥发液体。

放液时要慢，控制好弹簧的伸缩速度，吸头尖端靠在容器内壁。

3. 移液器日常使用注意事项

(1) 移液器长时间不用时建议将刻度调至最大量程，让弹簧恢复原形，延长移液器的使用寿命。

(2) 移取的液体如果易产生气泡，如表面活性剂(内置气体活塞式移液器在移取这类液体时产生气泡，属正常现象)，请使用外置活塞式移液器移液。

(3) 多道移液器与吸头衔接处的 O 型圈可定期用硅油轻拭保养。

(4) 如果需要从长颈瓶中移液，可将移液器外层套筒取下，在内杆上直接装配吸头使用，或者使用特殊的长颈吸头来操作。

第十一节　试剂的配制

按照溶液浓度的准确程度，浓度较粗略的称为一般溶液；浓度较准确的，一般为四位有效数字，称为标准溶液。

溶液配制

一、一般溶液的配制

先正确计算所需试剂的质量或体积，再用托盘天平称取或用量筒、量杯量取一定量的试剂，按不同的方法进行配制。一般溶液配制常用以下三种方法。

1. 直接水溶法

对一些易溶于水而不发生水解的固体试剂，如硝酸钾(KNO_3)、氯化钠($NaCl$)、硫酸钠(Na_2SO_4)、氢氧化钠($NaOH$)等，可用托盘天平称取一定量的固体于烧杯中，加入少量的蒸馏水搅拌使其溶解后，再稀释至所需体积。如果溶解时有放热现象或以加热促使其溶解的，应待其冷却后，再转移到试剂瓶中保存，贴上标签备用。标签上应写有试剂的名称、浓度以及配制日期，标签外面应涂上一层蜡来保护标签。

2. 介质水溶法

对易水解的固体试剂，如三氯化铁($FeCl_3$)、三氯化锑($SbCl_3$)、三氯化铋($BiCl_3$)等，在配制其溶液时，应先称取一定量的固体，再加入适量的酸(或碱)使之溶解，再加蒸馏水稀释至所需体积，摇匀后转入试剂瓶，贴上标签备用。对在水中溶解度较小的固体试剂，如固体碘(I_2)，可选用在碘化钾(KI)溶液中溶解，稀释、摇匀后转入试剂瓶。

3. 稀释法

对于液体试剂，如盐酸、硫酸、醋酸(CH_3COOH)等，配制其稀溶液时，应先用量筒量取一定量的浓溶液,再用适量的蒸馏水稀释。在配制硫酸溶液时,需特别注意,应在不断搅拌下将浓硫酸慢慢倒入盛有水的容器中,切不可颠倒操作顺序。

易发生氧化还原反应的溶液(如含有 Sn^{2+}、Fe^{2+} 的溶液),为防止其在保存期间变质,应分别在溶液中放入一些抑制物,如 Sn 粒或 Fe 粉。

二、标准溶液的配制

常用的标准溶液的配制方法有三种:直接配制法、标定法和稀释法。

1. 直接配制法

符合基准试剂条件的物质可用直接配制法配制标准溶液。用分析天平或电子分析天平准确称取一定量的基准试剂,溶于适量的蒸馏水中,再定量地转移到容量瓶中,用蒸馏水稀释至刻度。根据称取的质量和容量瓶的体积,计算溶液的浓度。基准试剂的条件是:纯度足够高,杂质含量在万分之一以下;组成与化学式完全相符,若含有结晶水,其含量也应与化学式相符;贮存稳定,干燥时不分解,称量时不吸潮,不吸收二氧化碳,不被空气氧化,放置时不变质;容易溶解,最好具有较大的摩尔质量。

2. 标定法

很多物质不符合基准试剂条件,不能用直接法配制标准溶液,而要用间接法,即标定法。标定法是先配制接近于所需浓度的溶液,然后用基准试剂或已知准确浓度的标准溶液标定其准确浓度。

3. 稀释法

用移液管或滴定管准确量取一定体积的浓标准溶液,放入容量瓶中,用蒸馏水稀释至刻度,摇匀即可。

第十二节 常用仪器的使用

一、温度计

化学实验中经常使用温度计来监测温度的变化。在化学实验中使用的温度计有多种类型,每种类型的温度计都有其独特的优缺点,量程也不尽相同。

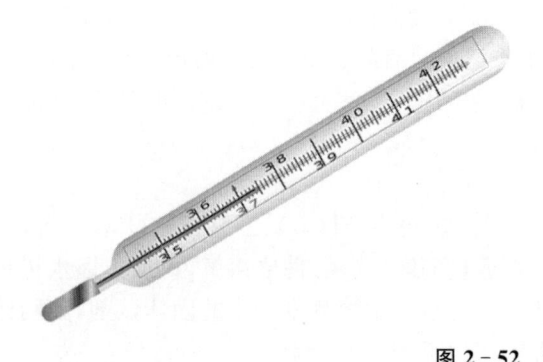

图 2-52 温度计

1. 温度计的种类

(1) 普通玻璃温度计：使用普通的玻璃材料制成，通常具有蓝色或红色的酒精柱和刻度线，其量程通常在－10～110℃。

(2) 铂电阻温度计：使用铂金属制成，其阻值随温度的变化而变化，可测量更广泛的温度范围，通常为－200～1 000℃。

(3) 热电偶：由两种不同金属的导线制成，其中的温度差会产生微小的电压，电压与温度之间存在一定的关系，可以测量更高的温度范围，通常为－200～2 000℃。

(4) 红外线温度计：原理是通过检测物体表面的红外辐射来测量其表面温度。其可测量很广泛的温度范围，并且无须接触物体，常用于无法接触的热源、电子元件等。

以上是常见的几种温度计，每种温度计都有其独特的特点和用途，可以根据实验需要选择合适的温度计。

2. 使用方法

(1) 先观察温度计量程、分度值和"0"点，所测物质温度不能超过量程。

(2) 温度计应该在使用前进行校准，以确保其准确度。

(3) 温度计应该正确安装，并按照其说明书正确使用。

(4) 当温度计被用于液体中时，应将其浸入液体，并等待温度读数稳定后再记录。

(5) 当温度计被用于气体中时，应保持温度计在气体中，直到温度读数稳定。

(6) 温度计应该在测量过程中始终处于平衡状态，以确保准确度。

3. 注意事项

(1) 不要将温度计暴露于极端的温度条件下，这会影响其准确度。

(2) 不要将温度计强行弯曲或折断，因为这可能会损坏温度计。

(3) 在使用温度计时，要注意安全，特别是在使用高温温度计时。

(4) 对于使用有毒或腐蚀性化学品的实验，应使用相应的耐腐蚀或耐高温的温度计。

(5) 在使用温度计时，要避免对温度计施加过大的压力或撞击温度计。

(6) 应定期检查温度计是否损坏或失效，并进行必要的维护。

正确选择和使用温度计可以确保实验结果的准确性和安全性，同时也可以保护温度计以延长其寿命。

二、密度计

密度计是一种常见的测量物质密度的仪器，广泛应用于各种工业领域和科学研究中。普通密度计通常根据阿基米德原理制造。

1. 使用方法

物质的密度通常会随着温度的变化而发生变化。因此，在使用密度计测量物质密度时，需要进行温度校正，以确保测量结果的准确性。使用密度计进行测量时，需要按照以下步骤进行：

(1) 取出密度计，并用干净的布或纸巾将其清洁干净。

(2) 将待测物质倒入量筒等容器中，保持适当的液面高度。

(3) 将密度计竖直轻轻地放入待测液体试样中，勿使其碰到量

图 2-53 密度计

筒四周及底部。待其静置后,再轻轻按下少许。然后待其自然上升,静置至无气泡冒出后,从水平位置观察与液面相交处的刻度,即为试样的密度。

(4) 测量待测物质的温度,并使用密度计提供的温度校正表格或公式,计算出相应的校正值。将测量结果根据校正值进行校正,得到准确的密度值。

2. 注意事项

(1) 不同类型的密度计具有不同的使用方法和温度校正方法,因此在使用前请仔细阅读其使用手册,并按照说明操作。

(2) 确保密度计干净,应没有任何杂质或残留物。

(3) 测量前必须校准密度计,以确保其准确性。校准方法根据不同的密度计型号而异,请遵循使用手册中的说明进行校准。

(4) 对于高温物质的测量,需要注意密度计本身的耐热性能。请确保所使用的密度计能够承受待测物质的高温,并不会损坏。

(5) 在测量液体密度时,需要避免泡沫和气泡的产生,以免影响测量结果。可以轻轻拍打容器或使用除泡剂来消除泡沫和气泡。

(6) 读数时视线应保持水平。

三、酸度计(pH 计)

本书以 PHS-3C 型精密酸度计为例介绍酸度计的正确使用与维护。

PHS-3C 型精密酸度计是一种实验室常用的精密 pH 测量仪器,也可以用铂电极和参比电极测量氧化还原电位(ORP)。因此,它在国民经济各部门中都可以得到广泛的应用。

1. 原理

仪器主要由电极、高阻抗直流放大器、功能调节器(斜率和定位)、数字电压表和电源(DC/DC 隔离电源)等组成。

pH 指示电极、参比电极、被测试液组成测量电池。指示电极的电位随被测溶液的 pH 变化而变化,而参比电极的电位不随 pH 的变化而变化,它们符合能斯特方程中电位 E 与离子活度之间的关系。本仪器采用零电位为 pH=7 的玻璃电极或复合电极。仪器设置了稳定的定位调节器和斜率调节器。前者用来抵消测量电池的起始电位,使仪器的示值与溶液的实际 pH 相等;而后者通过调节放大器的灵敏度使 pH 整量化,外形如图 2-54 所示。

图 2-54 PHS-3C 酸度计

2. 仪器面板说明

(1) "pH/mV"键,此键为 pH、mV 选择键,按一次进入"pH"测量状态;再按一次进入"mV"测量状态。

(2) "定位"键,此键为定位选择键,按此键上部"△"可使定位数值上升;按此键下部"▽"可使定位数值下降。

(3) "斜率"键,此键为斜率选择键,按此键上部"△"可使斜率数值上升;按此键下部"▽"可使斜率数值下降。

(4)"温度"键,此键为温度选择键,按此键上部"△"可使温度数值上升;按此键下部"▽"可使温度数值下降。

(5)"确认"键,此键为确认键,按此键为确认上一步操作。此键的另外一种功能是当仪器因操作不当出现不正常现象时,可按住此键,然后将电源开关打开,使仪器恢复初始状态。

3. 操作步骤

(1) 开机前的准备

① 将电极架插入电极架插座中。

② 将 pH 复合电极安装在电极架上。

③ 将 pH 复合电极下端的电极保护套拔下,并且拉下电极上端的橡皮套使其露出上端小孔。

④ 用蒸馏水清洗电极。

(2) 接通电源,预热 30 min。

(3) 标定

仪器使用前首先要标定。一般情况下仪器在连续使用时,每天要标定一次。

① 在测量电极插座处拔掉 Q9 短路插头。

② 在测量电极插座处插入复合电极。

③ 如不用复合电极,则在测量电极插座处插入玻璃电极插头,参比电极接入参比电极接口处。

④ 打开电源开关,按"pH/mV"按钮,使仪器进入 pH 测量状态。

⑤ 按"温度"按钮,使显示为溶液温度值(此时温度指示灯亮),然后按"确认"键,仪器确定溶液温度后回到 pH 测量状态。

⑥ 把用蒸馏水清洗过的电极插入 pH=6.86 的标准缓冲溶液中,待读数稳定后按"定位"键(此时 pH 指示灯慢闪烁,表明仪器在定位标定状态)使读数为该溶液当时温度下的 pH(如混合磷酸盐为 10℃时,pH=6.92),然后按"确认"键,仪器进入 pH 测量状态,pH 指示灯停止闪烁。

⑦ 把用蒸馏水清洗过的电极插入 pH=4.00(或 pH=9.18)的标准缓冲溶液中,待读数稳定后按"斜率"键(此时 pH 指示灯快闪烁,表明仪器在斜率标定状态)使读数为该溶液当时温度下的 pH(如磷苯二甲酸氢钾为 10℃时,pH=4.00),然后按"确认"键,仪器进入 pH 测量状态,pH 指示灯停止闪烁,标定完成。

⑧ 用蒸馏水清洗电极后即可对被测溶液进行测量。

如果在标定过程中操作失误或按键按错而使仪器测量不正常,可关闭电源,然后按住"确认"键再开启电源,使仪器恢复初始状态,再重新标定。

注意:经标定后,"定位"键及"斜率"键不能再按,如果触动此键,此时仪器 pH 指示灯闪烁,不要按"确认"键,而是按"pH/mV"键,使仪器重新进入 pH 测量即可,而无须再进行标定。

标定的缓冲溶液一般第一次用 pH=6.86 的溶液,第二次用接近被测溶液 pH 的缓冲液,如被测溶液为酸性时,缓冲溶液应选 pH=4.00;如被测溶液为碱性时,则选 pH=9.18 的缓冲溶液。

一般情况下,在 24 h 内仪器不需再标定。

(4) 测量 pH

标定过的仪器即可用来测量被测溶液。根据被测溶液与标定溶液温度是否相同,对应的测量步骤有所不同。具体操作步骤如下:

① 被测溶液与定位溶液温度相同时,测量步骤如下:

a. 用蒸馏水清洗电极头部,再用被测溶液清洗一次。

b. 把电极浸入被测溶液中,用玻璃棒搅拌溶液,使溶液均匀,在显示屏上读出溶液的 pH。

② 被测溶液与定位溶液温度不同时,测量步骤如下:

a. 用蒸馏水清洗电极头部,再用被测溶液清洗一次。

b. 用温度计测出被测溶液的温度值。

c. 按"温度"键,使仪器显示为被测溶液温度值,然后按"确认"键。

d. 把电极插入被测溶液内,用玻璃棒搅拌溶液,使溶液均匀后读出该溶液的 pH。

4. 仪器维护

正确地使用与维护仪器,可保证仪器正常、可靠地使用,特别是 pH 计这一类的仪器,它必须具有很高的输入阻抗,而且使用环境需经常接触化学药品,所以更需合理维护。

(1) 仪器的输入端(包括玻璃电极插座与插头)必须保持干燥清洁。

(2) 新玻璃 pH 电极或长期干储存的电极,在使用前应在 pH 浸泡液中浸泡 24 h 后才能使用。pH 电极在停用时,应将电极的敏感部分浸泡在 pH 浸泡液中,这对改善电极响应迟钝和延长电极寿命是非常有利的。

(3) pH 浸泡液的配制方法:取 pH=4.00 的缓冲剂(250 mL)包,溶于 250 mL 纯水中,再加入 56 g 分析纯氯化钾(KCl),适当加热,搅拌至完全溶解即成。

(4) 在使用复合电极时,溶液一定要超过电极头部的陶瓷孔。电极头部若玷污,可用医用棉花轻擦。

(5) 玻璃 pH 电极和甘汞电极在使用时,必须注意内电极与球泡之间及参比电极内陶瓷芯附近是否有气泡存在,如有气泡必须除掉。

(6) 用标准溶液标定时,首先要保证标准缓冲溶液的精度,否则将引起严重的测量误差。标准溶液可自行配制,但最好用国家标准。

(7) 忌用浓硫酸或铬酸洗液洗涤电极的敏感部分。不可在无水或脱水的液体(如四氯化碳、浓酒精)中浸泡电极。不可在碱性或氟化物的体系、黏土及其他胶体溶液中放置时间过长,以致响应迟钝。

(8) 常温电极一般在 5~60℃使用。如果在低于 5℃或高于 60℃时使用,请分别选用特殊的低温电极或高温电极。

5. PHS-3C 酸度计操作流程图

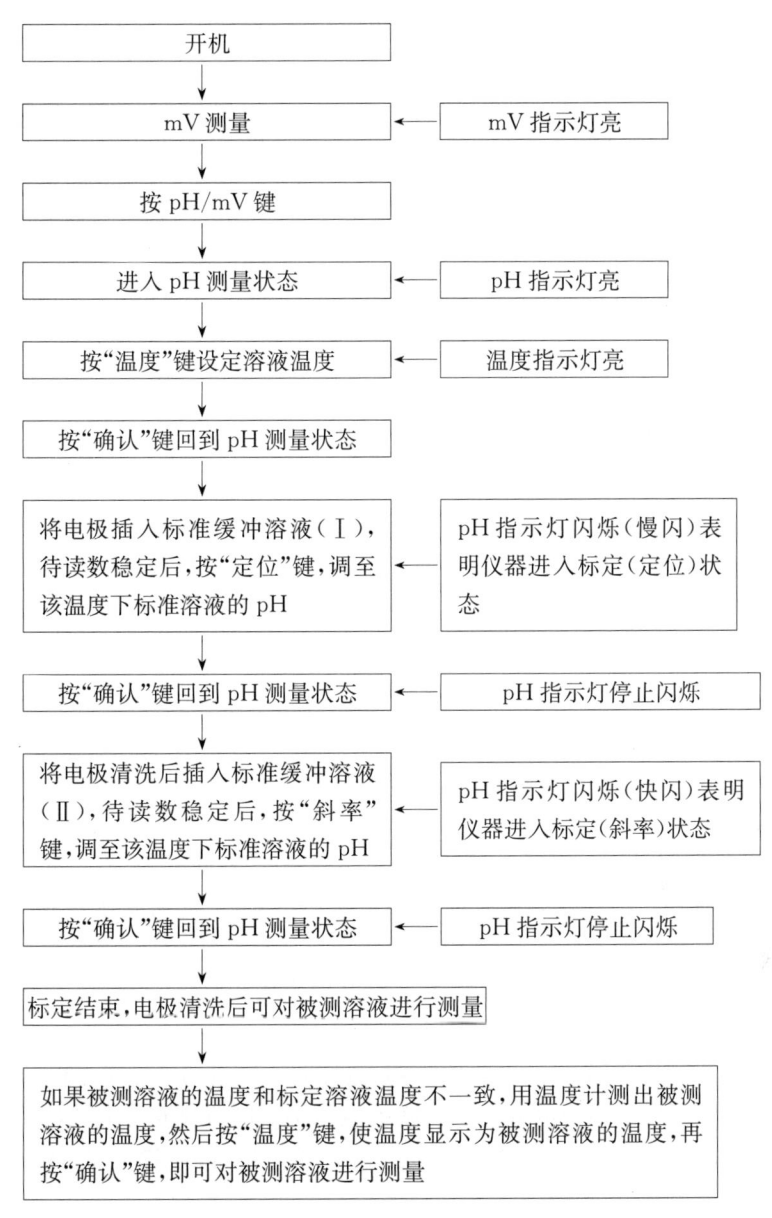

```
开机
  ↓
mV 测量  ← mV 指示灯亮
  ↓
按 pH/mV 键
  ↓
进入 pH 测量状态  ← pH 指示灯亮
  ↓
按"温度"键设定溶液温度  ← 温度指示灯亮
  ↓
按"确认"键回到 pH 测量状态
  ↓
将电极插入标准缓冲溶液（Ⅰ），  ← pH 指示灯闪烁（慢闪）表
待读数稳定后，按"定位"键，调至     明仪器进入标定（定位）状
该温度下标准溶液的 pH              态
  ↓
按"确认"键回到 pH 测量状态  ← pH 指示灯停止闪烁
  ↓
将电极清洗后插入标准缓冲溶液  ← pH 指示灯闪烁（快闪）表明
（Ⅱ），待读数稳定后，按"斜率"     仪器进入标定（斜率）状态
键，调至该温度下标准溶液的 pH
  ↓
按"确认"键回到 pH 测量状态  ← pH 指示灯停止闪烁
  ↓
标定结束，电极清洗后可对被测溶液进行测量
  ↓
如果被测溶液的温度和标定溶液温度不一致，用温度计测出被测
溶液的温度，然后按"温度"键，使温度显示为被测溶液的温度，再
按"确认"键，即可对被测溶液进行测量
```

图 2-55 PHS-3C 操作流程图

四、电泳仪

电泳技术是分子生物学研究不可缺少的重要分析手段。电泳一般分为自由界面电泳和区带电泳两大类。自由界面电泳不需支持物，如等电聚焦电泳、等速电泳、密度梯度电泳及显微电泳等，这类电泳目前已很少使用。而区带电泳则需用各种类型的物质作为支持物，常用的支持物有滤纸、醋酸纤维薄膜、非凝胶性支持物、凝胶性支持物及硅胶 G 薄层等，分子生物学领域中最常用的是琼脂糖凝胶电泳。所谓电泳，是指带电粒子在电场中的运动。不同物质由于所带电荷及分子量不同，因此在电场中运动速度不同。根据这一特征，用电泳法

便可以对不同物质进行定性或定量分析,或将一定混合物进行组分分析,或单个组分提取制备,这在实验研究中具有极其重要的意义。电泳仪正是基于上述原理设计制造的。下面简单介绍电泳仪(图2-56)的使用方法及注意事项。

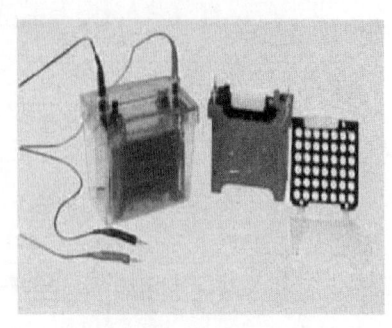

图2-56 电泳仪　　　　　　　图2-57 垂直电泳槽

1. 使用方法

(1) 首先用导线将电泳槽(图2-57)的两个电极与电泳仪的直流输出端连接,注意极性不要接反。

(2) 电泳仪电源开关调至关的位置,电压旋钮转到最小,根据工作需要选择稳压稳流方式及电压电流范围。

(3) 接通电源,缓缓旋转电压调节钮直到达到所需电压为止,设定电泳终止时间,此时电泳即开始进行。

(4) 工作完毕后,应将各旋钮、开关旋至零位或关闭状态,并拔出电泳插头。

2. 注意事项

(1) 电泳仪通电进入工作状态后,禁止人体接触电极、电泳物及其他可能带电的部分,也不能到电泳槽内取放东西,如需要应先断电,以免触电。同时要求仪器必须有良好接地端,以防漏电。

(2) 仪器通电后,不要临时增加或拔去输出导线插头,以防短路现象发生,虽然仪器内部附设有保险丝,但短路现象仍有可能导致仪器损坏。

(3) 由于不同介质支持物的电阻值不同,电泳时所通过的电流量不同,其泳动速度及泳至终点所需时间也不同,故不同介质支持物的电泳不要同时在同一电泳仪上进行。

(4) 当电流不超过仪器额定电流时(最大电流范围),可以多槽并联使用,但要注意不能超载,否则容易影响仪器寿命。

(5) 某些特殊情况下需要检查仪器电泳输入情况时,允许在稳压状态下空载开机,但在稳流状态下必须先接好负载再开机,否则电压表指针将大幅度跳动,容易造成不必要的人为机器损坏。

(6) 使用过程中发现异常现象,如较大噪音、放电或异常气味,须立即切断电源,进行检修,以免发生意外事故。

五、折射仪

1. 构造原理

阿贝折射仪(也称阿贝折光仪)是根据光的全反射原理设计的仪器,它利用全反射临界角的测定方法测定未知物质的折光率,可定量地分析溶液中的某些成分,检验物质的纯度。

众所周知,光从一种介质进入另一种介质时,在界面上将发生折射,对任何两种介质,在一定波长和一定外界条件下,光的入射角(α)和折射角(β)的正弦值之比等于两种介质的折光率之比的倒数,即:

$$\frac{\sin\alpha}{\sin\beta}=\frac{n_B}{n_A} \quad \text{(式2-1)}$$

式中:n_A 和 n_B 分别为 A 与 B 两介质的折光率。如果 $n_A > n_B$,则折射角(β)必大于入射角(α),如图 2-58(a);若 $\alpha = \alpha_0$,$\beta = 90°$ 达到最大,此时光沿界面方向前进,如图 2-58(b);若 $\alpha > \alpha_0$,则光线不能进入介质 B,而从界面反射,如图 2-58(c),此现象称为"全反射",α_0 叫作临界角。

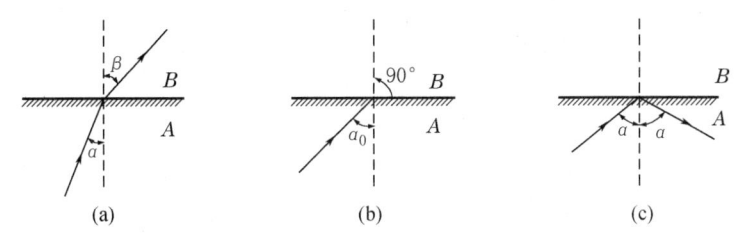

图 2-58 光的折射

以 2W 型阿贝折光仪为例,如图 2-59。该仪器由望远系统和读数系统两部分组成,分别由测量镜筒和读数镜筒进行观察,属于双镜筒折光仪。在测量系统中,主要部件是两块直角棱镜,上面一块表面光滑,为折光棱镜,下面一块是磨砂面的,为进光棱镜(辅助棱镜)。两块棱镜可以启开与闭合,当两棱镜对角线平面叠合时,两镜之间有一细缝,将待测溶液注入细缝中,便形成一层薄液。当光由反射镜入射而透过表面粗糙的棱镜时,光在此毛玻璃面产生漫反射,以不同的入射角进入液体层,然后到达表面光滑的棱镜,光线在液体与棱镜界面上发生折射。

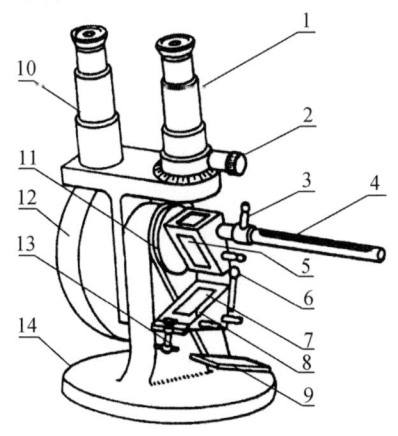

1. 测量镜筒 2. 阿米西棱镜手轮 3. 恒温器接头
4. 温度计 5. 测量棱镜 6. 铰链 7. 辅助棱镜
8. 加样品孔 9. 反射镜 10. 读数镜筒 11. 转轴
12. 刻度盘罩 13. 棱镜锁紧扳手 14. 底座

图 2-59 2W 型阿贝折光仪构造图

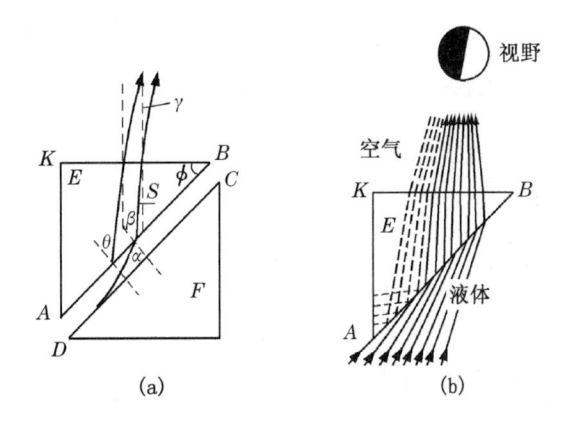

图 2-60 阿贝折光仪明暗线形成原理

因为棱镜的折光率比液体折光率大,因此光的入射角(α)大于折射角(β),如图 2-60(a),所有的入射光线全部能进入棱镜 E 中,光线透出棱镜时又会发生折射,其入射角为 S,折射角为 γ。根据入射角、折射角与两种介质折光率之间的关系,从图 2-60(a)中可以推导出,在棱镜的 ϕ 角及折光率固定的情况下,如果每次测量均用同样的 α,则 γ 的大小只和液体的折光率 n 有关。通过测定 γ,便可求得 n 值。α 的选择就是利用了全反射原理,将入射角 α 调至 $\alpha_0=90°$,此时折射角 θ 为最大,即临界角。因此在其左面不会有光,是黑暗部分,而另一面则是明亮部分。透过棱镜的光线经过色散棱镜和会聚透镜,最后在目镜中呈现一个清晰的明暗各半的图像。如图 2-60(b)所示,测量时,要将明暗界线调到目镜中十字线的交叉点上,以保证镜筒的轴与入射光线平行。读数指针是和棱镜连在一起转动的,阿贝折光仪已将 γ 换算成 n,故在标尺上读得的是折光率数值。

另一类折射仪是将望远系统与读数系统合并在同一个镜筒内,通过同一目镜进行观察,属单镜筒折射仪。例如 2WA-J 型折射仪(见图 2-61),其工作原理与 2W 型折光仪相似。

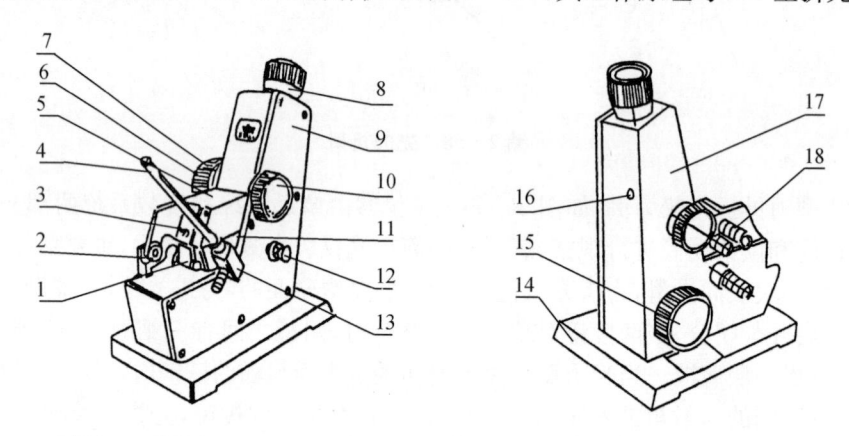

1. 反射镜 2. 转轴折光棱镜 3. 遮光板 4. 温度计 5. 进光棱镜 6. 色散调节手轮
7. 色散值刻度圈 8. 目镜 9. 盖板 10. 棱镜锁紧手轮 11. 折射棱镜座 12. 照明刻度盘聚光镜 13. 温度计座 14. 底座 15. 折射率刻度调节手轮 16. 调节物镜螺丝孔
17. 壳体 18. 恒温器接头

图 2-61 2WA-J 型阿贝折光仪结构图

2. 使用方法
(1) 2W 型阿贝折光仪操作方法

① 准备工作 将折光仪与恒温水浴连接(不必要时,可不用恒温水),调节所需要的温度,一般恒温在(20.0±0.2)℃,同时检查保温套的温度计是否准确。打开直角棱镜,用丝绢或擦镜纸蘸少量 95% 的乙醇或丙酮轻轻擦洗上、下镜面,注意只可单向擦而不可来回擦,待晾干后方可使用。

② 仪器校准 使用之前应用重蒸馏水或已知折光率的标准折光玻璃块来校正标尺刻度。如果使用标准折光玻璃块来校正,应先拉开下面棱镜,用一滴 1-溴代萘把标准玻璃块贴在折光棱镜下,旋转棱镜转动手轮(在刻度盘罩一侧),使读数镜内的刻度值等于标准玻璃块上注明的折光率,然后用附件方孔调节扳手转动示值调节螺钉(该螺钉处于测量镜筒中部),使明暗界线和十字线交点相合。如果使用重蒸馏水作为标准样品,只要把水滴在下面棱镜的毛玻璃面上,并合上两棱镜,旋转棱镜转动手轮,使读数镜内刻度值等于水的折射率,然后同上

方法操作,使明暗界线和十字线交点相合。

③ 样品测量　阿贝折光仪的量程为 1.300 0～1.700 0,精密度为±0.000 1。测量时,用洁净的长滴管将 2～3 滴待测样品液体均匀地置于下面棱镜的毛玻璃面上。此时应注意切勿使滴管尖端直接接触镜面,以免造成划痕。关紧棱镜,调节反射镜,使光线射入样品,然后轻轻转动棱镜手轮,并在望远镜筒中找到明暗分界线。若出现彩带,则调节阿米西棱镜手轮,消除色散,使明暗界线清晰。再调节棱镜调节手轮,使分界线对准十字线交点。记录读数及温度,重复测定 1～2 次。如果是挥发性很强的样品,可把样品液体由棱镜之间的小槽滴入,快速进行测定。

测定完后,立即用 95% 的乙醇或丙酮擦洗上、下棱镜,晾干后再关闭。

(2) 2WA-J 阿贝折光仪的操作方法

① 准备工作　参照 2W 型阿贝折光仪的操作方法。

② 仪器校准　对折射棱镜的抛光面加 1～2 滴 1-溴代萘,把标准玻璃块贴在折光棱镜抛光面上,当读数视场指示与标准玻璃块上的折光率相同时,观察望远镜内明暗分界线是否在十字线中间。若有偏差,则用螺丝刀微量旋转物镜调节螺丝孔(图 2-61 中的 16)中的螺丝,使分界线和十字线交点相合。

③ 样品测量　将被测液体用干净滴管滴加在折射镜表面,并将进光棱镜盖上,用棱镜锁紧手轮(图 2-61 中的 10)锁紧,要求液层均匀,充满视场,无气泡。打开遮光板,合上反射镜,调节目镜视度,使十字线成像清晰,此时旋转折射率刻度调节手轮,并在目镜视场中找到明暗分界线的位置。若出现彩带,则旋转色散调节手轮,使明暗界线清晰。再调节折射率刻度调节手轮,使分界线对准十字线交点。再适当转动刻度盘聚光镜,此时目镜视场下方显示的数值即为被测液体的折光率。

3. 注意事项

(1) 折光棱镜必须注意保护,不能在镜面上造成划痕,不能测定强酸、强碱及有腐蚀性的液体,也不能测定对棱镜、保温套之间的黏合剂有溶解性的液体。

(2) 在每次使用前应洗净镜面;在使用完毕后,也应用丙酮或 95% 的乙醇洗净镜面,待晾干后再关上棱镜。

(3) 仪器在使用或贮藏时均不得曝于日光中,不用时应放入木箱内,木箱置于干燥的地方。放入前应注意将金属夹套内的水倒干净,管口要封起来。

(4) 测量时应注意恒温温度是否正确。如欲测准至±0.000 1,则温度变化应该控制在±0.1℃ 的范围内。若测量精度不要求很高,则可放宽温度范围或不使用恒温水。

(5) 阿贝折光仪不能在较高温度下使用,对于易挥发或易吸水样品测量比较困难,对样品的纯度要求较高。

六、旋光仪

1. 工作原理

从光源射出的光线,通过聚光镜、滤色镜,经起偏镜成为平面偏振光,在半波片处产生三分视场。通过检偏镜及物镜、目镜组可以观察到如图 2-63 所示的三种情况。转动检偏镜,只有在零度时(仪器出厂前调整好)视场中三部分亮度一致,如图 2-63(b)。

当放进存有被测溶液的试管后,由于溶液具有旋光性,使平面偏振光旋转了一个角度,

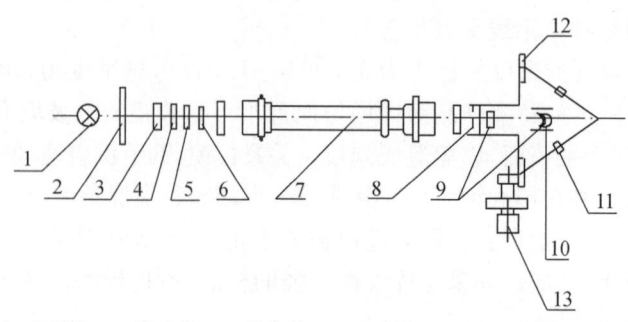

1. 光源 2. 毛玻璃 3. 聚光镜 4. 滤色镜 5. 起偏镜 6. 半波片 7. 试管 8. 检偏镜
9. 物、目镜组 10. 调焦手轮 11. 读数放大镜 12. 度盘及游标 13. 度盘转动手轮

图 2-62 WXG-4 型圆盘旋光仪工作原理

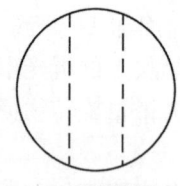

(a) 大于(或小于)零度的视场   (b) 零度视场   (c) 小于(或大于)零度视场

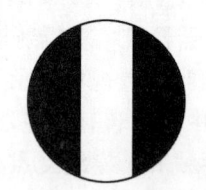

图 2-63 三分视场

零度视场便发生了变化,如图 2-63(a)或图 2-63(c)。检偏镜转动一定角度,能再次出现亮度一致的视场。这个转角就是溶液的旋光度,它的数值可通过放大镜从度盘上读出。

测得溶液的旋光度后,就可以求出物质的比旋度。根据比旋度的大小,就能确定该物质的纯度和含量。

比旋度 $[\alpha]_\lambda^t$ 的一般公式为:

$$[\alpha]_\lambda^t = \frac{Q}{lc} \times 100 \qquad (式2-2)$$

式中:Q 为温度 t 时用 λ 光测得的旋光度;l 为试管长度,用分米作单位;c 为溶液浓度(100 mL 溶液中溶质的克数)。

或根据测得的旋光度及已知的比旋度,可求得溶液的浓度:

$$c = \frac{Q}{l[\alpha]_\lambda^t} \times 100 \qquad (式2-3)$$

为便于操作,仪器的光学系统以倾斜 20°安装在基座上。光源采用 20 W 钠光灯(波长 $\lambda = 5893$ Å)。钠光灯的限流器安装在基座底部,无须外接限流器。仪器的偏振器均为聚乙烯醇人造偏振片。三分视界采用劳伦特石英板装置(半波片)。转动起偏镜可调整三分视场的影荫角(本仪器出厂时调整在 3°左右)。仪器采用双游标读数,以消除度盘偏心差。度盘分 360 格,每格 1°,游标分 20 格,等于度盘 19 格,用游标可直接读数到 0.05°(如图 2-64)。度盘和检偏镜固

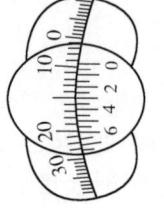

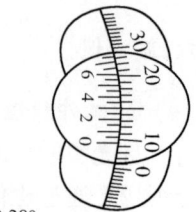

$Q = 9.30°$

图 2-64 双游标读数

定为一体,借手轮能做粗、细转动。游标窗前方装有两块4倍的放大镜,供读数时用。

2. 使用方法

(1) 将仪器接于220 V交流电源。开启电源开关,约5 min后钠光灯发光正常,就可以开始工作。

(2) 检查仪器零位是否准确,即在仪器未放试管或放进充满蒸馏水的试管时,观察零度时视场亮度是否一致。如不一致,说明有零位误差,应在测量读数中减去或加上该偏差值。或放松度盘盖背面四只螺钉,微微转动度盘盖校正误差(只能校正0.5°左右的误差,严重的应送制造厂检修)。

(3) 选取长度适宜的试管,注满待测试液,装上橡皮圈,旋上螺帽,直至不漏水为止。螺帽不宜旋得太紧,否则护片玻璃会产生应力,影响读数的正确性。然后将试管两头残余溶液揩干,以免影响观察清晰度及测定精度。

(4) 测定旋光读数。转动度盘、检偏镜,在视场中觅得亮度一致的位置,再从度盘上读数。读数是正的为右旋物质,读数为负的为左旋物质。

(5) 旋光度和温度也有关系。对大多数物质,用$\lambda = 5\,893\,\text{Å}$(钠光)测定,当温度升高1℃时,旋光度约减少0.3%。对于要求较高的测定工作,最好能在(20 ± 2)℃的条件下进行。

3. 仪器的维护

(1) 仪器应放在通风干燥和温度适宜的地方,以免受潮发霉。

(2) 仪器连续使用时间不宜超过4 h。如果使用时间较长,中间应关闭10~15 min,待钠光灯冷却后再继续使用,或用电风扇吹,减少灯管受热程度,以免亮度下降和寿命降低。

(3) 试管用后要及时将溶液倒出,用蒸馏水洗涤干净,揩干藏好。所有镜片均不能用手直接揩擦,应用柔软绒布揩擦。

(4) 仪器停用时,应将塑料套套上。装箱时,应按固定位置放入箱内并压紧。

七、可见分光光度计

1. 工作原理

溶液中的物质在光的照射激发下,产生对光吸收的效应,这种吸收是具有选择性的。各种不同的物质都有各自的吸收光谱,因此当某单色光通过溶液时,其能量就会被吸收而减弱,光能量减弱的程度和物质的浓度有一定的比例关系,即符合朗伯-比尔定律。

$$T = \frac{I}{I_0} \quad \text{(式2-4)}$$

$$\lg\left(\frac{I_0}{I}\right) = kcb \quad \text{(式2-5)}$$

$$A = kcb \quad \text{(式2-6)}$$

式中:T为透射比;I_0为入射光强度;I为透射光强度;A为吸光度;k为吸收系数;b为溶液的光程长;c为溶液的浓度。

从以上公式可以看出,当入射光、吸收系数和溶液的光程长不变时,透射光是根据溶液的浓度而变化的。722型分光光度计的基本原理是根据上述物理光学现象而设计的,如图2-65所示。

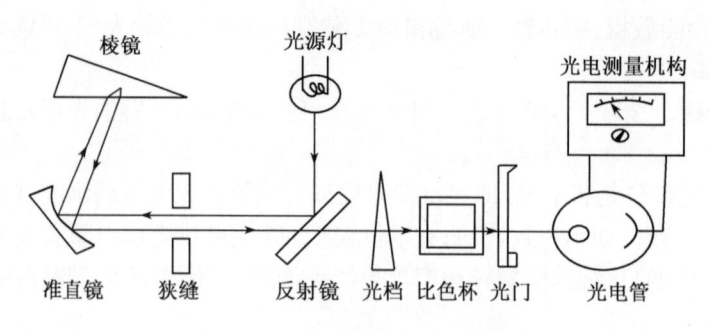

图 2-65　722 型分光光度计原理

2. 仪器的结构

722 型分光光度计由光源室、单色器、试样室、光电管暗盒、电子系数及数字显示器等部件组成。

3. 仪器的使用

(1) 使用仪器前,使用者应该首先了解本仪器的结构和工作原理,以及各个操作旋钮的功能。在未接通电源前,应该对仪器的安全性进行检查,电源线接线应牢固;通地要良好,各个调节旋钮的起始位置应该正确,然后再接通电源开关。

仪器在使用前应先检查一下放大器暗盒的硅胶干燥筒(在仪器的左侧),如受潮变色应更换干燥的蓝色硅胶或者倒出原硅胶,烘干后再用。

(2) 开启电源,指示灯亮,选择开关置于"T",波长调至测试用波长,仪器预热 20 min。

(3) 打开试样室盖(光门自动关闭),调节"0"旋钮,使数字显示为"00.0",盖上试样室盖,将比色皿架置于蒸馏水校正位置,调节透过率"100%"旋钮,使数字显示为"100.0"。

(4) 如果显示不到"100.0",可按"100"键调至 100.0。

(5) 预热后,按步骤(4)连续几次调整"0"和"100%",仪器即可进行测定工作。

(6) 吸光度 A 的测量:将选择开关置于"A",数字显示为".000",然后将被测样品移入光路,显示值即为被测样品的吸光度值。

(7) 浓度 c 的测量:选择开关由"A"旋至"c",将已标定浓度的样品放入光路,调节浓度旋钮,使得数字显示为标定值,将被测样品放入光路,即可读出被测样品的浓度值。

(8) 如果大幅度改变测试波长时,在调整"0"和"100%"后稍等片刻(因光能量变化急剧,光电管受光后响应缓慢,需一段光响应平衡时间),当稳定后,重新调整"0"和"100%"即可工作。

(9) 每台仪器所配套的比色皿,不能与其他仪器上的比色皿单个调换。一套新的比色皿应进行皿差校正,方法如下(以一套四个比色皿为例):

选定最大吸收处波长测吸光度,在 4 个比色皿上分别标上序号,用箭头标明测定时光透过的方向,均倒入某一浓度的标准溶液,以 1 号比色皿作参比溶液调零,测定其余 3 个比色皿的吸光度值,分别为 A_2、A_3、A_4,该值即为 2、3、4 号比色皿本身的皿差值。皿差校正完后 1 号比色皿的参比液不要倒掉,可供后续检测使用。在测定其他浓度的标准溶液或样品液时,扣除对应比色皿的皿差值,即为溶液的真实吸光度值。

八、紫外分光光度计

1. 基本结构

紫外-可见分光光度计由光源、单色器、吸收池、检测器以及数据处理及记录设备（计算机）等组成。

（1）光源

光源的作用是提供激发能，使待测分子产生吸收。要求光源能够提供足够强的连续光谱、有良好的稳定性、较长的使用寿命且辐射能量随波长无明显变化。常用的光源有热辐射光源和气体放电光源。利用固体灯丝材料高温放热产生的辐射为光源的是热辐射光源，如钨灯、卤钨灯，两者均在可见区使用，卤钨灯的使用寿命及发光效率高于钨灯。气体放电光源是指在低压直流电条件下，氢气或氘气放电所产生的连续辐射。

（2）单色器

单色器的作用是使光源发出的光变成所需要的单色光。通常由入射狭缝、准直镜、色散元件、物镜和出口狭缝构成，如图 2-66 所示。入射狭缝用于限制杂散光进入单色器，准直镜将入射光束变为平行光束后进入色散元件。后者将复合光分解成单色光，然后通过物镜将出自色散元件的平行光聚焦于出口狭缝。出口狭缝用于限制通带宽度。

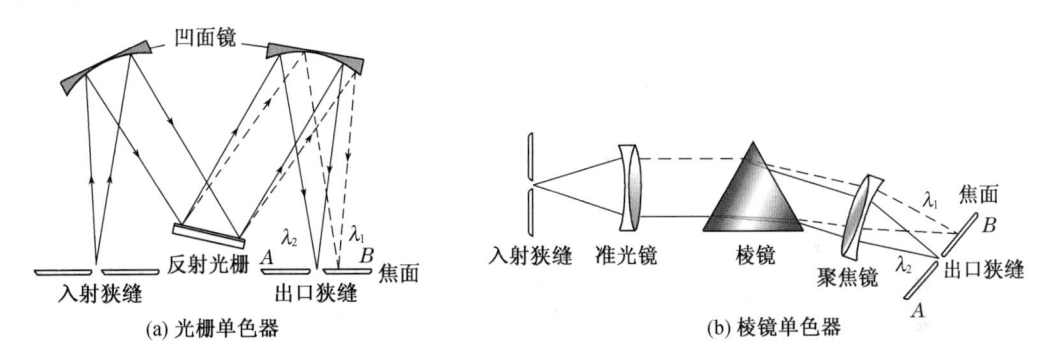

图 2-66　光栅和棱镜单色器构成图

（3）吸收池（比色皿）

用于盛放试液。石英池用于紫外-可见区的测量，玻璃池只用于可见区。

（4）检测器

简易分光光度计上使用光电池或光电管作为检测器。目前最常见的检测器是光电倍增管，还有的用二极管阵列作为检测器。光电倍增管的特点是在紫外-可见区的灵敏度高，响应快。但强光照射会引起不可逆损害，因此不宜高能量检测，需避光。二极管阵列检测器的特点是响应速度快，但灵敏度不如光电倍增管。

2. 工作原理

紫外-可见分光光度计，按其光学系统可分为单波长与双波长分光光度计、单光束与双光束分光光度计。单光束仪器中，分光后的单色光直接透过吸收池，交互测定待测池和参比池。这种仪器结构简单，适用于测定特定波长的吸收，进行定量。而双光束仪器中，从光源发出的光经分光后再经扇形旋转镜分成两束，交替通过参比池和样品池，测得的是透过样品溶液和参比溶液的光信号强度之比。双光束仪器克服了单光束仪器由于光源不稳引起的误差,并且可以方便地对全波段进行扫描。各类紫外可见分析仪器结构介绍如图 2-67 所示。

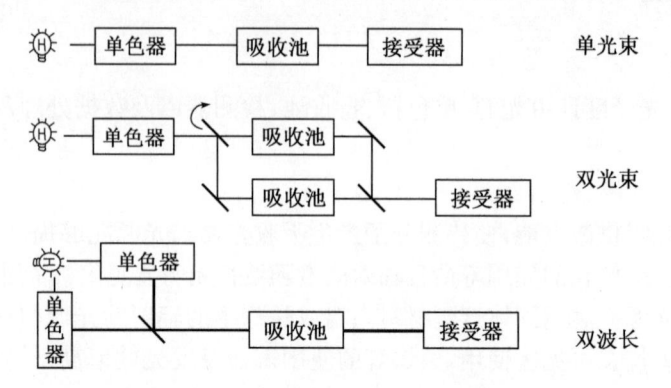

图 2-67 各类紫外-可见分析仪器结构

双光束紫外-可见分光光度计由于其可自动记录、快速全波段扫描、可消除光源不稳定、检测器灵敏度可变化等特点,特别适合于化合物的结构分析,如图 2-68 所示。

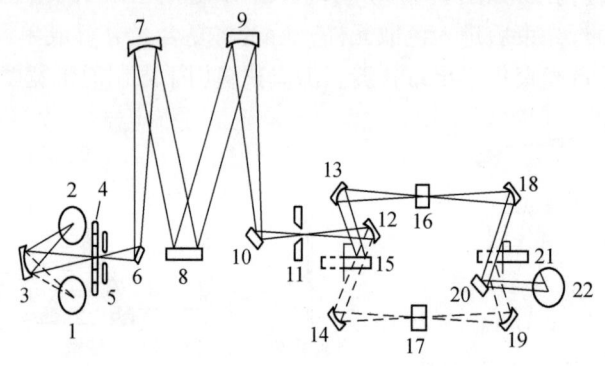

1. 钨灯 2. 氘灯 3. 凹面镜 4. 滤色片 5. 入射狭缝 6、10、20. 平面镜
7、9. 准直镜 8. 光栅 11. 出射狭缝 12、13、14、18、19. 凹面镜
15、21. 扇面镜 16. 参比池 17. 样品池 22. 光电倍增管

图 2-68 TU-1901 双光束分光光度计的光路示意图

3. 应用

(1) 定性分析

紫外-可见吸收光谱可用于鉴定有机化合物,即在相同的条件下,比较未知物与已知标准物质的紫外-可见吸收光谱图,若两者的谱图相同,则可认为待测样品与已知物质具有相同的生色团。但应注意,紫外吸收光谱相同,两种化合物有时不一定相同,所以在比较 λ_{max} 的同时,还要比较它们的 ε 值。如果待测物质和标准物质的吸收波长、吸收系数都相同,则可认为两者是同一物质。

(2) 有机化合物分子结构的推断

紫外-可见吸收光谱也可用于检出某些官能团。例如,化合物在 220～800 nm 无吸收峰,它可能是脂肪族碳氢化合物;如果在 250～300 nm 有中等强度的吸收带并且有一定的精细结构,则表示有苯环存在。

(3) 纯度检查

如果一化合物在紫外区没有吸收峰,而其杂质有较强吸收,就可方便地检出该化合物中的痕量杂质。例如要鉴定甲醇和乙醇中的杂质苯,可利用苯在 256 nm 处的 B 吸收带,而甲醇或乙醇在此波长几乎没有吸收。

(4) 定量测定

紫外分光光度法的定量测定原理及步骤与可见分光光度法相同。它应用广泛,仅药物分析来说,利用紫外吸收光谱进行定量分析的例子很多,如一些国家已将数百种药物的紫外吸收光谱的最大吸收波长和吸收系数载入药典。

4. 操作步骤

(1) 开机自检:插上电源,打开电脑,打开主机电源,双击软件图标进行仪器自检,自检完预热 10~15 min。

(2) 根据测量样品选择测量方法:TU-1901 分光光度计提供液体样品测量装置和积分球测量固体粉末两种附件。两种附件调换时需要进行样品架拆装、芯片开关转换,软件设置:开始→程序→UVwin5 紫外软件 v5.0.5→工具文件夹→UVwin 配置程序→附件(选择固定样品池或积分球)。

(3) 测量模式选择:TU-1901 提供四种测量模式,包括光度测量、光谱扫描、定量测定、时间扫描。如选择光度测量,则点击光度测量图标进入光度测量界面。

(4) 背景扫描及校零:先洗净两个石英比色皿,用去离子水装样到比色皿约 3/4 处(必须确保光路通过被测样品中心),用吸水纸吸干比色皿外部所沾的液滴,将比色皿的光面对准光路放入液体样品架(包括参比和测试两个比色皿槽);点击参数设置图标进行参数设置(通常根据实验设计改动扫描波长范围、扫描步长、扫描次数等),设置好后,等待仪器调整至准备状态;然后点击校零图标进行背景扫描及校零。

(5) 样品测试:将测试用石英比色皿(外侧)取出洗净,装样品溶液到比色皿约 3/4 处,用吸水纸吸干比色皿外部所沾液滴,将比色皿的光面对准光路放入液体样品架,设置好参数后,点击"开始"图标进行测量。

(6) 结果保存、处理及打印:TU-1901 提供多种数据保存格式,可进行初步图形处理,处理结果可同时打印。

(7) 实验后清理:测量完毕后,将比色皿清洗干净,擦干放回盒子,关上仪器开关,拔下电源,盖好仪器罩,并打扫卫生。

5. 注意事项

(1) 仪器使用前需开机预热 10 min。

(2) 开关试样室盖时动作要轻缓,避免磕碰损坏仪器。

(3) 不要在仪器上方倾倒测试样品,以免样品污染仪器表面,损坏仪器。

(4) 测定时,如有溶液溢出或其他原因将样品槽弄脏,要尽可能及时清理干净。

(5) 向比色皿中加样时,若样品流到比色皿外壁,应用滤纸吸干,镜头纸擦净后测量,切忌用滤纸擦拭,以免比色皿出现划痕。一定要将比色皿外部所沾样品擦干净,才能放进比色皿架进行测定。强腐蚀、易挥发试样测定时比色皿必须加盖。

第三章 基础训练实验

实验一 基本操作

一、实验目的

(1) 学会配制一定物质的量浓度溶液的方法,巩固和加深对物质的量浓度概念的理解。
(2) 学会腐蚀性药品的称量。
(3) 学习托盘天平和容量瓶的使用方法,初步了解电子分析天平的使用。
(4) 学习试剂的取用方法。

二、实验原理

一定物质的量浓度溶液的配制:

(1) 粗略配制　先计算出配制一定体积溶液所需的固体试剂的质量。用台秤称取所需的固体试剂,倒入带有刻度的烧杯中,加入少量的蒸馏水搅动使固体完全溶解后,用蒸馏水稀释至刻度(若无带刻度烧杯,可用量筒量取给定体积的蒸馏水,倒入烧杯,搅动,使其均匀),即得所需浓度的溶液。将溶液倒入试剂瓶,贴上标签备用。

(2) 准确配制　先计算出配制给定体积的准确浓度溶液所需固体试剂(基准物质)的用量,并在分析天平上准确称出它的质量,放在干净的烧杯中,加适量蒸馏水使其完全溶解。将溶液转移到一定体积的容量瓶中,用少量蒸馏水洗涤烧杯2~3次,洗涤液也一并转移至容量瓶,再加蒸馏水稀释至标线处,盖上塞子,将溶液摇匀即成所配溶液。然后将溶液倒入洁净的试剂瓶,贴上标签备用。

三、实验用品

1. 仪器

容量瓶(250 mL),烧杯(100 mL),玻璃棒,胶头滴管,药匙,托盘天平,电子分析天平,玻璃管,煤气灯。

2. 试剂

NaCl(AR),洗衣粉或洗涤剂,$CaCO_3$(固体粉末)。

四、实验内容

1. 常用仪器的洗涤和干燥

(1) 仪器的洗涤

实验前必须将玻璃仪器洗涤干净,实验结束后,仪器要立即清洗,避免残留物质固化,造成洗涤困难。洗涤的一般步骤是:

用去污粉、肥皂或洗涤剂洗涤──→用自来水冲洗──→用蒸馏水淋洗

用各种方法洗涤后的玻璃仪器,必须先用自来水冲洗数遍,使玻璃仪器的内壁留下一层均匀的水膜。清洁透明且内壁不挂水珠,则表示玻璃仪器已洗干净。用自来水洗净后,再用蒸馏水淋洗仪器内壁2～3遍。

(2) 仪器的干燥

① 倒置晾干;② 加热烘干;③ 吹干;④ 用有机溶剂干燥。

2. 试剂的取用

(1) 固体试剂的取用

① 用药匙取用;② 用 V 形纸槽取用;③ 用镊子取用。

(2) 液体试剂的取用

① 从滴瓶中取用;② 从细口瓶中取用。

3. 台秤的使用

台秤(又叫托盘天平)常用于一般称量。它能迅速地称量物体的质量,但精确度不高。最大载荷为 200 g 的台秤能称准至 0.1 g,最大载荷为 500 g 的台秤能称准至 0.5 g。

用小烧杯称取一定质量的 $CaCO_3$ 固体。

4. 配制 250 mL 0.1 mol/L NaCl 溶液

(1) 计算　计算配制 250 mL 0.1 mol/L NaCl 溶液所需 NaCl 的质量。

(2) 称量　用电子天平先称量干燥洁净的小烧杯质量,再向小烧杯中添加 NaCl 固体至所需质量。

(3) 溶解　在盛有 NaCl 固体的小烧杯中加入适量蒸馏水,用玻璃棒搅拌,使其溶解。

(4) 移液　将溶液沿玻璃棒注入 250 mL 容量瓶中。

(5) 洗涤　用蒸馏水洗烧杯 2～3 次,并将洗涤液移入容量瓶中。

(6) 定容　加水至容量瓶容积 2/3 处平摇,继续加水至距刻度线 1～2 cm 处改用胶头滴管滴到溶液弯月面最低点恰好与容量瓶上标线水平相切。

(7) 摇匀　盖好瓶塞,来回颠倒摇 20 余次。

五、注意事项

(1) 使用台秤称量时,必须注意:不能称量热的物品。称量物不能直接放在盘上,应根据具体情况放在已称量的、洁净的表面皿、烧杯或光洁的称量纸上。称量完毕,砝码放回砝码盒内,游码拨到"0"位,并将托盘放在一侧(或用橡皮圈架起),以免台秤摆动。保持台秤的整洁。若托盘上沾有药品或其他污物,应立即清除。

(2) 有些碱如氢氧化钠,具有腐蚀性,必须用小烧杯作为容器,采用固定质量称量法。称量时,速度要快,试剂瓶要立即盖上,防止氢氧化钠潮解和与空气中水分、二氧化碳等发生反应。

六、思考题

配制溶液时,如溶液的弯月面低于或高于标线,能否纠正,应怎样纠正? 为什么?

实验二　粗盐的提纯

一、实验目的

(1) 掌握提纯 NaCl 的原理和方法。
(2) 学习溶解、沉淀、常压过滤、减压过滤、蒸发、浓缩、结晶、干燥等基本操作。
(3) 了解 SO_4^{2-}、Ca^{2+}、Mg^{2+} 等离子的定性鉴定。

二、实验原理

化学试剂或医药用的 NaCl 都是以粗食盐为原料提纯的。粗盐中含有 Ca^{2+}、Mg^{2+}、K^+、SO_4^{2-} 等可溶性杂质和泥沙等不溶杂质。选择适当的试剂可使 Ca^{2+}、Mg^{2+}、SO_4^{2-} 等离子生成沉淀而除去。

首先在食盐溶液中加入过量的 $BaCl_2$ 溶液,除去 SO_4^{2-},其反应式为:

$$Ba^{2+} + SO_4^{2-} = BaSO_4 \downarrow$$

过滤,除去难溶化合物和 $BaSO_4$ 沉淀。然后在滤液中加入 NaOH 和 Na_2CO_3 溶液,除去 Ca^{2+}、Mg^{2+} 和过量的 Ba^{2+},反应式为:

$$Ca^{2+} + CO_3^{2-} = CaCO_3 \downarrow$$

$$Mg^{2+} + 2OH^- = Mg(OH)_2 \downarrow$$

$$Ba^{2+} + CO_3^{2-} = BaCO_3 \downarrow$$

过滤除去沉淀。溶液中过量的 NaOH 和 Na_2CO_3 可以用盐酸中和除去。

粗食盐中的 K^+ 与这些沉淀剂不起作用,仍留在溶液中。由于 KCl 在粗食盐中的含量较少且溶解度比 NaCl 大,所以在蒸发浓缩和结晶过程中 KCl 仍留在母液中,与 NaCl 结晶分离。

三、实验用品

1. 仪器

台秤,烧杯,量筒,电磁加热搅拌器,循环水泵,普通漏斗,漏斗架,布氏漏斗,吸滤瓶,蒸发皿,石棉网,酒精灯,药匙。

2. 试剂

2 mol/L HCl 溶液,2 mol/L NaOH 溶液,1 mol/L $BaCl_2$ 溶液,1 mol/L Na_2CO_3 溶液,2 mol/L HAc 溶液,0.5 mol/L $(NH_4)_2C_2O_4$ 溶液,镁试剂(对硝基偶氮间苯二酚),pH 试纸和粗食盐等。

四、实验内容

1. 粗盐的溶解

称取 8 g 粗食盐于 100 mL 烧杯中,加 30 mL 水,用电磁加热搅拌器加热搅拌使其溶解。

2. 除去 SO_4^{2-}

加热溶液至近沸,边搅拌边逐滴加入 1 mol/L $BaCl_2$ 溶液 1~2 mL。继续加热 5 min,使沉淀颗粒长大而易于沉降。将烧杯从石棉网上取下,待沉淀沉降后,在上层清液中加 1~2 滴 1 mol/L $BaCl_2$ 溶液,如果出现混浊,表示 SO_4^{2-} 尚未除尽,需继续加 $BaCl_2$ 溶液以除去剩余的 SO_4^{2-}。如果不混浊,表示 SO_4^{2-} 已除尽。过滤,弃去沉淀。

3. 除去 Mg^{2+}、Ca^{2+}、Ba^{2+} 等离子

在滤液中滴加 1 mL 2 mol/L NaOH 溶液和 3 mL 1 mol/L Na_2CO_3 溶液,加热至沸腾,待沉淀沉降后,在上层清液中滴加 Na_2CO_3 溶液至不再产生沉淀为止,抽滤,弃去沉淀。

用 HCl 溶液调节酸度除去 CO_3^{2-}:往溶液中滴加 2 mol/L HCl 溶液,并加热搅拌,直到溶液的 pH 约为 3~4。

4. 浓缩与结晶

把溶液倒入 250 mL 烧杯中,蒸发浓缩到有大量 NaCl 结晶出现(约为原体积的 1/4)。适当冷却,用布氏漏斗进行减压过滤(见图 3-1),尽量将结晶抽干,并用少量蒸馏水洗涤晶体 2 次,洗涤后也尽量将结晶抽干。将氯化钠晶体转移到蒸发皿中,在石棉网上用小火烘干(在石棉网上放置泥三角,防止蒸发皿摇晃)。冷却后称量,计算产率。

5. 产品纯度的检验

取产品和原料各 1 g,分别溶于 5 mL 蒸馏水中,然后进行下列离子的定性检验:

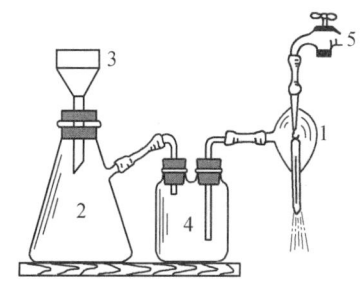

1. 水泵 2. 吸滤瓶 3. 布氏漏斗
4. 安全瓶 5. 自来水龙头

图 3-1 减压过滤装置

(1) SO_4^{2-}:各取溶液 1 mL 于试管中,分别加入 2 mol/L HCl 溶液 2 滴和 1 mol/L $BaCl_2$ 溶液 2 滴。比较两种溶液中沉淀产生的情况。

(2) Ca^{2+}:各取溶液 1 mL 于试管中,加 2 mol/L HAc 溶液使其呈酸性,再分别加入 0.5 mol/L $(NH_4)_2C_2O_4$ 溶液 3 滴,若有白色 CaC_2O_4 沉淀产生,表示有 Ca^{2+} 存在。比较两种溶液中沉淀产生的情况。

(3) Mg^{2+}:各取溶液 1 mL 于试管中,加 2 mol/L NaOH 溶液 5 滴和镁试剂 2 滴,若有天蓝色沉淀生成,表示有 Mg^{2+} 存在。比较两种溶液的颜色。

五、实验结果

1. 产品外观

(1) 粗盐:_____。

(2) 精盐:_____。

2. 产品纯度检验

表 3-1 实验现象记录及结论

检验项目	检验方法	被检溶液	实验现象	结论
SO_4^{2-}	加入 2 mol/L HCl 溶液,1 mol/L $BaCl_2$ 溶液	1 mL 粗 NaCl 溶液		
		1 mL 纯 NaCl 溶液		

(续表)

检验项目	检验方法	被检溶液	实验现象	结 论
Ca^{2+}	加入 0.5 mol/L $(NH_4)_2C_2O_4$ 溶液	1 mL 粗 NaCl 溶液		
		1 mL 纯 NaCl 溶液		
Mg^{2+}	加入 2 mol/L NaOH 溶液，镁试剂	1 mL 粗 NaCl 溶液		
		1 mL 纯 NaCl 溶液		

六、注意事项

(1) 粗食盐颗粒要研细。
(2) 食盐溶液浓缩时不可蒸干。
(3) 要注意普通过滤与减压过滤的正确使用方法与区别。

七、思考题

(1) 在除去 Ca^{2+}、Mg^{2+}、SO_4^{2-} 时，为什么要先加入 $BaCl_2$ 溶液，然后再加入 Na_2CO_3 溶液？
(2) 为什么用 $BaCl_2$ 而不用 $CaCl_2$ 除去食盐中的 SO_4^{2-}？
(3) 在除 Ca^{2+}、Mg^{2+}、Ba^{2+} 等杂质离子时，能否用其他可溶性碳酸盐代替 Na_2CO_3？
(4) 加 HCl 除去 CO_3^{2-} 时，为什么要把溶液的 pH 调节到 3～4？调至恰为中性如何？
(5) 在提纯粗食盐过程中，K^+ 将在哪一步操作中除去？

实验三 电解质溶液、胶体

一、实验目的

(1) 加深对弱电解质的离解平衡、同离子效应及盐类水解原理的理解。
(2) 加深对缓冲溶液等概念的理解，并学习缓冲溶液的配制及性质检验。
(3) 了解胶体的制备、保护和凝聚的方法。
(4) 了解胶体的光学性质和电学性质。

二、实验原理

1. 弱电解质的离解平衡及其移动

弱电解质在水溶液中部分离解，因此存在着分子与离子之间的离解平衡。以醋酸 HAc 为例：

$$HAc \rightleftharpoons H^+ + Ac^-$$

$$K_a = \frac{c_{H^+} \cdot c_{Ac^-}}{c_{HAc}} \qquad (式 3-1)$$

K_a 叫作弱酸的离解平衡常数，简称离解常数。离解常数和所有的平衡常数一样，与温度有关，而与浓度无关。弱电解质溶液中，由于加入具有相同离子的强电解质，使得弱电解质的离解度降低的现象,称为同离子效应。

2. 缓冲溶液

缓冲溶液是能够抵抗外加少量的强酸、强碱或适当稀释,而保持溶液 pH 基本不变的溶液。当向缓冲溶液中加入少量的强酸或强碱时,由于抗酸成分和抗碱成分的作用,仅仅造成了弱电解质离解平衡的左右移动,实现了抗酸成分和抗碱成分的互变,溶液的 pH 基本不变。缓冲溶液适当稀释时两组分浓度以相同倍数减小,所以 pH 基本不变。

3. 盐类的水解

盐类水解的本质是组成盐的阴离子或阳离子与水离解产生的 H^+ 或 OH^- 结合生成弱电解质(弱酸或弱碱),使水的离解平衡发生移动,导致溶液中 H^+ 和 OH^- 的相对浓度不等,盐溶液呈现出一定的酸碱性。

盐类的水解作为一种化学平衡,水解程度的大小,首先取决于盐的本性,其次外界因素的改变如浓度、温度、酸碱度等对盐类的水解平衡也有一定的影响。

4. 胶体溶液

胶体分散系是高度分散的多相体系,它具有一定的稳定性。制备胶体的方法一般有两类:分散法和凝聚法。制备溶胶还必须满足两个条件:一是分散质在分散剂中溶解度很小;二是要有合适的稳定剂。

胶体的性质主要有吸附作用、布朗运动、丁达尔现象、电泳现象和渗析现象。当物质分散成胶体微粒时,具有很大的表面积,吸附能力较强。胶体的吸附作用具有一定的选择性,一般情况下,优先吸附与它组成有关的离子。将一束被聚光镜会聚的强光射入胶体溶液,从光束的垂直方向上可以看到一条光亮的通路,这就是丁达尔现象。丁达尔现象可用于区别胶体溶液和真溶液,如图 3-2 所示。

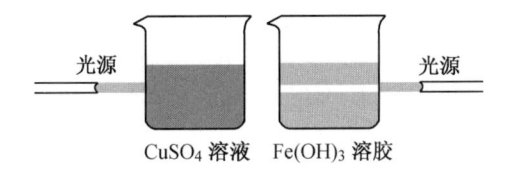

图 3-2 丁达尔现象

使离子或分子从胶体溶液中被分离的操作,叫作渗析。利用渗析可以提纯胶体,如图 3-3 所示。

图 3-3 渗析现象 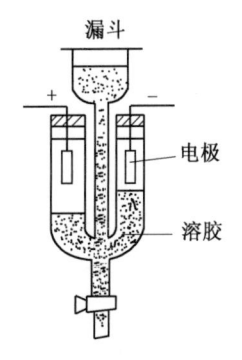　　　　图 3-4 电泳现象

在外加电场作用下,分散质颗粒在分散剂中的定向移动称为电泳。根据胶粒在电场中的移动方向可以判断胶粒所带电荷的正负,如图3-4所示。

三、实验用品

1. 仪器

pH试纸,手电筒,半透膜,试管,试管夹,滴管,玻璃棒,镊子,酒精灯,火柴。

2. 试剂

6 mol/L HCl溶液,0.1 mol/L HCl溶液,1 mol/L HCl溶液,pH=5的HCl溶液,0.1 mol/L HAc溶液,1 mol/L HAc溶液,饱和Na_2CO_3溶液,饱和$Al_2(SO_4)_3$溶液,饱和NH_4Cl溶液,0.1 mol/L NaCl溶液,0.1 mol/L NH_4Cl溶液,0.1 mol/L Na_2S溶液,0.1 mol/L $FeCl_3$溶液,0.1 mol/L NH_4Ac溶液,0.1 mol/L $Al_2(SO_4)_3$溶液,0.2 mol/L Na_3PO_4溶液,0.2 mol/L Na_2HPO_4溶液,0.2 mol/L NaH_2PO_4溶液,0.2 mol/L $AgNO_3$溶液,1 mol/L NaCl溶液,0.5 mol/L NaAc溶液,锌粒,$BiCl_3$固体,NaAc固体,甲基橙指示剂,酚酞指示剂,0.5 mol/L $SnCl_2$溶液,2 mol/L的$FeCl_3$溶液,pH=10的NaOH溶液,1 mol/L $CuSO_4$溶液,饱和$FeCl_3$溶液,0.1 mol/L HCOOH溶液,0.1 mol/L NaOH溶液,0.1 mol/L $NH_3 \cdot H_2O$,淀粉溶液,碘水。

四、实验内容

1. pH试纸的使用

用广泛pH试纸分别测定0.1 mol/L的HCl、HAc、HCOOH、NaOH和$NH_3 \cdot H_2O$溶液的pH,并与计算值比较。

2. 强、弱电解质

(1) 用干净的玻璃棒分别蘸取0.1 mol/L HCl溶液和0.1 mol/L HAc溶液,并分别点在两小块pH试纸上,观察试纸的颜色变化,并判断两种溶液的pH。

(2) 在一个试管中加入少量0.1 mol/L HAc溶液,再加入约10倍体积的水,振荡均匀,然后用玻璃棒蘸取此稀释液并点在一小块pH试纸上,判断溶液的pH。HAc溶液稀释后,其pH较稀释前有什么变化?

(3) 在两个试管中分别加入一颗锌粒,然后各加入一定量1 mol/L HCl溶液和1 mol/L HAc溶液。加热,比较两个试管里反应的快慢。写出有关反应的离子方程式。

3. 盐类的水解

(1) 用pH试纸分别测试饱和Na_2CO_3溶液、0.1 mol/L NaCl溶液、0.1 mol/L NH_4Cl溶液、0.1 mol/L Na_2S溶液、0.1 mol/L $FeCl_3$溶液、0.1 mol/L NH_4Ac溶液、0.1 mol/L $Al_2(SO_4)_3$溶液的pH。

(2) 用pH试纸分别检测0.2 mol/L Na_3PO_4溶液、0.2 mol/L Na_2HPO_4溶液、0.2 mol/L NaH_2PO_4溶液的pH,与计算值比较。

(3) 用酚酞作指示剂,试验温度对0.5 mol/L的NaAc溶液水解的影响。

(4) 在两支含有1 mL水的试管中分别加入3滴0.5 mol/L的$SnCl_2$溶液和3滴2 mol/L的$FeCl_3$溶液,水浴加热,溶液有何变化?离心沉降后除去清液,固体分别加1 mL浓HCl有何现象产生?

(5) 在试管中加入少量的 $BiCl_3$ 固体,再加少量水,摇匀,有何现象产生？用 pH 试纸测定溶液的 pH。加入 6 mol/L HCl 溶液后,沉淀是否溶解？若将溶液稀释,又有什么变化,为什么？

(6) 在装有饱和 $Al_2(SO_4)_3$ 溶液的试管中,加入约 2 倍体积的饱和 Na_2CO_3 溶液,有什么现象？若现象不明显可稍加热,设法证明沉淀是 $Al(OH)_3$,并写出反应式。

4. 同离子效应

(1) 在试管中加入 2 mL 0.1 mol/L 的 HAc 溶液和 1 滴甲基橙指示剂,摇匀,溶液显什么颜色？将其分装两支试管中,其中一支加入少量固体 NaAc,摇动至固体全部溶解,观察溶液颜色的变化,说明其原因。

(2) 以 0.1 mol/L 的 $NH_3 \cdot H_2O$ 为例,设计一个实验,证明同离子效应。

5. 缓冲溶液

(1) 缓冲溶液的配制

表 3-2

缓冲溶液	pH	各组分的体积(mL)		pH(实验值)
甲	4.74	0.1 mol/L HAc 溶液	20 mL	
		0.1 mol/L NaAc 溶液	20 mL	
乙	9.26	0.1 mol/L $NH_3 \cdot H_2O$ 溶液	20 mL	
		0.1 mol/L NH_4Cl 溶液	20 mL	

(2) 缓冲溶液的性质

取两支试管,分别加 5 mL 甲缓冲液和 pH=5 的 HCl 溶液,然后在两支试管中各加入 5 滴 0.1 mol/L HCl 溶液,用 pH 试纸测定它们的 pH。

用同样的方法,试验 5 滴 0.1 mol/L NaOH 溶液对两溶液 pH 的影响,记录实验结果。

表 3-3

试 管	溶 液	酸、碱加入量	pH
1	甲缓冲液	5 滴 HCl 溶液	
2	pH=5 的 HCl	5 滴 HCl 溶液	
3	甲缓冲液	5 滴 NaOH 溶液	
4	pH=5 的 HCl	5 滴 NaOH 溶液	

分别取 5 mL 甲缓冲液和乙缓冲液、pH=5 的 HCl 溶液、pH=10 的 NaOH 溶液,各加入 1 mL 水,用 pH 试纸测定它们的 pH。

表 3-4

试 管	溶 液	pH
1	甲缓冲液	
2	乙缓冲液	
3	pH=5 的 HCl 溶液	
4	pH=10 的 NaOH 溶液	

在甲、乙两种缓冲溶液中,各加入 5 mL 0.1 mol/L NaOH 溶液、5 mL 0.1 mol/L HCl 溶液、20 mL 水,用 pH 试纸测 pH。

表 3-5

溶 液	酸、碱加入量	pH
甲缓冲液	5 mL NaOH 溶液	
乙缓冲液	5 mL NaOH 溶液	
甲缓冲液	5 mL HCl 溶液	
乙缓冲液	5 mL HCl 溶液	
甲缓冲液	20 mL 水	
乙缓冲液	20 mL 水	

6. 胶体溶液

(1) 氢氧化铁胶体的制备

往 100 mL 烧杯中加入 50 mL 蒸馏水并加热至沸腾,向沸水中滴加几滴饱和氯化铁溶液,继续煮沸至溶液呈红褐色时立即停止加热。

(2) 胶体的电泳现象

将氢氧化铁胶体置于 U 型管中,用长滴管吸取稀硝酸钾溶液,分别沿 U 型管两口的管壁交替地缓慢滴入,使胶体的表面浮有一层硝酸钾溶液,将石墨电极插入硝酸钾溶液中,注意电极不能接触胶体(距离 1 cm 左右),接通直流电源,调节外加电压(150 V),控制电泳速度。半小时后,由界面移动方向判断氢氧化铁胶粒所带电荷的符号,并写出氢氧化铁胶团的结构。

(3) 胶体的丁达尔现象

用聚光手电筒分别照射置于暗处的硫酸铜溶液和氢氧化铁胶体,从垂直于光线的方向观察实验现象。

(4) 胶体的净水作用

在两只烧杯中分别加入相同量的含有悬浮颗粒物的浑浊河水,再向其中一只烧杯加入 10mL 氢氧化铁胶体,搅拌后静置片刻,比较两只烧杯中液体的澄清度。

(5) 胶体的渗析

取一支大试管,往试管里注入淀粉胶体和食盐溶液的混合液体。然后用半透膜将试管口封好,把试管口倒插入盛有蒸馏水的烧杯。5 min 后,用两个试管各取烧杯里的液体少量。向其中一个试管里注入少量硝酸银溶液;向另一个试管里注入少量碘水。观察这两个试管里所发生的变化。

(6) 胶体的凝聚

取少量氢氧化铁胶体加热,观察实验现象。

取少量氢氧化铁胶体,加入饱和硫酸铵溶液,观察实验现象。

五、注意事项

(1) 制备氢氧化铁胶体时不能用玻璃棒搅拌,否则溶液出现浑浊;当反应体系呈现红褐色,即制得氢氧化铁胶体,应立即停止加热,否则会使胶体凝聚,产生红褐色的氢氧化铁沉淀。

(2) 胶体渗析时,也可用未破损的半透膜袋。不能用自来水代替蒸馏水。一般要在 5 min 以后再做 Cl^- 的检验,否则 Cl^- 太少,现象不明显。

六、思考题

(1) 用酚酞是否能正确指示 HAc 或 NH_4Cl 溶液的 pH? 为什么?
(2) 为什么 NaH_2PO_4 溶液显微酸性,Na_2HPO_4 溶液呈微碱性,Na_3PO_4 溶液呈碱性?
(3) $NaHCO_3$ 溶液是否具有缓冲能力,为什么?
(4) 如何配制 $SnCl_2$、$Bi(NO_3)_3$ 及 Na_2S 溶液?
(5) 为什么检验氨气时,用湿润的红色石蕊试纸;而测定某溶液的酸碱性时,直接将溶液用玻璃棒点在 pH 试纸上?

实验四　醋酸解离常数的测定

一、实验目的

(1) 学习酸度计的使用方法。
(2) 掌握测定醋酸解离常数的原理及方法。
(3) 复习移液管、吸量管、容量瓶的操作方法。

二、实验原理

化学平衡常数的大小可以表明反应进行的程度,是研究各类化学反应的重要依据。化学平衡主要有酸碱平衡、配位平衡、氧化还原平衡、沉淀溶解平衡等。各类平衡的平衡常数均可通过实验方法测得。

本实验通过测定不同浓度的醋酸溶液的 pH,来求醋酸的解离平衡常数。

醋酸(HAc)是弱电解质,在水溶液中存在下列解离平衡:

$$HAc \rightleftharpoons H^+ + Ac^-$$

$$K_a = \frac{c_{H^+} \cdot c_{Ac^-}}{c_{HAc}} = \frac{(c\alpha)^2}{c(1-\alpha)} = \frac{c\alpha^2}{1-\alpha} \quad (式3-2)$$

当 $c/K_a > 400$ 时,可以认为 $1-\alpha \approx 1$,做近似处理得:

$$c_{H^+} = \sqrt{K_a c} \quad (式3-3)$$

在一定温度下,用酸度计测定一系列已知浓度的醋酸溶液的 pH,根据 $pH = -\lg c_{H^+}$,可求得各浓度 HAc 溶液对应的 c_{H^+},代入上式可求得一系列对应的 K 值,取其平均值,即得该温度下醋酸的解离常数 K_a。

三、实验用品

1. 仪器

PHS-3C 型酸度计,容量瓶(50 mL)4 个,吸量管(10 mL),移液管(25 mL),烧杯(50 mL)5 个。

2. 药品

0.200 0 mol/L 醋酸溶液,实验室已标定。

四、实验内容

1. 配制不同浓度的醋酸溶液

将四只 50.00 mL 容量瓶编成 1~4 号,用吸量管、移液管分别移取 2.50 mL、5.00 mL、10.00 mL、25.00 mL 已标定的醋酸溶液,把它们分别加入 1~4 号容量瓶中,再用蒸馏水稀释到刻度,摇匀,计算出这四瓶醋酸溶液的准确浓度,填入表 3-6 中。加上已标定的 HAc 溶液,共有五种不同浓度的醋酸溶液。

2. 测定醋酸溶液的 pH

把稀释后的醋酸溶液和原醋酸溶液,按照由稀到浓的次序,分别放入五个干燥的 50 mL 烧杯中,编号 1~5 号,用酸度计分别依次测定它们的 pH,记录数据和室温,填入表 3-6 中。

五、实验结果

1. 数据记录

表 3-6   室温=_____℃

烧杯编号	V_{HAc} (mL)	c_{HAc} (mol/L)	pH	c_{H^+} (mol/L)	c_{Ac^-} (mol/L)	c_{HAc} (mol/L)	K_a 测定值	K_a 平均值
1	2.50							
2	5.00							
3	10.00							
4	25.00							
5	50.00							

2. 结果计算

根据实验数据计算出五个不同浓度醋酸溶液的解离常数,并求其平均值。

$$K_a = \frac{c_{H^+} \cdot c_{Ac^-}}{c_{HAc}}$$

六、注意事项

(1) 配制不同浓度的 HAc 溶液时,必须按照吸量管(移液管)、容量瓶的使用方法进行,确保浓度准确。

(2) 测定溶液的 pH,必须按照一定型号酸度计的操作步骤进行。酸度计预热半小时后,调节与校正零点,调节温度调节器、定位调节器,测量时定位调节器不能再动。电极从一种溶液中取出后,应用去离子水冲洗(冲洗时下面放个烧杯),然后用滤纸吸干电极上的水,再测定另一浓度溶液的 pH。

七、思考题

(1) 烧杯是否必须烘干? 容量瓶是否要用醋酸溶液润洗? 为什么?
(2) 改变所测醋酸溶液的浓度,解离常数有无变化? 若改变温度,解离常数有无变化?
(3) 测量时为什么要按照醋酸溶液浓度由低到高的顺序进行测量?

实验五　配合物的性质

一、实验目的

(1) 比较配合物与简单化合物、复盐的区别。
(2) 掌握配离子形成、离解以及某些离子的颜色试验。
(3) 理解配合物形成时氧化还原性质的改变。
(4) 练习离心分离操作及利用配位反应进行混合离子的分离技术。

二、实验原理

含有配离子的化合物称为配合物。复盐在溶液中能全部离解成简单离子,而配离子在溶液中只能部分离解成简单离子。

由于配离子在溶液中存在着离解平衡,故应有 $K_{不稳}$ 常数存在,它是一个标志配离子稳定程度的物理量。在相同情况下,配离子的 $K_{不稳}$ 数值越小,$K_{稳}$ 数值越大,表示配合物的稳定性越大。

通过配位反应形成的配合物,其许多性质如溶解度、颜色、氧化还原性等都与组成配合物的原物质(中心离子、配位体)有很大不同。如 AgCl 在水中的溶解度很小,但在氨水中因生成了 $[Ag(NH_3)_2]^+$,溶解度变得很大。又如 Co^{2+} 的水合离子为粉红色,而与 KSCN 作用则生成蓝色的 $[Co(SCN)_4]^{2-}$。再如 Hg^{2+} 可氧化 Sn^{2+},而形成 $[HgI_4]^{2-}$ 后 Hg^{2+} 的浓度变得很小,致使其氧化能力降低,不再与 Sn^{2+} 发生反应,其形成配离子的反应如下:

$$Hg^{2+} + 2I^- \rightleftharpoons HgI_2 \downarrow (橙红)$$
$$HgI_2 + 2I^- \rightleftharpoons [HgI_4]^{2-} (无色)$$

当配位平衡的条件改变,如加入一定的沉淀剂时,可因生成更难溶物质而使配离子破坏,造成配合物向沉淀转化。如:

$$AgCl + 2NH_3 \rightleftharpoons [Ag(NH_3)_2]^+ + Cl^-$$
$$[Ag(NH_3)_2]^+ + Br^- \rightleftharpoons AgBr \downarrow + 2NH_3$$

三、实验用品

1. 仪器

离心试管及试管架,离心机。

2. 试剂

0.1 mol/L FeCl$_3$ 溶液,0.1 mol/L NH$_4$Fe(SO$_4$)$_2$ 溶液,0.1 mol/L K$_3$[Fe(CN)$_6$]溶液,0.1 mol/L BaCl$_2$ 溶液,0.1 mol/L KSCN 溶液,0.1 mol/L CuSO$_4$ 溶液,6 mol/L NH$_3$·H$_2$O 溶液,2 mol/L NaOH 溶液,0.5 mol/L Na$_2$S 溶液,CuCl$_2$ 固体,浓 HCl,饱和 NaF 溶液,饱和 KSCN 溶液,0.1 mol/L CoCl$_2$ 溶液,NaF 固体,0.1 mol/L KI 溶液,0.1 mol/L HgCl$_2$ 溶液,0.1 mol/L SnCl$_2$ 溶液,0.1 mol/L NaCl 溶液,0.1 mol/L AgNO$_3$ 溶液,2 mol/L 氨水,0.1 mol/L KBr 溶液,0.1 mol/L Na$_2$S$_2$O$_3$ 溶液,0.1 mol/L Cu(NO$_3$)$_2$ 溶液,0.1 mol/L Fe(NO$_3$)$_3$ 溶液,丙酮。

四、实验内容

1. 配合物与简单化合物、复盐的区别

在三支试管中分别加入浓度为 0.1 mol/L 的 FeCl$_3$、NH$_4$Fe(SO$_4$)$_2$、K$_3$[Fe(CN)$_6$]溶液各 10 滴,然后各加入浓度为 0.1 mol/L 的 KSCN 溶液 2 滴,观察并记录现象,解释并写出反应方程式。

2. 配离子的生成和离解

取浓度为 0.1 mol/L 的 CuSO$_4$ 溶液 1 mL,逐滴加入 6 mol/L 的 NH$_3$·H$_2$O,观察记录现象并写出反应方程式。继续滴加氨水,至生成的沉淀完全溶解。再多加数滴,将此溶液分成三份。

在一份溶液中加入 2 mol/L 的 NaOH 溶液 2 滴,观察现象,解释。

在另一份溶液中加入 0.5 mol/L 的 Na$_2$S 溶液 2 滴,观察现象,解释并写出反应方程式。

在第三份溶液中逐滴加入浓度为 0.1 mol/L 的 BaCl$_2$ 溶液,观察现象,解释并写出反应方程式。

3. 配合物生成时颜色的改变

(1) 取 0.1 mol/L 的 FeCl$_3$ 溶液 1 mL,加入 0.1 mol/L 的 KSCN 溶液 1 滴,观察溶液颜色的变化。再逐滴加入饱和 NaF 溶液,又有何变化?解释并写出反应方程式。

(2) 取一支试管,加入 1.5 mL 水,再加入少量的 CuCl$_2$ 固体,振荡溶解后,观察颜色,逐滴加入浓 HCl,观察颜色有何变化?然后再逐滴加水稀释,观察颜色又有何变化?解释并写出反应方程式。

(3) 取 0.1 mol/L 的 CoCl$_2$ 溶液 5 滴,加入饱和 KSCN 溶液 5~8 滴,再加入几滴丙酮,观察现象。

4. 配位平衡与氧化还原平衡

(1) 取两支试管,各加入 0.1 mol/L 的 FeCl$_3$ 溶液 10 滴,在其中一试管内加入少许 NaF 固体,使溶液黄色褪去。然后分别向两支试管中加入 0.1 mol/L KI 溶液 10 滴,观察现象,解释并写出反应方程式。

(2) 取两支试管,各加入 0.1 mol/L 的 HgCl$_2$ 溶液 5 滴,在其中一试管中逐滴加入 0.1 mol/L KI 溶液至生成的沉淀又消失。然后在两试管中分别逐滴加入 0.1 mol/L 的 SnCl$_2$ 溶液,观察现象,解释并写出有关反应方程式。

5. 配位平衡与沉淀溶解平衡

在离心管中加 0.1 mol/L 的 NaCl 溶液 5 滴,再加 0.1 mol/L 的 AgNO$_3$ 溶液 5 滴,振荡试管,离心分离,弃去清液。在沉淀中逐滴加入 2 mol/L 的氨水至沉淀溶解。在该溶液中再加入 0.1 mol/L 的 KBr 溶液 5 滴,观察现象。再多加 1 滴,检查沉淀是否完全,离心分离,弃去清液。在沉淀中逐滴加入 0.1 mol/L 的 $Na_2S_2O_3$ 溶液,使沉淀溶解。在所得的溶液中再逐滴加入浓度为 0.1 mol/L 的 KI 溶液,观察是否有沉淀生成。

由上述实验归纳出沉淀平衡与配位平衡的相互关系。

6. 利用配位反应分离混合离子

取浓度均为 0.1 mol/L 的 $AgNO_3$、$Cu(NO_3)_2$、$Fe(NO_3)_3$ 溶液各 5 滴于同一试管中,振荡混合,自行设计实验步骤将其分离。

五、注意事项

(1) 制备 $[Cu(NH_3)_4]SO_4$ 时,必须逐滴加入氨水,才能观察到所有的实验现象。

(2) 在 $HgCl_2$ 溶液中,逐滴加入 $SnCl_2$ 溶液,才能观察到所有的实验现象。

六、思考题

(1) 配合物和复盐在本质上有何区别?

(2) $[HgI_4]^{2-}$ 为什么不和 Sn^{2+} 发生氧化还原反应?

(3) 画出分离 Ag^+、Cu^{2+}、Fe^{3+} 混合离子溶液的示意图。

(4) $FeCl_3$ 溶液中加入过量的 KI 溶液,再加入少量 KSCN 溶液,是否会出现血红色?为什么?

实验六 电子分析天平称量

一、实验目的

(1) 了解常用的试样称量方法。

(2) 练习并初步掌握差减法称量。

(3) 学习电子分析天平的使用方法,熟悉电子分析天平使用规则。

(4) 培养学生准确、简明地记录实验原始数据的习惯。

二、实验原理

在分析天平称量过程中,根据试样的性质和分析要求不同,可分别采用直接称量法、差减称量法、固定质量称量法等进行称量。

1. 直接称量法

当天平零点调好后,将被称物直接放在天平盘上,按天平使用方法进行称量,所得读数即为被称物的质量,此为直接称量法。直接称量法适用于称量洁净干燥的器皿、棒状或块状的金属等。

对于试样的称取,一般采用差减称量法和固定质量称量法。

2. 差减称量法(又称差量称量法)

差减称量法中常用到称量瓶,使用前应将称量瓶洗净烘干。差减称量法称量时,先在称量瓶中放入被称试样,准确称取称量瓶和试样的总质量,然后向接受容器中倒出所需量的试样,再准确称量剩余试样和称量瓶的质量,两次称量的质量之差即为倒入接收器中的试样质量。如此重复操作,可连续称取若干份样品。

差减称量法适用性广,对于连续称取几份试样较为方便,对吸湿性强、易吸收空气中二氧化碳等的试样更为适用。

3. 固定质量称量法

为了配制准确浓度的标准溶液或为了计算方便,对于在称量中不易吸水、在空气中性质稳定的试样,如金属、矿石等,可采用固定质量称量法。例如指定称取 0.300 0 g 试样时,先称器皿(如表面皿)的质量,固定加 0.300 0 g 砝码,然后在容器中加入略少于 0.3 g 的试样,再轻轻抖动药匙使试样慢慢撒入容器中,直至平衡为止。

这种称量方法操作速度很慢,适用于不易吸湿的颗粒状或粉末状样品的称量。

三、实验用品

1. 仪器

电子分析天平,称量瓶,烧杯,表面皿等。

2. 药品

称量试样(如碳酸钙、土样、氯化钠等)。

四、实验内容

1. 直接法称量

(1) 分析天平的检查与调零。

(2) 直接称量法称取小烧杯和表面皿的质量。

2. 减量法称量

差减称量法称取两份 0.20~0.30 g 试样。

五、实验结果

1. 电子分析天平直接法称量的数据记录

表 3-7

称量物	质　量(g)
小烧杯	
表面皿	

2. 电子分析天平差量法称量的数据记录

表 3-8

项　目	质　量(g)
称量瓶＋试样质量　（m_a）	
第一次倾倒后称量瓶＋试样质量　（m_b）	
第一份试样质量　$m_1=m_a-m_b$	
第二次倾倒后称量瓶＋试样质量　（m_c）	
第二份试样质量　$m_2=m_b-m_c$	

六、注意事项

(1) 初次使用分析天平，操作不熟练，同时对物体质量的估计缺乏经验时，可先在台秤上粗称，然后在分析天平上称出精确的质量。在称量比较熟练的情况下，宜直接在分析天平上精确称量。

(2) 严格按分析天平的使用规则和操作步骤进行。称量时不能用手直接取放被称物，可采用薄细纱手套、垫纸条、用镊子或钳子等适宜的方法。倾倒样品时，不要使样品撒落在接受容器外。

(3) 不得随意改变天平的位置，否则必须重新调水平。天平使用完毕应关闭旋钮，切断电源。

(4) 记录数据时，应按仪器的精度和有效数字的规则进行。

七、思考题

(1) 使用天平时，为什么动作要轻？
(2) 直接称量法和差减称量法分别适用于什么情况？

实验七　溶液 pH 的测定

溶液 pH 测定

一、实验目的

(1) 通过实验，加深对酸度计测定溶液 pH 原理的理解。
(2) 熟练掌握酸度计的使用方法。

二、实验原理

pH 是水溶液最重要的理化参数之一。凡涉及水溶液的自然现象、化学变化以及生产过程都与 pH 有关，因此，在工业、农业、医学、环保和科研领域都需要测量 pH。

pH 计（酸度计）是一个精密电位计，是测量溶液的电位然后得出其 pH 的常用仪器。通常用玻璃电极为指示电极（电池负极），饱和甘汞电极为参比电极（电池正极）组成电池。其原电池的电动势 E 与溶液的 pH 存在下列关系：

$$E = K' + 0.059\text{pH} \qquad\qquad (式3-4)$$

由测得的电动势虽然能算出溶液的 pH，但因上式中的 K' 值是由内外参比电极以及难于计算的不对称电位和液接电位所决定的常数，实际计算并非易事，因此，在实际工作中，当用酸度计测定溶液的 pH 时，经常用已知 pH 的标准缓冲溶液来校正酸度计，也叫作定位。校正过的酸度计可直接测定待测水溶液的 pH。

三、实验用品

1. 仪器

PHS-3C 酸度计 1 台，复合电极 1 支，50 mL 烧杯 6 个，洗瓶 1 个，滤纸 1 卷，广泛 pH 试纸。

2. 药品

pH=6.86 的标准缓冲溶液，pH=4.00 的标准缓冲溶液，pH=9.18 的标准缓冲溶液，三种待测未知溶液——天然水、可口可乐、苏打水。

四、实验内容

1. 仪器的标定

打开电源开关，预热 30 min。

(1) 在测量电极插座处拔去短路插头，插上复合电极。

(2) 按下"pH"按键，使仪器进入 pH 测定状态。

(3) 按温度按钮，调节"温度"使指示的温度与溶液的温度相同，按确认键。

(4) 仪器回到 pH 测量状态。

(5) 用蒸馏水冲洗电极，用滤纸吸干，把电极插入 pH=6.86 的标准缓冲溶液中，按定位键，摇动溶液，等读数稳定，按上、下键使仪器显示读数与该缓冲溶液当时温度下的 pH 相一致。然后按确认键。

(6) 用蒸馏水清洗电极，然后按斜率键，电极插入 pH=4.00（或 pH=9.18）的标准缓冲溶液中，等到读数稳定后按上、下键，使仪器显示读数与该缓冲液的 pH 一致。然后按确认键。

(7) 仪器完成标定，定位调节按钮及斜率调节按钮不应再有变动。

2. 测量被测溶液的 pH

(1) 将电极夹向上移出，用蒸馏水清洗电极头部，并用被测溶液清洗一次。

(2) 把电极插入被测溶液中，用玻璃棒搅拌溶液。

(3) 溶液均匀后在显示屏上读出该溶液的 pH。三种未知溶液 pH 各测三次，正确记录，注意有效数字，求出平均值。

(4) 测量完毕，关闭电源开关，将电极与烧杯冲洗干净。

五、注意事项

(1) 使用酸度计前，必须了解其性能，并严格按说明书进行操作。

(2) 测定前应把试样与缓冲溶液置于实验室内一段时间，使它们温度趋于一致。

(3) 使用复合电极时，第一次使用（护套内无溶液）或长时间停用的 pH 电极在使用前必须在 3 mol/L 氯化钾溶液中浸泡 24 h。测量完,电极应插到装有氯化钾溶液的护套中,经常观察电极棒内的氯化钾的量,一般不要少于一半,要及时添加,上部塞子测量时拔出,不测量时塞上。电极应避免长期浸在蒸馏水、蛋白质溶液和酸性氟化物溶液中。电极应避免与有机硅油接触。pH 复合电极的使用中,最容易出现问题的是外参比电极的液接界处,液接界处的堵塞是产生误差的主要原因。

六、思考题

(1) 为什么要用标准缓冲液进行定位?
(2) 如何测定一个未知溶液的 pH?

实验八　氯化钠标准溶液的直接法配制

一、实验目的

(1) 学会准确配制一定物质的量浓度的标准溶液的方法。
(2) 掌握容量瓶的使用方法。
(3) 巩固物质的量浓度的相关计算。

二、实验原理

能用于直接法配制标准溶液的物质,一定符合基准物质的条件。氯化钠纯度高,性质稳定,化学式与实际组成一致,易溶于水,符合基准物质的条件。用分析天平称取一定质量氯化钠溶于蒸馏水,定容至所需体积,即可配制一定浓度的标准溶液。通过公式,即可计算出所得标准溶液的准确浓度。

三、实验用品

1. 仪器

容量瓶(100 mL),电子分析天平(万分之一精度),药匙,烧杯(100 mL、250 mL),玻璃棒,洗瓶,胶头滴管,滤纸片。

2. 药品

分析纯氯化钠,蒸馏水。

四、实验内容

配制 100 mL 0.1 mol/L 的 NaCl 标准溶液一份。具体操作步骤如下:
(1) 选择 100 mL 的容量瓶。
(2) 检漏　使用前检查容量瓶是否漏水。在瓶内加水,塞好瓶塞,一手拿瓶,另一手顶住瓶塞,将瓶倒立,观察瓶塞周围是否有水漏出,并用滤纸片试漏。如不漏,把塞子旋转 180°,塞紧,倒置,再检查这个方向是否漏水。
(3) 洗涤　加入适量洗涤剂浸泡容量瓶,再用自来水冲洗干净,最后用蒸馏水淋洗干净。
(4) 计算　计算配制 100 mL 0.1 mol/L NaCl 溶液所需 NaCl 的质量。

$$\begin{aligned} m &= n \times M = C \times V \times M \\ &= 0.1\,\text{mol/L} \times 0.1\,\text{L} \times 58.50\,\text{g/mol} \\ &= 0.5850\,\text{g} \end{aligned}$$

(5) **称量** 用电子分析天平先称量干燥、洁净的小烧杯的质量,按去皮重键,向天平盘的烧杯中添加分析纯 NaCl 固体 0.5850 g 至天平平衡,记录读数。

(6) **溶解** 在盛有 NaCl 固体的小烧杯中加入适量蒸馏水,用玻璃棒搅拌,使其完全溶解。

图 3-5 氯化钠的精确称量及溶解

(7) **转移** 将溶液沿玻璃棒注入 100 mL 容量瓶中。

(8) **洗涤** 用少量蒸馏水洗烧杯 3 次,并将洗涤液转移至容量瓶中。

(9) **定容** 加水至容量瓶容积 2/3 处,平摇,继续加水至距刻度线约 1 cm 处,改用胶头滴管滴至溶液弯月面的最低点恰好与容量瓶上标线水平相切。

图 3-6 氯化钠溶液的转移和定容

(10) **摇匀** 盖好瓶塞,来回颠倒摇晃 20 余次。

(11) **保存** 将配好的溶液倒入试剂瓶中,贴上标签。

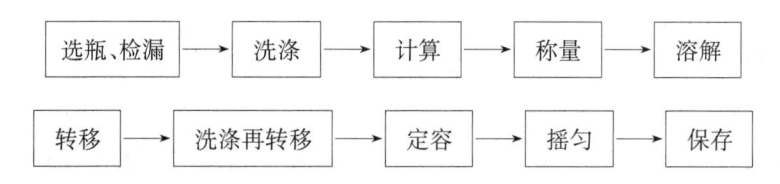

```
选瓶、检漏 → 洗涤 → 计算 → 称量 → 溶解
转移 → 洗涤再转移 → 定容 → 摇匀 → 保存
```

图 3-7 配制氯化钠标准溶液的操作流程图

五、注意事项

(1) 容量瓶是高精度仪器，绝对禁止刷洗，因为刷洗会使其体积增大。
(2) 合适的瓶塞要用小绳系在瓶颈上，以免打碎或遗失。
(3) 热溶液要冷至室温才能倾入容量瓶中，否则溶液的体积会有误差。
(4) 必要时，容量瓶的体积也应进行校正。
(5) 计算结果保留到小数点后 4 位有效数字。

六、思考题

(1) 基准物质的条件有哪些？
(2) 哪些操作失误会导致配制的氯化钠标准溶液浓度偏低？

实验九　滴定分析基本操作

滴定分析操作

一、实验目的

(1) 学习滴定管、移液管的准备和使用方法。
(2) 学会滴定分析的基本操作。
(3) 通过甲基红、酚酞指示剂的使用，学会观察与判断酸碱滴定终点。

二、实验原理

滴定分析法是将一种已知准确浓度的试剂溶液滴加到待测物质的溶液中，直到化学反应定量完成，然后根据所消耗溶液的浓度和体积，计算待测物质含量的分析方法。滴定分析法又叫作容量分析法。

滴定分析法中准确量取液体体积的玻璃仪器叫作量器，主要有移液管（吸量管）、容量瓶、滴定管等，正确掌握这些量器的使用方法是滴定分析中一项基本操作技能，也是获得准确分析结果的必要条件。

本实验是用一定浓度的 HCl 和 NaOH 溶液相互滴定，练习滴定操作技术及判断终点的方法。HCl 和 NaOH 反应达化学计量点时：

$$c_{HCl}V_{HCl}=c_{NaOH}V_{NaOH} \tag{式3-5}$$

只要标定其中任何一种溶液的浓度，由滴定的结果就可以计算出另一种溶液的浓度。

本实验中用 HCl 溶液滴定 NaOH 溶液时，以甲基红为指示剂；用 NaOH 溶液滴定 HCl 溶液时，以酚酞为指示剂。

三、实验用品

1. 仪器

碱式滴定管(50 mL),酸式滴定管(50 mL),移液管(25 mL),锥形瓶(250 mL),洗耳球,滴定台,滴定夹,洗瓶等。

2. 药品

0.1 mol/L HCl 溶液,0.1 mol/L NaOH 溶液,酚酞指示剂,甲基红指示剂等。

四、实验内容

1. 仪器使用基本练习

(1) 练习移液管的洗涤

用自来水练习移液管的洗涤、吸液和放液操作。

(2) 练习滴定管的洗涤与试漏

用自来水练习滴定管的洗涤、排气泡、读数以及滴定管的滴速控制。

用锥形瓶练习滴定过程中的两手配合操作。

2. 酸碱滴定练习

(1) 用 0.1 mol/L NaOH 溶液滴定 0.1 mol/L HCl 溶液

用移液管准确移取 25.00 mL 的 0.1 mol/L HCl 溶液于 250 mL 锥形瓶中,加入 2 滴酚酞指示剂,用 0.1 mol/L NaOH 溶液滴定。边滴边摇动锥形瓶,使溶液充分反应。待滴定近终点时,用去离子水冲洗溅在瓶壁上的酸液或碱液,再继续逐滴加入 NaOH 溶液,至溶液恰好由无色转变为粉红色,且半分钟不褪色即为终点。读取并记录 NaOH 溶液的精确体积,平行测定三次。

(2) 用 0.1 mol/L HCl 溶液滴定 0.1 mol/L NaOH 溶液

用移液管准确移取 25.00 mL 的 0.1 mol/L NaOH 溶液于 250 mL 锥形瓶中,加入 2 滴甲基红指示剂,用 0.1 mol/L HCl 溶液滴定。边滴边摇动锥形瓶,使溶液充分反应。待滴定近终点时,用去离子水冲洗溅在瓶壁上的酸液或碱液,再继续逐滴加入 HCl 溶液,至溶液恰好由黄色转变为橙色为止。读取并记录 HCl 溶液的精确体积,平行测定三次。

五、实验结果

1. 数据记录

(1) 用 NaOH 溶液滴定 HCl 溶液

表 3-9

测定次数	Ⅰ	Ⅱ	Ⅲ
HCl 溶液体积(mL)	25.00	25.00	25.00
NaOH 终读数(mL)			
NaOH 初读数(mL)			
NaOH 溶液体积(mL)			
NaOH 体积平均值(mL)			

(2) 用 HCl 溶液滴定 NaOH 溶液

表 3-10

测定次数	Ⅰ	Ⅱ	Ⅲ
NaOH 溶液体积(mL)	25.00	25.00	25.00
HCl 终读数(mL)			
HCl 初读数(mL)			
HCl 溶液体积(mL)			
HCl 体积平均值(mL)			

2. 结果计算

$$c_{HCl}V_{HCl}=c_{NaOH}V_{NaOH}$$

六、注意事项

(1) 滴定管、移液管在装液前必须用待装液润洗,锥形瓶、容量瓶不能用待装液润洗。
(2) 滴定管进行读数时,必须遵循有效数字的规则。
(3) 滴定操作要规范化。
(4) 标准溶液不能借助于其他容器装入滴定管。

七、思考题

(1) 移液管移液排空后,残留在下端尖嘴部的少量溶液应如何处理?
(2) 使用滴定管进行读数时,如果视线高于或低于弯月面,所读刻度与正确的相比有何变化?
(3) 如果滴定管装液前没有用待装液润洗,会造成什么后果?
(4) 滴定用的锥形瓶使用前是否需要干燥?是否需要用待装液润洗?为什么?

实验十 酸碱标准溶液的配制及标定

标准溶液标定

一、实验目的

(1) 掌握酸碱标准溶液的配制方法。
(2) 掌握差减称量法称取基准物质的方法。
(3) 练习滴定操作基本技术。
(4) 学习用硼砂标定盐酸溶液的方法和用邻苯二甲酸氢钾标定氢氧化钠溶液的方法。

二、实验原理

酸碱滴定中常用盐酸和氢氧化钠配制成酸碱标准溶液,但由于浓盐酸不仅含有杂质,而且容易挥发,而氢氧化钠易吸收空气中的水分和二氧化碳,不符合基准物质的条件,故无法直接配制成标准溶液,只能用间接法配制,即先将盐酸和氢氧化钠配成近似所需浓度的溶液,然后用基准物质标定其准确浓度。

标定盐酸常用的基准物质有无水碳酸钠和硼砂($Na_2B_4O_7 \cdot 10H_2O$)。其中硼砂较易提纯,不易吸湿,性质比较稳定,而且摩尔质量较大,可以减少称量误差,故常用其标定盐酸溶液的浓度。硼砂与盐酸的反应为:

$$Na_2B_4O_7 \cdot 10H_2O + 2HCl = 2NaCl + 4H_3BO_3 + 5H_2O$$

在化学计量点时,由于生成的硼酸是弱酸,溶液的 pH 约为 5,可用甲基红作指示剂。

本实验采用称取硼砂后直接用盐酸滴定的方法进行操作,根据所称硼砂的质量和滴定所用盐酸溶液的体积,可以求出盐酸溶液的准确浓度。

标定氢氧化钠的浓度常用草酸或邻苯二甲酸氢钾作为基准物质,本实验采用邻苯二甲酸氢钾标定氢氧化钠溶液,反应的方程式为:

$$KHC_8H_4O_4 + NaOH = KNaC_8H_4O_4 + H_2O$$

到达化学计量点时,溶液显碱性,可选用酚酞指示剂。

三、实验用品

1. 仪器

容量瓶(100 mL),量筒(5 mL 和 500 mL),烧杯(500 mL),玻璃棒,试剂瓶(500 mL),橡皮塞,玻璃塞,移液管,酸式滴定管(50 mL),碱式滴定管(50 mL),锥形瓶(250 mL),洗瓶,台秤,分析天平。

2. 试剂

浓 HCl(分析纯),NaOH(分析纯),硼砂(分析纯),$KHC_8H_4O_4$(分析纯),甲基红指示剂,酚酞指示剂等。

四、实验内容

1. 0.1 mol/L HCl 溶液的配制

用洁净的小量筒量取 4.2 mL 浓 HCl 溶液,倒入 500 mL 试剂瓶中,用蒸馏水稀释至 500 mL,盖上玻璃塞摇匀,贴上标签备用。

2. 0.1 mol/L NaOH 溶液的配制

在台秤上称取 2 g 固体 NaOH,放于 500 mL 烧杯中,加 50 mL 蒸馏水使之全部溶解,稀释至 500 mL,转移至 500 mL 试剂瓶中,用橡皮塞塞好瓶口摇匀,贴上标签备用。

3. HCl 溶液的标定

用分析天平准确称取 1.8 g 硼砂基准物于小烧杯中,用少量蒸馏水溶解后,在 100 mL 容量瓶中定容。用移液管准确移取 25 mL 于锥形瓶中,加入甲基红指示剂 2 滴,用待标定的盐酸滴定,至溶液由黄色转变为橙色,记录数据,平行测定三次。

4. NaOH 溶液的标定

用分析天平准确称取 1.6 g $KHC_8H_4O_4$ 基准物质,用少量蒸馏水溶解后,在 100 mL 容量瓶中定容。用移液管准确移取 25 mL 于锥形瓶中,加入酚酞指示剂 2 滴,用待标定的 NaOH 滴定,至溶液由无色转变为粉红色且半分钟不褪色为止,记录数据,平行测定三次。

五、实验结果

1. 数据记录
(1) HCl 溶液的标定

表 3 - 11

测定次数	I	II	III
硼砂＋称量瓶质量(g)			
倾倒后硼砂＋称量瓶质量(g)			
硼砂质量(g)			
HCl 溶液终读数(mL)			
HCl 溶液初读数(mL)			
V_{HCl}(mL)			
c_{HCl}(mol/L)			
c_{HCl}平均值(mol/L)			
偏差			
相对平均偏差(%)			

(2) NaOH 溶液的标定

表 3 - 12

测定次数	I	II	III
$KHC_8H_4O_4$＋称量瓶质量(g)			
倾倒后 $KHC_8H_4O_4$＋称量瓶质量(g)			
$KHC_8H_4O_4$ 质量(g)			
NaOH 溶液终读数(mL)			
NaOH 溶液初读数(mL)			
V_{NaOH}(mL)			
c_{NaOH}(mol/L)			
c_{NaOH}平均值(mol/L)			
偏差			
相对平均偏差(%)			

2. 结果计算

$$c_{HCl} = \frac{m_{Na_2B_4O_7 \cdot 10H_2O} \times 25.00/100.0}{V_{HCl} \times 381.43/2\,000} \tag{式 3-6}$$

$$c_{NaOH} = \frac{m_{KHC_8H_4O_4} \times 25.00/100.0}{M_{KHC_8H_4O_4} V_{NaOH}/1\,000}$$ (式 3-7)

式中:质量单位为 g,体积单位为 mL,浓度单位为 mol/L。

六、注意事项

(1) 滴定操作要规范化。
(2) 终点的判断和控制要准确。
(3) 数据记录和运算应按有效数字的规则进行。
(4) 标准溶液不能借助于其他容器装入滴定管。
(5) 平行实验时,应及时向滴定管中添加标准溶液进行第二份溶液的滴定,以减小误差。
(6) 实验接近终点时,应严格控制滴定速度,半滴半滴加入标准溶液,并用少量蒸馏水冲洗锥形瓶内壁,防止终点拖后。

七、思考题

(1) 盛硼砂的锥形瓶内壁是否必须干燥?为什么?
(2) 盐酸标准溶液浓度的计算公式中 381.4 和 1 000 这两个数值从何而来?
(3) 用邻苯二甲酸氢钾标定氢氧化钠标准溶液时,为什么用酚酞指示剂而不用甲基红指示剂?
(4) 标定时用邻苯二甲酸氢钾比用草酸具有什么优点?

实验十一　铵盐中氮含量的测定

一、实验目的

(1) 了解甲醛法测定氮含量的原理。
(2) 进一步掌握滴定操作的基本技能。
(3) 进一步熟悉分析天平的使用。
(4) 了解酸碱滴定法的实际应用。

氮含量测定

二、实验原理

铵盐中氮含量的测定有蒸馏法和甲醛法两种,用甲醛法测定时,应用的是酸碱滴定中的间接滴定法。

甲醛与铵盐作用后,可生成质子化的六亚甲基四胺和游离的 H^+,反应式如下:

$$4NH_4^+ + 6HCHO = (CH_2)_6N_4H^+ + 3H^+ + 6H_2O$$

反应生成的酸(质子化六亚甲基四胺和游离的 H^+)可以用氢氧化钠标准溶液滴定:

$$(CH_2)_6N_4H^+ + OH^- = (CH_2)_6N_4 + H_2O$$

由于生成的另一种产物六亚甲基四胺[$(CH_2)_6N_4$]是一个很弱的碱,化学计量点时 pH

约为 8.8，因此用酚酞作指示剂。

三、实验用品

1. 仪器

分析天平，称量瓶，碱式滴定管，锥形瓶，量筒，洗瓶，滴定架。

2. 药品

0.1 mol/L 标准氢氧化钠溶液，酚酞指示剂，硫酸铵试样，40%中性甲醛溶液（以酚酞为指示剂，用 0.1 mol/L 氢氧化钠溶液中和至呈粉红色后使用）。

四、实验内容

用差减法准确称取 0.48 g 左右的硫酸铵试样于小烧杯中，用少量蒸馏水溶解后，在 100.0 mL 容量瓶中定容。用移液管准确移取 25.00 mL 于 250 mL 锥形瓶中，再加 4 mL 40%甲醛中性水溶液，加 2 滴酚酞指示剂，充分摇匀后静置 1 min，使反应完全，最后用 0.1 mol/L 氢氧化钠标准溶液滴定到粉红色，且半分钟内不褪色为止。平行测定三次。

五、实验结果

1. 数据记录

表 3-13

测定次数	Ⅰ	Ⅱ	Ⅲ
$(NH_4)_2SO_4$＋称量瓶质量(g)			
倾倒后$(NH_4)_2SO_4$＋称量瓶质量(g)			
$(NH_4)_2SO_4$ 质量(g)			
NaOH 溶液终读数(mL)			
NaOH 溶液初读数(mL)			
V_{NaOH} (mL)			
$w_{(NH_4)_2SO_4}$ (%)			
$w_{(NH_4)_2SO_4}$ 平均值(%)			
偏差			
相对平均偏差(%)			

2. 结果计算

$$w_N = \frac{c_{NaOH} \times V_{NaOH} \times 14.01/1\,000.0}{m_{(NH_4)_2SO_4} \times 25.00/100.0} \times 100\% \qquad (式3-8)$$

式中：体积单位为 mL。

六、注意事项

(1) 甲醛中常含有微量游离酸，应事先中和除去。方法是取原瓶装甲醛溶液的上层清液于烧杯中，用水稀释一倍，以酚酞为指示剂，用 NaOH 标准溶液滴定至粉红色。

(2) 如果铵盐试样中含游离酸，也应事先除去。方法是在铵盐溶液中加甲基红指示剂，用 NaOH 标准溶液滴定至由红色变成橙色为止,但不能用酚酞指示剂,否则将有部分 NH_4^+ 被中和。

(3) 由于 NH_4^+ 与甲醛的反应在室温下进行较慢,故加入甲醛溶液后,需放置几分钟,待反应完全后再滴定。也可温热至 40℃,但不可超过 60℃,以免生成的六亚甲基四胺分解。

七、思考题

(1) 为什么不能直接用 NaOH 标准溶液测定铵盐中的氮?
(2) 能否用甲醛法测定硝酸铵、氯化铵中的含氮量?
(3) 试推导出试样中含氮质量分数的计算公式。

实验十二 食醋总酸度的测定

一、实验目的

(1) 了解强碱滴定弱酸的反应原理及指示剂的选择。
(2) 了解酸碱滴定法的实际应用。
(3) 继续练习滴定操作技术。
(4) 熟悉移液管和容量瓶的使用方法。
(5) 学会食醋中总酸度的测定方法。

二、实验原理

食醋的主要成分是乙酸,此外还含有少量其他弱酸如乳酸等。
以酚酞为指示剂,用氢氧化钠标准溶液滴定可测出酸的总含量,其反应为:

$$HAc + NaOH = NaAc + H_2O$$

由于生成的 NaAc 是强碱弱酸盐,水解后溶液呈碱性,化学计量点时的 pH 约为 8.74,因此以酚酞为指示剂,滴定时滴至微红色。

食醋中醋酸的含量为 3%~5%,浓度较大,必须稀释后滴定。

三、实验用品

1. 仪器

分析天平,碱式滴定管(50 mL),移液管(25 mL),锥形瓶(250 mL),容量瓶(250 mL),洗瓶等。

2. 试剂

0.1 mol/L 标准氢氧化钠溶液,酚酞指示剂,食醋试液。

四、实验内容

1. 试液的稀释

用移液管准确吸取 25.00 mL 食醋试液于 250.0 mL 容量瓶中,用煮沸并冷却后的蒸馏水(不含 CO_2)稀释至刻度,摇匀备用。

2. NaOH 溶液的标定

用分析天平准确称取 0.3~0.4 g $KHC_8H_4O_4$ 基准物质三份,分别放入 250 mL 锥形瓶中,加 20 mL 蒸馏水溶解后,加入酚酞指示剂 2 滴,用待标定的 NaOH 滴定,至溶液由无色转变为粉红色且半分钟不褪色为止,记录每次消耗 NaOH 溶液的体积。平行测定三次。

3. 食酸中总酸度的测定

用移液管准确吸取 25.00 mL 上述食醋稀释液于 250 mL 锥形瓶中,加入 2 滴酚酞指示剂,用 0.1 mol/L 氢氧化钠标准溶液滴定至溶液由无色恰好转变成粉红色且半分钟不褪色为止,记录所用氢氧化钠标准溶液的体积。平行测定三次。

五、实验结果

1. 数据记录

(1) NaOH 溶液的标定

表 3 - 14

测定次数	Ⅰ	Ⅱ	Ⅲ
$KHC_8H_4O_4$ + 称量瓶质量(g)			
倾倒后 $KHC_8H_4O_4$ + 称量瓶质量(g)			
$KHC_8H_4O_4$ 质量(g)			
NaOH 溶液终读数(mL)			
NaOH 溶液初读数(mL)			
V_{NaOH}(mL)			
c_{NaOH}(mol/L)			
c_{NaOH} 平均值(mol/L)			

(2) 食酸中总酸度的测定

表 3 - 15

项 目	Ⅰ	Ⅱ	Ⅲ
NaOH 终读数(mL)			
NaOH 始读数(mL)			
V_{NaOH}(mL)			
c_{HAc}(g/mL)			
c_{HAc} 平均值(g/mL)			
偏差			
相对平均偏差(%)			

2. 结果计算

按式 3-8 计算食醋中的总酸度，以醋酸的质量浓度（g/mL）来表示。

$$c_{HAc} = \frac{c_{NaOH} \times V_{NaOH} \times M_{HAc}/1\,000}{25.00 \times 25.00/250.0} \quad (式3-9)$$

式中：$M_{HAc} = 60.05$ g/mol。

六、注意事项

（1）食醋中 HAc 浓度较大，必须稀释后再滴定。若颜色较深，需用活性炭脱色。

（2）用白醋（食用，总酸量≥6.00 g/100 mL）作为试液进行测定，有利于终点的观察。

（3）稀释食醋的蒸馏水应经过煮沸，以除去 CO_2，否则 CO_2 溶于水生成碳酸，将同时被滴定。

七、思考题

（1）强碱滴定弱酸与强碱滴定强酸相比，滴定过程中溶液的 pH 变化有什么不同？

（2）酸碱滴定法测定食醋中总酸度的依据是什么？

（3）测定食醋中的总酸度时，为什么要用不含 CO_2 的蒸馏水？

（4）用氢氧化钠标准溶液滴定醋酸时为什么要用酚酞作指示剂？能否用甲基红或甲基橙，为什么？

（5）试推导出试样中食醋含量的计算公式。

实验十三　EDTA 标准溶液的配制和标定

一、实验目的

（1）掌握 EDTA 的性质和配位滴定的原理。

（2）掌握 EDTA 溶液的配制和标定方法。

二、实验原理

EDTA 标准溶液通常采用间接法配制。用于标定 EDTA 的基准物质有纯金属（如锌、铜等）、金属氧化物（如氧化锌）或某些盐类（如 $CaCO_3$）等。以 ZnO 为基准物，可使用铬黑 T、二甲酚橙等指示剂；以 $CaCO_3$ 为基准物，可用钙指示剂指示终点。本次实验用 $CaCO_3$ 标定 EDTA。

其变色原理如下：在 pH≥12 的溶液中，选用钙指示剂，在滴定过程中，钙指示剂、EDTA 都能和 Ca^{2+} 生成配合物，其稳定性依次为 $CaY > CaInd^-$。

滴定前钙指示剂和 Ca^{2+} 首先生成酒红色的配合物。随着 EDTA 的滴入，EDTA 先结合 Ca^{2+}，最后夺取与钙指示剂结合的 Ca^{2+}，使指示剂游离出来，溶液颜色由酒红色突变为纯蓝色，即为终点。滴定反应如下：

指示剂反应：　　　　　$HInd^{2-} + Ca^{2+} \rightleftharpoons CaInd^- + H^+$

滴定反应：　　　　　　$Ca^{2+} + H_2Y^{2-} \rightleftharpoons CaY^{2-} + 2H^+$

终点反应： $CaInd^- + H_2Y^{2-} + OH^- \rightleftharpoons CaY^{2-} + HInd^{2-} + H_2O$

三、实验用品

1. 仪器

分析天平,酸式滴定管(50 mL),移液管(25 mL),容量瓶(250 mL、1 000 mL),锥形瓶(250 mL),量筒(10 mL、50 mL),烧杯,玻璃棒,表面皿。

2. 试剂

10% NaOH 溶液,钙指示剂(将钙指示剂与固体 NaCl 按质量比 1:100 混合,研磨混匀,装瓶备用),HCl 溶液(1:1),基准物 $CaCO_3$,$Na_2H_2Y \cdot 2H_2O$(乙二胺四乙酸二钠,即 EDTA)。

四、实验内容

1. 0.01 mol/L EDTA 溶液的配制

称取 1.9 g $Na_2H_2Y \cdot 2H_2O$,即 EDTA,置于 400 mL 烧杯中,加入 200 mL 蒸馏水,加热溶解,冷却后转入试剂瓶中,加水稀释到 500 mL,充分摇匀待标定。

2. EDTA 溶液的标定

用减量法准确称取 0.300 0 g $CaCO_3$,置于小烧杯中,加少量水润湿,盖好表面皿,从杯嘴慢慢滴加 1:1 HCl 溶液至 $CaCO_3$ 完全溶解,加 100 mL 蒸馏水。小火加热煮沸 3 min,除去 CO_2,冷却至室温。用水吹洗表面皿和烧杯内壁,将溶液转入 250 mL 容量瓶中,加水稀释至刻度,充分摇匀,计算钙溶液的准确浓度。

用移液管移取 25.00 mL 上述 Ca^{2+} 标准溶液于 250 mL 锥形瓶中,加 25 mL 水,边摇动边慢慢加入 10 mL 10% NaOH 溶液,调节溶液的 pH 为 12,加少许(约 0.1 g)钙指示剂,摇匀后,用待标定的 EDTA 溶液滴定至溶液由酒红色恰变为纯蓝色,10 s 不褪色即为终点,记录消耗的 EDTA 的体积。平行测定三份,计算 EDTA 溶液的准确浓度。

五、实验结果

表 3-16

项 目	1	2	3
称量瓶和基准物 $CaCO_3$ 的质量(g)			
倾倒后称量瓶和基准物 $CaCO_3$ 的质量(g)			
基准物 $CaCO_3$ 的质量 m(g)			
钙标准溶液浓度 $c_{Ca^{2+}}$ (mol/L)			
移取钙标准溶液体积(mL)		25.00	
EDTA 溶液初读数(mL)			
EDTA 溶液终读数(mL)			
滴定所需 EDTA 溶液的体积 V(mL)			
EDTA 溶液的浓度 c_{EDTA}(mol/L)			
EDTA 溶液的平均浓度 c(mol/L)			
相对平均偏差(%)			

配制的钙标准溶液浓度 $c_{Ca^{2+}}$：

$$c_{Ca^{2+}} = \frac{m}{M_{CaCO_3} \times 0.25}$$ （式3-10）

式中：m 为基准物 $CaCO_3$ 的质量，g；M_{CaCO_3} 为基准物 $CaCO_3$ 的摩尔质量，g/mol。

标定的 EDTA 溶液浓度：

$$c_{EDTA} = \frac{25.00 \text{ mL} \times c_{Ca^{2+}}}{V_{EDTA}}$$ （式3-11）

式中：V_{EDTA} 为 EDTA 的溶液体积。

六、思考题

（1）为什么选用 EDTA 二钠盐作为滴定剂而不是 EDTA 酸？

（2）若改用铬黑 T 作指示剂，应如何控制溶液的酸碱度？

（3）EDTA 与金属离子反应有什么特点？

实验十四　天然水总硬度的测定

总硬度的测定

一、实验目的

（1）了解水的硬度的表示方法。

（2）掌握配位滴定法测定水的总硬度的原理和方法。

（3）掌握铬黑 T、钙指示剂的使用条件。

二、实验原理

水的硬度指水中除碱金属以外的全部金属离子浓度的总和。大多数水的硬度主要指钙、镁离子浓度的总和，水的硬度大小是以 Ca^{2+}、Mg^{2+} 总量折算成 CaO 或 $CaCO_3$ 的量来衡量的。我国目前常用的表示水硬度的方法有两种，一种是以每升水中含 $CaCO_3$（或 CaO）的质量来表示，单位是 mg/L；另一种是用德国度（°）来表示，即每升水中含有 10 mg CaO 为 1°，一般把天然水分成五类：小于 4° 为最软水，4°～8° 为软水，8°～16° 为稍硬水，16°～30° 为硬水，30° 以上为最硬水。

Ca^{2+}、Mg^{2+} 总硬度的测定：以铬黑 T（EBT）为指示剂，在 pH＝10 的 $NH_3 \cdot H_2O$-NH_4Cl 缓冲溶液中进行直接测定。铬黑 T、EDTA 都能和 Ca^{2+}、Mg^{2+} 生成配合物，其稳定性依次为：

$$CaY > MgY > MgIn > CaIn$$

滴定前铬黑 T 和 Mg^{2+} 首先生成酒红色的配合物 MgIn。随着 EDTA 的滴入，EDTA 先结合 Ca^{2+}，其次结合游离的 Mg^{2+}，最后夺取与铬黑 T 结合的 Mg^{2+}，使指示剂游离出来，溶液颜色由酒红色突变为纯蓝色，即为终点。滴定时，用三乙醇胺掩蔽 Fe^{3+}、Al^{3+} 等共存离子。

三、实验用品

1. 仪器

酸式滴定管(50 mL),量筒(10 mL),移液管(50 mL),锥形瓶,洗瓶。

2. 试剂

$NH_3 \cdot H_2O - NH_4Cl$ 缓冲溶液(pH=10,称 54 g NH_4Cl 溶于水中,加入浓氨水 410 mL,用蒸馏水稀释至 1 000 mL),铬黑 T 指示剂(将铬黑 T 与固体 NaCl 按质量比 1∶100 混合,研磨混匀,装瓶备用),10% NaOH 溶液,钙指示剂,三乙醇胺水溶液(1∶2),0.01 mol/L EDTA 标准溶液。

四、实验内容

1. 水样总硬度的测定

吸取水样 50.00 mL 于 250 mL 锥形瓶中,加入三乙醇胺溶液 3 mL,摇匀后再加入 $NH_3 \cdot H_2O - NH_4Cl$ 缓冲溶液 5 mL 及少许铬黑 T 指示剂(约 0.1 g),摇匀,用 EDTA 标准溶液滴定至溶液由酒红色恰变为纯蓝色即为终点,记录 EDTA 用量 V_1(mL),根据 EDTA 溶液的用量计算水样的硬度。平行测定三份。

2. 钙硬度的测定

准确吸取水样 50.00 mL 于 250 mL 锥形瓶中,加 5 mL 10% NaOH 溶液并调节溶液的 pH=12,摇匀。加少许钙指示剂(约 0.1 g),摇匀,用 EDTA 标准溶液滴定至酒红色变为纯蓝色即为终点,记录 EDTA 用量 V_2(mL)。平行测定三份。

五、实验结果

1. 实验结果分析

(1) 水样总硬度的测定

表 3 - 17

项 目		1	2	3
EDTA 标准溶液的浓度 c_{EDTA}(mol/L)				
EDTA 溶液初读数(mL)				
EDTA 溶液终读数(mL)				
滴定所需 EDTA 溶液的体积 V_1(mL)				
水样总硬度	ρ_{CaO}(°)			
	平均 ρ_{CaO}(°)			
	ρ_{CaCO_3}(mg/L)			
	平均 ρ_{CaCO_3}(mg/L)			

（2）钙含量的测定

表 3-18

项　　目	1	2	3
EDTA 标准溶液的浓度 c_{EDTA}(mol/L)			
EDTA 溶液初读数(mL)			
EDTA 溶液终读数(mL)			
滴定所需 EDTA 溶液的体积 V_2(mL)			
钙、镁含量 — Ca^{2+} 含量(mg/L)			
钙、镁含量 — Ca^{2+} 含量平均值(mg/L)			
钙、镁含量 — Mg^{2+} 含量(mg/L)			
钙、镁含量 — Mg^{2+} 含量平均值(mg/L)			

$$\rho_{CaO}(°) = \frac{c_{EDTA} \cdot V_{1\,EDTA} \cdot M_{CaO}}{V_0 \times 10} \times 1\,000 \quad \text{（式 3-12）}$$

$$\rho_{CaCO_3}(mg/L) = \frac{c_{EDTA} \cdot V_{1\,EDTA} \cdot M_{CaCO_3}}{V_0} \times 1\,000 \quad \text{（式 3-13）}$$

式中：ρ_{CaO} 为水样中 CaO 的含量；ρ_{CaCO_3} 为水样中 $CaCO_3$ 的含量；c_{EDTA} 为 EDTA 标准溶液的浓度，mol/L；$V_{1\,EDTA}$ 为滴定时消耗 EDTA 标准溶液的体积，mL；V_0 为水样的体积，mL；M_{CaO} 为 CaO 的摩尔质量，g/mol；M_{CaCO_3} 为 $CaCO_3$ 摩尔质量，g/mol。

Ca^{2+}、Mg^{2+} 含量的测定：用 10% 的 NaOH 溶液，调节溶液 pH=12，使 Mg^{2+} 生成 $Mg(OH)_2$ 沉淀，然后加钙指示剂，用 EDTA 标准溶液直接滴定，EDTA 首先和游离的 Ca^{2+} 结合，然后夺取和钙指示剂结合的 Mg^{2+}，释放出指示剂，溶液由酒红色变纯蓝色，即为滴定终点。

$$钙硬度(mg/L) = \frac{V_2 \cdot c_{EDTA} \cdot M_{Ca}}{V_水} \times 1\,000 \quad \text{（式 3-14）}$$

$$镁硬度(mg/L) = \frac{(V_1 - V_2) \cdot c_{EDTA} \cdot M_{Mg}}{V_水} \times 1\,000 \quad \text{（式 3-15）}$$

式中：c_{EDTA} 为 EDTA 标准溶液的浓度，mol/L；V_1 为滴定 Ca^{2+}、Mg^{2+} 总含量时消耗的 EDTA 的体积，mL；V_2 为滴定 Ca^{2+} 的含量时消耗的 EDTA 的体积，L；$V_水$ 为测定时水样的体积，mL；M_{Ca} 为 Ca 的摩尔质量，g/mol；M_{Mg} 为 Mg 的摩尔质量，g/mol。

六、思考题

（1）用 EDTA 法测定水的硬度时，哪些离子的存在有干扰？如何消除？

（2）为什么测定 Ca^{2+}、Mg^{2+} 总硬度时，要控制溶液 pH=10，而测定 Ca^{2+} 含量时要控制溶液 pH=12？

实验十五　高锰酸钾标准溶液的配制与标定

一、实验目的

(1) 掌握高锰酸钾溶液的配制方法和保存条件。
(2) 掌握用草酸钠作基准物标定高锰酸钾溶液浓度的原理、方法及滴定条件。
(3) 了解一些常用的氧化还原滴定法。
(4) 巩固氧化还原滴定法的理论。

二、实验原理

市售的 $KMnO_4$ 试剂常含有少量杂质，同时，由于 $KMnO_4$ 是强氧化剂，容易与水中有机物、空气中尘埃等还原性物质反应以及自身能自动分解，因此 $KMnO_4$ 标准溶液不能直接配制成准确浓度，只能配制成粗略浓度，经过煮沸、过滤处理后，用基准物标定出准确浓度。长期贮存的 $KMnO_4$ 标准溶液，应保存在棕色试剂瓶中，并定期进行标定。

标定 $KMnO_4$ 溶液的基准物有 $(NH_4)_2Fe(SO_4)_2 \cdot 6H_2O$、$(NH_4)_2C_2O_4$、$FeSO_4 \cdot 7H_2O$、$Na_2C_2O_4$、$H_2C_2O_4 \cdot 2H_2O$ 和纯铁丝等。由于 $Na_2C_2O_4$ 易提纯、性质稳定且不含结晶水，因此是标定 $KMnO_4$ 溶液最常用的基准物。在酸性介质中 $Na_2C_2O_4$ 与 $KMnO_4$ 发生下列反应：

$$2MnO_4^- + 5C_2O_4^{2-} + 16H^+ == 2Mn^{2+} + 10CO_2\uparrow + 8H_2O$$

三、实验用品

1. 仪器

台秤，分析天平，酸式滴定管(50 mL)，烧杯(1 000 mL)，温度计，微孔玻璃漏斗，棕色试剂瓶(500 mL)，玻璃棒，锥形瓶(250 mL)，量筒(20 mL)。

2. 试剂

$KMnO_4$(固体)，$Na_2C_2O_4$(基准试剂)，H_2SO_4(3.0 mol/L)溶液。

四、实验内容

1. 0.02 mol/L $KMnO_4$ 溶液的配制

在台秤上称取 1.8 g $KMnO_4$ 溶解于 500 mL 的去离子水中，加热煮沸半小时，冷却后在暗处放置一周。然后用微孔玻璃漏斗(或玻璃棉)过滤，滤液贮存于棕色试剂瓶中备用。

2. $KMnO_4$ 标准溶液浓度的标定

在分析天平上用差减称量法，准确称取 0.15～0.20 g(精确 0.1 mg)$Na_2C_2O_4$ 基准物三份，分别置于洁净的 250 mL 锥形瓶中，加入 20～30 mL 去离子水溶解，再加入 10～15 mL 3.0 mol/L H_2SO_4 溶液。摇匀后，加热至 75～80℃，趁热用 $KMnO_4$ 标准溶液滴定到溶液微红色且半分钟不褪色即为终点，记录消耗 $KMnO_4$ 溶液的体积，平行测定三次的偏差应小于 0.05 mL。

根据称取 $Na_2C_2O_4$ 基准物的质量、消耗 $KMnO_4$ 溶液的体积，计算 $KMnO_4$ 标准溶液的浓度。

五、实验结果

1. 数据记录与处理

表 3-19　以 $Na_2C_2O_4$ 为基准物标定 $KMnO_4$ 溶液

实验项目 \ 编号	Ⅰ	Ⅱ	Ⅲ
倾出前(称量瓶＋基准物)质量(g)			
倾出后(称量瓶＋基准物)质量(g)			
取出基准物的质量 $m_{Na_2C_2O_4}$ (g)			
$KMnO_4$ 溶液终读数(mL)			
$KMnO_4$ 溶液初读数(mL)			
消耗 $KMnO_4$ 溶液的体积 V_{KMnO_4} (mL)			
$KMnO_4$ 溶液的浓度(mol/L)			
$KMnO_4$ 溶液的平均浓度(mol/L)			
相对平均偏差			

2. 结果计算

$KMnO_4$ 标准溶液浓度按下式计算：

$$c_{KMnO_4} = \frac{2m_{Na_2C_2O_4}}{5M_{Na_2C_2O_4} V_{KMnO_4} \times 10^{-3}} \quad \text{(式 3-16)}$$

六、注意事项

（1）温度　上述反应在室温下进行较慢，常需将溶液加热到 75～80℃，并趁热滴定，滴定完毕时的温度不应低于 60℃。但加热温度不能过高，若高于 90℃，$H_2C_2O_4$ 会发生分解。

（2）酸度　该反应需在酸性介质中进行，并以 H_2SO_4 调节酸度，不能用 HCl 或 HNO_3 调节，因 Cl^- 有还原性，能与 MnO_4^- 反应；HNO_3 有氧化性，能与被滴定的还原性物质反应。为使反应定量进行，溶液酸度一般控制在 0.5～1.0 mol/L。

（3）滴定速度　该反应为自动催化反应，反应中生成的 Mn^{2+} 具有催化作用。因此滴定开始时的速度不宜太快，应逐滴加入，待到第一滴 $KMnO_4$ 溶液颜色褪去后，再加入第二滴。否则酸性热溶液中 MnO_4^- 来不及与 $C_2O_4^{2-}$ 反应而分解，会导致结果偏低。

（4）滴定终点　$KMnO_4$ 溶液自身也为指示剂。当反应到达化学计量点附近时，滴加一滴 $KMnO_4$ 溶液后，锥形瓶中溶液呈稳定的微红色且半分钟不褪色即为终点。若在空气中放置一段时间后，溶液颜色消失，不必再加入 $KMnO_4$ 溶液，这是由于 $KMnO_4$ 溶液与空气中还原性物质反应造成的。

七、思考题

（1）配制的 $KMnO_4$ 标准溶液，为什么要经煮沸，并放置一周过滤后才能标定？

（2）用 $Na_2C_2O_4$ 标定 $KMnO_4$ 溶液浓度时，H_2SO_4 加入量的多少对标定有何影响？可否用盐酸或硝酸来代替？

（3）用 $(NH_4)_2Fe(SO_4)_2 \cdot 6H_2O$ 作为基准物标定 $KMnO_4$ 标准溶液，怎样计算 $KMnO_4$ 溶液浓度？

实验十六 试样中钙含量的测定（高锰酸钾法）

一、实验目的

（1）理解钙的测定原理。
（2）掌握用高锰酸钾测定钙的方法。
（3）了解氧化还原滴定的应用。

二、实验原理

将试样中有机物破坏，Ca 变成可溶于水的离子，利用 Ca^{2+} 与 $C_2O_4^{2-}$ 生成 CaC_2O_4 沉淀，加入草酸铵使 Ca^{2+} 沉淀完全，然后将沉淀过滤，洗涤后溶于稀硫酸中：

$$CaC_2O_4 + 2H^+ = Ca^{2+} + H_2C_2O_4$$

最后，用高锰酸钾标准溶液滴定生成的 $H_2C_2O_4$：

$$2MnO_4^- + 5C_2O_4^{2-} + 16H^+ = 2Mn^{2+} + 10CO_2\uparrow + 8H_2O$$

滴定到溶液呈浅粉红色为终点。

三、实验用品

1. 仪器

粉碎机，分样筛（40 目），分析天平，高温炉，坩埚，容量瓶（100 mL），酸式滴定管（50 mL），玻璃漏斗，定量滤纸，移液管（10 mL、20 mL），烧杯（200 mL），凯氏烧瓶（500 mL）。

2. 试剂

HCl(1∶3)，H_2SO_4(1∶3)，氨水(1∶1)，草酸铵水溶液(42 g/L)，$KMnO_4$ 标准溶液，甲基红指示剂，含钙试样（如饲料）。

四、实验内容

1. 试样的分解

（1）干法

称取含钙试样 3 g（准确至 0.000 2 g）于坩埚中，在电炉上小心炭化，再放入高温炉于 550 ℃灼烧 3 h（或测定粗灰分后接着进行）。在盛灰坩埚中加入盐酸溶液 10 mL 和浓硝酸数滴，小心煮沸。将此溶液转入 100 mL 容量瓶，冷却至室温；用蒸馏水稀释至刻度，摇匀，即为试样的分解液。

（2）湿法（用于无机物或液体饲料）

称取试样 2~5 g(准确至 0.000 2 g)于凯氏烧瓶中。加入硝酸(GB/T 626—2006,化学纯)30 mL,加热煮沸,至二氧化氮黄烟逸尽,冷却后加入 70%~72%高氯酸(GB/T 623—2011,分析纯)10 mL,小心煮沸至溶液无色,不得蒸干(危险)。冷却后加蒸馏水 50 mL,并煮沸除去二氧化氮,冷却后转入 100 mL 容量瓶,用蒸馏水稀释至刻度,摇匀,即为试样分解液。

2. 试样的测定

准确移取试样分解液 10~20 mL(含钙量 20 mg 左右)于烧杯中,加蒸馏水 100 mL、甲基红指示剂 2 滴。滴加氨水溶液至溶液呈橙色。再加盐酸溶液使溶液变红色(pH 为 2.5~3.0)。小心煮沸,慢慢滴加热草酸铵溶液 10 mL,并不断搅拌。如溶液变橙色,应补滴盐酸溶液至红色。煮沸数分钟,放置过夜使沉淀陈化(或在水浴上加热 2 h)。

用滤纸过滤,用 1∶50 的氨水溶液洗沉淀 6~8 次,至无草酸根离子(接滤液数毫升加硫酸数滴,加热至 80℃,再加高锰酸钾 1 滴,呈微红色,应 0.5 min 不褪色)。

将沉淀和滤纸转入原烧杯,加硫酸 10 mL、蒸馏水 50 mL,加热至 75~85℃,用 0.05 mol/L 高锰酸钾溶液滴定,溶液呈粉红色且半分钟不褪色为终点。同时进行空白溶液的测定。

五、实验结果

1. 数据记录与处理

表 3-20

实验项目 \ 编号	Ⅰ	Ⅱ	Ⅲ
$KMnO_4$ 溶液终读数(mL)			
$KMnO_4$ 溶液初读数(mL)			
消耗 $KMnO_4$ 溶液的体积(mL)			
样品含钙量(%)			
样品含钙量平均值(%)			
相对平均偏差			

2. 结果计算

样品含钙量可按下式计算:

$$\omega_{Ca} = \frac{(V-V_0) \times c \times 0.02}{m \times \dfrac{V'}{100}} \times 100\% = \frac{(V-V_0) \times c \times 200}{m \times V'} \quad (式 3-17)$$

式中:V 为 0.05 mol/L $KMnO_4$ 溶液的用量,mL;V_0 为测空白溶液时 0.05 mol/L 高锰酸钾溶液的用量,mL;c 为高锰酸钾标准溶液的浓度,mol/L;V' 为滴定时移取试样分解液的体积,mL;m 为试样质量,g;0.02 为与 1.00 mL $KMnO_4$ 标准溶液相当的 Ca 的质量,g。

六、注意事项

高锰酸钾法测定钙,控制试剂的酸度至关重要。如果在中性或弱碱性试液中进行沉淀反应,就有部分 $Ca(OH)_2$ 或碱式草酸钙生成,造成测定结果偏低。

七、思考题

（1）试样分解液在滴加热草酸铵溶液时,如溶液变橙色,为何要补滴盐酸溶液至红色？
（2）滴定管中的 $KMnO_4$ 溶液,应怎样准确地读取读数？

实验十七 水中化学需氧量的测定

一、实验目的

（1）了解 $KMnO_4$ 法测定水中化学需氧量的原理和方法。
（2）学会返滴定分析的方法和操作技术。

二、实验原理

化学需氧量(COD)是指在一定条件下氧化 1 L 水中还原性物质所消耗的强氧化剂的量,以 O_2 来表示(单位:mg/L)。COD 是显示水体被还原性物质污染程度的主要指标。除自然原因外,污水多数是有机物污染,故 COD 可以作为水中有机物相对含量的指标。

测 COD 有 $KMnO_4$ 法和 $K_2Cr_2O_7$ 法。$KMnO_4$ 法简单,耗时短,可应用于较清洁的水体,而 $K_2Cr_2O_7$ 法对有机物氧化完全,可应用于各种水体。在加热的酸性水溶液中加入一定量且过量的 $KMnO_4$ 将水中的还原性物质氧化,剩余的 $KMnO_4$ 用过量 $H_2C_2O_4$ 还原,再用 $KMnO_4$ 返滴定剩余的 $H_2C_2O_4$,得出相应的 COD,即为 $KMnO_4$ 法。

$$4MnO_4^- + 5C + 12H^+ = 4Mn^{2+} + 5CO_2\uparrow + 6H_2O$$

$$2MnO_4^- + 5C_2O_4^{2-} + 16H^+ = 2Mn^{2+} + 10CO_2\uparrow + 8H_2O$$

因为加热的温度和时间、反应的酸度、$KMnO_4$ 溶液的浓度、试剂加入的顺序对测定的准确度均有影响,因此必须严格控制反应条件。一般以加热水样至100℃后再沸腾 10 min 为标准,$KMnO_4$ 的浓度以 0.002 mol/L 为宜,由于部分有机物不能被 $KMnO_4$ 氧化,故本法测得的 COD 不能代表水中的全部有机物。

三、实验用品

1. 仪器

酸式滴定管(50 mL),碱式滴定管(50 mL),锥形瓶(250 mL),量筒(10 mL),吸量管(10 mL),电炉。

2. 试剂

0.002 mol/L $KMnO_4$ 溶液,0.005 mol/L $Na_2C_2O_4$ 溶液,H_2SO_4 溶液(1∶3)。

四、实验内容

移取 100 mL 充分搅拌的水样于锥形瓶中,加入 5 mL H_2SO_4 溶液(1∶3)和几块沸石,用滴定管加入 10.00 mL $KMnO_4$ 溶液,立即加热沸腾,从冒出第一个大气泡开始继续煮沸

10 min(红色不应褪去),取下锥形瓶,放置 0.5~1 min,趁热准确加入 $Na_2C_2O_4$ 标准液 10.00 mL,充分摇匀,立即用 0.002 mol/L $KMnO_4$ 溶液进行滴定。开始应在第一滴颜色完全褪去后再滴第二滴,如此操作,可慢慢加快,直至溶液呈粉红色且半分钟不褪去为滴定终点。

五、实验结果

1. 数据记录与处理

表 3-21

实验项目 \ 编号	Ⅰ	Ⅱ	Ⅲ
取水样的体积(mL)		100.00	
$KMnO_4$ 溶液终读数(mL)			
$KMnO_4$ 溶液初读数(mL)			
消耗 $KMnO_4$ 溶液的体积 V(mL)			
COD(O_2 mg/L)			
COD 平均值(O_2 mg/L)			
相对平均偏差			

2. 结果计算

水中化学需氧量按式 3-18 计算:

$$\text{COD}(O_2 \text{ mg/L}) = \frac{[c_{KMnO_4} \times (10.00+V) - 0.4 c_{Na_2C_2O_4} \times 10.00] \times 1.25 \times 32.00}{V_{水样} \times 10^{-3}}$$

(式 3-18)

式中:$V_{水样}$ 为水样的体积,mL;V 为滴定时消耗高锰酸钾的体积,mL。

六、注意事项

(1) 加热温度过高会使 $H_2C_2O_4$ 分解,而温度过低,反应不完全,影响 COD 的准确度。

(2) 该反应为自动催化反应,反应中生成的 Mn^{2+} 具有催化作用。因此滴定开始时的速度不宜太快,应逐滴加入,待到第一滴 $KMnO_4$ 溶液颜色褪去后,再加入第二滴。

(3) 用滴定管滴 $KMnO_4$ 时,由于 $KMnO_4$ 易漏,操作应十分小心,一旦漏液,应重新滴定。

七、思考题

(1) 盛装 $KMnO_4$ 溶液的器皿放置较久后,壁上常有的棕色沉淀物是什么?应如何除去?

(2) 加热时,如溶液红色褪去应该怎么办?

实验十八　碘标准溶液的配制与标定

一、实验目的

（1）掌握碘标准溶液的配制和保存方法。
（2）掌握碘标准溶液的标定方法、基本原理、反应条件、操作步骤和计算。

二、实验原理

碘可以通过升华法制得纯试剂，但因其升华对天平有腐蚀性，故不宜用直接法配制 I_2 标准溶液，而应采用间接法。

可以用基准物质 As_2O_3 来标定 I_2 溶液。As_2O_3 难溶于水，可溶于碱溶液，与 NaOH 反应生成亚砷酸钠，用 I_2 溶液进行滴定。反应式为：

$$As_2O_3 + 6NaOH = 2Na_3AsO_3 + 3H_2O$$

$$Na_3AsO_3 + I_2 + H_2O \rightleftharpoons Na_3AsO_4 + 2HI$$

该反应为可逆反应，在中性或微碱性溶液中（pH 约为 8），反应能定量地向右进行，可加固体 $NaHCO_3$ 以中和反应生成的 H^+，保持 pH 在 8 左右。

由于 As_2O_3 为剧毒物，实际工作中常用已知浓度的硫代硫酸钠标准溶液标定碘溶液，反应为：

$$I_2 + 2S_2O_3^{2-} = 2I^- + S_4O_6^{2-}$$

以淀粉为指示剂，终点由无色到蓝色。

三、实验用品

1. 仪器

台秤，酸式滴定管（50 mL），烧杯（100 mL），棕色试剂瓶（500 mL），玻璃棒，锥形瓶（250 mL），量筒（10 mL），移液管（25 mL）。

2. 试剂

固体试剂 I_2（分析纯），固体试剂 KI（分析纯），淀粉指示液（5 g/L），硫代硫酸钠标准溶液（0.1 mol/L）。

四、实验内容

1. 碘溶液的配制

配制浓度为 0.05 mol/L 的碘溶液 500 mL：称取 6.5 g 碘于小烧杯中，再称取 17 g KI，准备蒸馏水 500 mL，将 KI 分 4～5 次放入装有碘的小烧杯中，每次加水 5～10 mL，用玻璃棒轻轻研磨，使碘逐渐溶解，溶解部分转入棕色试剂瓶中，如此反复直至碘片全部溶解为止。用水多次清洗烧杯并转入试剂瓶中，剩余的水全部加入试剂瓶中稀释，盖好瓶盖，摇匀，待标定。

2. 碘溶液的标定

用移液管移取已知浓度的 $Na_2S_2O_3$ 标准溶液 25 mL 于锥形瓶中,加水 25 mL,加 5 mL 淀粉溶液,以待标定的碘溶液滴定至溶液呈稳定的蓝色为终点。记录消耗 I_2 标准溶液的体积 V_1,平行测定三次。

五、实验结果

1. 数据记录与处理

表 3 - 22

实验项目 编号	Ⅰ	Ⅱ	Ⅲ
取用 $Na_2S_2O_3$ 标准溶液的体积(mL)		25.00	
碘溶液终读数(mL)			
碘溶液初读数(mL)			
消耗碘溶液的体积 V_1(mL)			
碘溶液的浓度(mol/L)			
碘溶液平均浓度(mol/L)			
相对平均偏差			

2. 结果计算

碘标准溶液浓度按下式计算:

$$c_{I_2} = \frac{c_{Na_2S_2O_3} V_{Na_2S_2O_3}}{2V_1} \qquad (式3-19)$$

式中:$V_{Na_2S_2O_3}$ 为移取 $Na_2S_2O_3$ 标准溶液的体积,mL;V_1 为标定时消耗 I_2 标准溶液的体积,mL。

六、注意事项

(1) 碘易挥发,浓度变化较快,保存时应特别注意要密封,并用棕色瓶保存放置在暗处。
(2) 避免碘液与橡皮接触。
(3) 配制时碘先和碘化钾溶解,溶解完全后再稀释。
(4) 滴定过程中,振动要轻,以免碘跑掉,快到终点时要摇动激烈一点。

七、思考题

(1) 碘溶液应装在何种滴定管中?为什么?
(2) 配制 I_2 溶液时为什么要加 KI?
(3) 配制 I_2 溶液时,为什么要在溶液非常浓的情况下将 I_2 与 KI 一起研磨,当 I_2 和 KI 溶解后才能用水稀释?如果过早地稀释会发生什么情况?

实验十九　亚铁盐中铁含量的测定

一、实验目的

(1) 进一步掌握直接法配制标准溶液。
(2) 掌握重铬酸钾法测定 Fe^{2+} 的原理与方法。

二、实验原理

因为 $K_2Cr_2O_7$ 易获得 99.99% 以上的纯品，其溶液也非常稳定，故可用直接法配制重铬酸钾标准溶液。

重铬酸钾法测铁，是铁矿中全铁量测定的标准方法。在酸性溶液中，Fe^{2+} 可以定量地被 $K_2Cr_2O_7$ 氧化成 Fe^{3+}，反应为：

$$6Fe^{2+} + Cr_2O_7^{2-} + 14H^+ = 6Fe^{3+} + 2Cr^{3+} + 7H_2O$$

滴定指示剂为二苯胺磺酸钠，其还原态为无色，氧化态为紫红色。

必须加入磷酸或氟化钠等，目的有两个：一是与生成的 Fe^{3+} 形成配离子 $[Fe(HPO_4)]^+$，扩大滴定突跃范围，使指示剂的变色范围在滴定的突跃范围之内；二是生成的配离子为无色，消除了溶液中 Fe^{3+}（黄色）干扰，利于终点观察。

三、实验用品

1. 仪器

台秤，分析天平，酸式滴定管(50 mL)，烧杯(200 mL)，玻璃棒，锥形瓶(250 mL)，量筒(10 mL)，容量瓶(250 mL)，移液管(25 mL)。

2. 试剂

$K_2Cr_2O_7$ 固体(分析纯，在 100~110℃下烘干 1 h)，0.2% 二苯胺磺酸钠溶液，85% H_3PO_4，3 mol/L H_2SO_4，硫酸亚铁样品。

四、实验内容

1. 0.1 mol/L $K_2Cr_2O_7$ 标准溶液的配制

准确称取约 1.25 g 左右的 $K_2Cr_2O_7$，放入 150 mL 烧杯中，加入少量蒸馏水溶解后，定量地移入 250 mL 容量瓶中，用蒸馏水稀释至刻度，计算其准确浓度(此标准溶液也可由实验室统一准备)。

2. 亚铁盐中铁的测定

准确称取约 0.8 g 左右的 $FeSO_4$ 试样(或用 25 mL 移液管吸取实验室统一准备的亚铁盐溶液 25 mL)置于 250 mL 锥形瓶中，加入蒸馏水 50 mL、3 mol/L 的 H_2SO_4 10 mL、85% 的 H_3PO_4 5 mL，再加二苯胺磺酸钠 6 滴，立即用 $K_2Cr_2O_7$ 标准溶液滴定至溶液呈紫红色，摇动 30 s 不褪色为止。记录滴定所消耗的 $K_2Cr_2O_7$ 标准溶液的体积 V(mL)，计算亚铁盐中铁的含量。平行测定三次。

五、实验结果

1. 数据记录与处理

表 3-23

编号 实验项目	Ⅰ	Ⅱ	Ⅲ
倾出前（称量瓶＋$K_2Cr_2O_7$）质量(g)			
倾出后（称量瓶＋$K_2Cr_2O_7$）质量(g)			
取出 $K_2Cr_2O_7$ 的质量(g)			
$K_2Cr_2O_7$ 溶液的浓度(mol/L)			
倾出前（称量瓶＋$FeSO_4$）质量(g)			
倾出后（称量瓶＋$FeSO_4$）质量(g)			
取出 $FeSO_4$ 的质量(g)			
$K_2Cr_2O_7$ 溶液终读数(mL)			
$K_2Cr_2O_7$ 溶液初读数(mL)			
消耗 $K_2Cr_2O_7$ 溶液的体积(mL)			
试样中铁的含量(%)			
试样中铁的含量平均值(%)			
相对平均偏差			

2. 结果计算

亚铁盐中铁的含量可按下式计算：

$$w_{Fe} = \frac{6c_{K_2Cr_2O_7} V_{K_2Cr_2O_7} M_{Fe}}{m_s} \times 100\% \qquad (式 3-20)$$

式中：m_s 为所称硫酸亚铁试样的质量，g；M_{Fe} 为铁的摩尔质量，g/mol。

六、注意事项

（1）滴定时，需添加试剂较多，注意不要漏掉。
（2）注意容量瓶使用的规范。
（3）重铬酸钾溶液对环境有污染，要回收。

七、思考题

（1）为什么可用直接法配制 $K_2Cr_2O_7$ 标准溶液？
（2）加入硫酸和磷酸的目的是什么？

实验二十　硝酸银标准溶液的配制和标定

一、实验目的

(1) 掌握硝酸银标准溶液的配制、标定和保存方法。
(2) 掌握以氯化钠为基准物标定硝酸银的基本原理、反应条件、操作方法和计算。
(3) 学会以 K_2CrO_4 为指示剂判断滴定终点的方法。

二、实验原理

$AgNO_3$ 标准溶液可以用经过预处理的基准试剂 $AgNO_3$ 直接配制。非基准试剂 $AgNO_3$ 中常含有杂质，如金属银、氧化银、游离硝酸、亚硝酸盐等，因此用间接法配制，即配成近似浓度的溶液后，用基准物质 NaCl 标定。

以 NaCl 作为基准物质，溶样后，在中性或弱碱性溶液中，用 $AgNO_3$ 溶液滴定，以 K_2CrO_4 作为指示剂，其反应如下：

$$Ag^+ + Cl^- = AgCl \downarrow (白色, K_{sp}=1.8 \times 10^{-10})$$

$$2Ag^+ + CrO_4^{2-} = Ag_2CrO_4 \downarrow (砖红色, K_{sp}=2.0 \times 10^{-12})$$

达到化学计量点时，微过量的 Ag^+ 与 CrO_4^{2-} 反应析出砖红色 Ag_2CrO_4 沉淀，指示滴定终点。

三、实验用品

1. 仪器

台秤，分析天平，酸式滴定管(25 mL)，量杯(500 mL)，棕色试剂瓶(500 mL)，锥形瓶(250 mL)，量筒(20 mL)。

2. 试剂

$AgNO_3$（分析纯），NaCl（基准物质，在 500～600℃ 灼烧至恒重），K_2CrO_4 指示液 (50 g/L，即 5%)。

四、实验内容

1. 配制 0.1 mol/L $AgNO_3$ 溶液

称取 8.5 g $AgNO_3$ 溶于 500 mL 不含 Cl^- 的蒸馏水，贮存于带玻璃塞的棕色试剂瓶中，摇匀，置于暗处，待标定。

2. 标定 $AgNO_3$ 溶液

准确称取基准试剂 NaCl 0.15 g，放于 250 mL 锥形瓶中，加 50 mL 不含 Cl^- 的蒸馏水溶解，加 K_2CrO_4 指示液 1 mL，在充分摇动下，用配好的 $AgNO_3$ 溶液滴定至溶液呈微红色即为终点，记录消耗 $AgNO_3$ 标准溶液的体积。平行测定三次。

五、实验结果

1. 数据记录与处理

表 3 - 24

编号 实验项目	I	II	III
倾出前(称量瓶＋基准物)质量(g)			
倾出后(称量瓶＋基准物)质量(g)			
取出基准物的质量(g)			
$AgNO_3$ 溶液终读数(mL)			
$AgNO_3$ 溶液初读数(mL)			
消耗 $AgNO_3$ 溶液的体积(mL)			
$AgNO_3$ 溶液的浓度(mol/L)			
$AgNO_3$ 溶液的平均浓度(mol/L)			
相对平均偏差			

2. 结果计算

$AgNO_3$ 标准溶液浓度按下式计算：

$$c_{AgNO_3} = \frac{m_{NaCl} \times 1\,000}{M_{NaCl} V_{AgNO_3}} \qquad (式 3-21)$$

式中：$M_{NaCl} = 58.44$ g/mol。

六、注意事项

(1) $AgNO_3$ 试剂及其溶液具有腐蚀性，能破坏皮肤组织，注意切勿接触皮肤及衣服。

(2) 配制 $AgNO_3$ 标准溶液的蒸馏水应无 Cl^-，否则配成的 $AgNO_3$ 溶液会出现白色浑浊，不能使用。

(3) 实验完毕后，盛装 $AgNO_3$ 溶液的滴定管应先用蒸馏水洗涤 2～3 次后，再用自来水洗净，以免 AgCl 沉淀残留于滴定管内壁或堵塞滴定管出液口。

七、思考题

(1) 莫尔法标定 $AgNO_3$ 溶液中，用 $AgNO_3$ 滴定 NaCl 时，滴定过程中为什么要充分摇动溶液？如果不充分摇动溶液，对测定结果有何影响？

(2) 莫尔法中，为什么溶液的 pH 需控制在 6.5～10.5？

(3) K_2CrO_4 指示液的用量太大或太小对测定结果有何影响？

实验二十一　可溶性硫酸盐中硫含量的测定

一、实验目的

(1) 了解晶形沉淀的沉淀条件、原理和沉淀方法。
(2) 熟练掌握重量分析法的基本操作技能。
(3) 学习可溶性硫酸盐中硫含量的测定原理和方法。

二、实验原理

硫酸钡重量分析法是测定可溶性盐中硫含量或钡含量的经典方法。测定可溶性盐中硫含量时,首先称取一定量的样品溶解,加稀酸酸化,加热至沸,在不断搅动下,慢慢地加入稀的、热的 $BaCl_2$ 溶液。SO_4^{2-} 与 Ba^{2+} 反应生成 $BaSO_4$ 晶形沉淀,沉淀经陈化、过滤、洗涤、烘干、炭化、灰化、灼烧后,以 $BaSO_4$ 形式称重,可求出可溶性盐中 SO_4^{2-} 的含量。

$BaSO_4$ 溶解度很小,组成相当稳定。在过量的沉淀剂存在时,$BaSO_4$ 几乎不溶解。为了防止生成 $BaCO_3$、$BaHPO_4$ 及 $Ba(OH)_2$ 共沉淀,须在酸性溶液中进行沉淀。同时,适当的提高酸度,增加 $BaSO_4$ 在沉淀过程中的溶解度,以降低其相对过饱和度,有利于获得较好的晶形沉淀,通常在 0.05 mol/L HCl 溶液中进行沉淀。

三、实验用品

1. 仪器

分析天平,瓷坩埚,坩埚钳,定量滤纸,定性滤纸,干燥器(两人合用),马弗炉,电炉,烧杯(500 mL),石棉网,表面皿,玻璃棒,漏斗,量筒(10 mL)。

2. 试剂

2.0 mol/L HCl 溶液,6.0 mol/L HNO_3 溶液,10% $BaCl_2$ 溶液,0.1 mol/L $AgNO_3$ 溶液,可溶性硫酸盐试样。

四、实验内容

1. 空坩埚的恒重

将洁净的坩埚放在 800～850℃ 马弗炉中灼烧,第一次烧 40 min,取出,在干燥器中冷却到室温,称量。然后再放入马弗炉灼烧 20 min,取出,冷却再称量。这样重复几次,直到两次称量质量之差不超过 0.3 mg,就认为坩埚已经恒重。

2. 样品称量

在分析天平上用减量法准确称取 0.3 g(精确 0.1 mg)试样两份分别于 500 mL 洁净的烧杯中,加入 25 mL 去离子水溶解,再加入 5 mL 2.0 mol/L 的 HCl 溶液,稀释至约200 mL。加热至接近沸腾。

3. 沉淀的制备

取 5～6 mL 10% 的 $BaCl_2$ 溶液,加入去离子水稀释 1 倍,加热至近沸。然后在不断搅拌下,逐滴加入 $BaCl_2$ 热溶液于试样热溶液中,加完后,静置,待上层溶液澄清后,用 $BaCl_2$ 溶液检查沉淀是否完全。沉淀完全后,盖上表面皿(不要把玻璃棒拿出),放置过夜陈化。也可以将沉淀放在水浴或沙浴上,保温 40 min,陈化。

4. 沉淀的过滤、洗涤和灼烧

用慢速定量滤纸倾泻法过滤。用热的去离子水洗涤沉淀至无 Cl^-(检查方法为:用表面皿随机接取洗液约 1 mL,滴加 1 滴硝酸和 1 滴 $AgNO_3$ 溶液,若产生白色浑浊,则 Cl^- 没洗完全,需继续洗涤;若无白色浑浊,则表示 Cl^- 洗涤完全)。用滤纸将沉淀包起来,放入恒重的坩埚中。经烘干、炭化、灰化后,在 800~850℃ 的马弗炉烧至恒重。计算样品中 SO_4^{2-} 的含量。

五、实验记录与处理

1. 数据记录与处理

表 3-25

实 验 项 目 \ 编 号	I	II
倾出前(称量瓶+试样)质量(g)		
倾出后(称量瓶+试样)质量(g)		
取出试样的质量 $W_{样品}$(g)		
$BaSO_4$+坩埚质量(g)	① ②	① ②
坩埚质量(g)	① ②	① ②
滤纸灰分质量(g)		
$BaSO_4$ 质量(g)		
$w_{SO_4^{2-}}$		
$w_{SO_4^{2-}}$ 平均值		

2. 结果计算

本实验测定可溶性硫酸盐中的硫含量,以 SO_4^{2-} 的质量分数表示为:

$$w_{SO_4^{2-}} = \frac{m_{BaSO_4} \times M_{SO_4^{2-}}}{W_{样品} \times M_{BaSO_4}} \times 100\% \tag{式 3-22}$$

六、注意事项

样品中应不含有酸不能溶解的物质、易于被吸附的离子(如 Fe^{3+}、NO_3^- 等离子)和 Pb^{2+}、Sr^{2+},否则要预先处理样品。

七、思考题

(1) 为什么要在稀 HCl 介质中沉淀 $BaSO_4$? 加入太多 HCl 溶液有何影响?

(2) 为什么要在热溶液中沉淀 $BaSO_4$,而要冷却后才能过滤?晶形沉淀为何要陈化?

(3) 用倾泻法过滤有何优点？

实验二十二　分光光度法测定微量铁（邻二氮菲法）

一、实验目的

(1) 了解分光光度计的构造和正确的使用方法。
(2) 掌握邻二氮菲分光光度法测定铁的原理及方法。
(3) 学会制作光吸收曲线及标准曲线的方法。

二、实验原理

邻二氮菲是测定微量铁较好的试剂。在 pH 为 2～9 的溶液中，邻二氮菲与 Fe^{2+} 生成稳定的橙红色配合物，显色反应如下：

$$Fe^{2+} + \text{(邻二氮菲)} \longrightarrow [\text{Fe(邻二氮菲)}_3]^{2+}$$

配合物 $\lg K_{稳} = 21.3$，摩尔吸光系数 $\varepsilon_{510} = 1.1 \times 10^4$。橙红色配合物的最大吸收峰在 510 nm 波长处。

Fe^{3+} 与邻二氮菲作用形成蓝色配合物，稳定性较差，因此在实际应用中常加入还原剂使 Fe^{3+} 还原为 Fe^{2+}，再与邻二氮菲作用。常用盐酸羟胺 $NH_2OH \cdot HCl$（或对苯二酚）作还原剂。

$$4Fe^{3+} + 2NH_2OH = 4Fe^{2+} + 4H^+ + N_2O\uparrow + H_2O$$

测定时酸度高，反应进行较慢；酸度太低，则离子易水解。本实验采用 HAc-NaAc 缓冲溶液控制溶液 pH≈5.0，使显色反应进行完全。

三、实验用品

1. 仪器

722 型分光光度计，容量瓶(50 mL)，移液管(10 mL)，吸量管(5 mL)。

2. 试剂

(1) 铁标准溶液(100 μg/mL)：准确称取 0.8 g $(NH_4)_2Fe(SO_4)_2 \cdot 12H_2O$(AR)置于烧杯中，加入 20 mL 6 mol/L HCl 溶液和少量水，溶解后，定量转移至 1 000 mL 容量瓶中，加水稀释至刻度，充分摇匀。或准确称取铁粉 0.1 g 左右，加入 10 mL 10% 硫酸，待完全溶解后，冷却，用水稀释至 100 mL，计算其浓度。

(2) 铁标准溶液(10 μg/mL)：用移液管吸取上述铁标准溶液 10.00 mL，置于 100 mL 容量瓶中，加入 2.0 mL 6 mol/L HCl 溶液，用水稀释至刻度，充分摇匀。

(3) 盐酸羟胺溶液(10%)：新鲜配制。

(4) 邻二氮菲溶液(0.1%)：新鲜配制。

(5) HAc-NaAc 缓冲溶液(pH≈5.0)：称取 136 g 醋酸钠，加水使之溶解，在其中加入 120 mL 冰醋酸，加水稀释至 500 mL。

(6) 6 mol/L HCl 溶液(1∶1)。

四、实验内容

1. 邻二氮菲-Fe^{2+} 吸收曲线的绘制

用吸量管吸取铁标准溶液(10 μg/mL)0.0 mL、2.0 mL、4.0 mL，分别放入三个 50 mL 容量瓶中，加入 1 mL 10%盐酸羟胺溶液，2 mL 0.1%邻二氮杂菲溶液和 5 mL HAc-NaAc 缓冲溶液，加水稀释至刻度，充分摇匀。放置 10 min，用 1 cm 比色皿，以试剂空白(即在 0.0 mL 铁标准溶液中加入相同试剂)为参比溶液，在 440～560 nm 波长范围内，每隔 20～40 nm 测一次吸光度，在最大吸收波长附近，每隔 5～10 nm 测一次吸光度。在坐标纸上，以波长 λ 为横坐标，吸光度 A 为纵坐标，绘制 A 和 λ 关系的吸收曲线。从吸收曲线上选择测定 Fe 的适宜波长，一般选用最大吸收波长 $λ_{max}$。

2. 标准曲线的制作

用吸量管分别移取铁标准溶液(10 μg/mL)0.0 mL、0.5 mL、1.0 mL、2.0 mL、3.0 mL、4.0 mL、5.0 mL，分别放入 7 个 50 mL 容量瓶中。分别依次加入 1 mL 10%盐酸羟胺溶液，稍摇动；加入 2.0 mL 0.1%邻二氮菲溶液及 5 mL HAc-NaAc 缓冲溶液，加水稀释至刻度，充分摇匀。放置 10 min，用 1 cm 比色皿，以试剂空白(即在 0.0 mL 铁标准溶液中加入相同试剂)为参比溶液，选择 $λ_{max}$ 为测定波长，测量各溶液的吸光度。在坐标纸上，以含铁量为横坐标，吸光度 A 为纵坐标，绘制标准曲线。

3. 水样中铁含量的测定

取三个 50 mL 容量瓶，分别加入 25.00 mL(铁含量以在标准曲线范围内为合适)未知水样，按实训步骤 2 的方法显色后，在 $λ_{max}$ 波长处，用 1 cm 比色皿，以试剂空白为参比溶液，平行测定吸光度 A，计算其平均值。在标准曲线上查出铁的含量，计算试样中铁的含量。

五、实验结果

1. 邻二氮杂菲-Fe^{2+} 吸收曲线的绘制

表 3-26

波长(nm)								
吸光度 A								

2. 标准曲线的制作

表 3-27

铁标准溶液浓度(μg/mL)							
吸光度 A							

3. 水样中铁含量的测定

表 3-28

测定次数	1	2	3
吸光度 A			
吸光度 A 平均值			
水样中铁的含量(μg/mL)			

六、注意事项

容量瓶编好号，切勿张冠李戴。

七、思考题

(1) 邻二氮菲分光光度法测定铁的原理是什么？用本法测出的铁含量是否为试样中的 Fe^{2+} 含量？

(2) 邻二氮杂菲分光光度法测定铁时，为何要加入盐酸羟胺溶液？

(3) 为什么绘制工作曲线和测定试样应在相同的条件下进行？这里主要指哪些条件？

实验二十三　植物组织中氮含量的测定

一、实验目的

(1) 了解植物组织中氮的存在形式及植物全氮的含义。

(2) 了解凯氏法测定植物全氮的原理，掌握其测定方法。

二、实验原理

植物组织中的氮主要以蛋白质、氨基酸和酰胺的形态存在，加上少量无机氮化物。植物全氮测定通常用凯氏法，样品经浓 H_2SO_4-混合加速剂或氧化剂消煮，有机物被氧化分解，有机氮转化成铵盐。

本实验采用 H_2SO_4-H_2O_2 法，植物样品在浓硫酸溶液中，历经脱水炭化、氧化等一系列作用，而氧化剂 H_2O_2 在热浓硫酸溶液中分解出新生态氧，具有强烈的氧化作用，可分解 H_2SO_4 没有破坏的有机物和碳，使有机氮转化成铵盐。消煮液经定容后，吸取部分消煮液碱化，使铵盐转变成氨，经蒸馏和扩散，用 H_3BO_3 吸收，直接用标准酸滴定，以甲基红-溴甲酚绿混合指示剂指示终点。

$$3NH_3 + H_3BO_3 \rightleftharpoons 2(NH_4)_3BO_3$$

$$(NH_4)_3BO_3 + 3HCl \rightleftharpoons 3NH_4Cl + H_3BO_3$$

但操作过程中，应注意过氧化氢不宜过早加入，每次用量不可过多，加入后消煮温度不要太高，只要保持消煮液微沸即可，以防止有机氮被氧化成游离氮气或氮的氧化物而损失。

三、实验用品

1. 仪器

100 mL 凯氏瓶,消煮炉,半微量定氮蒸馏装置,锥形瓶(150 mL),100 mL 容量瓶,冷凝管,台秤,分析天平,半微量滴定管,移液管(25 mL),小烧杯,量筒(10 mL)。

2. 试剂

硫酸(化学纯、密度 1.84 g/mL),30% H_2O_2 溶液(分析纯),2% H_3BO_3-指示剂溶液,0.01 mol/L HCl 标准溶液,10 mol/L NaOH 溶液。

四、实验内容

1. 植物样品的消煮

称取植物样品(研碎烘干后经孔径为 0.5 mm 筛处理过)0.2~0.3 g(准确至 0.000 1 g)装入 100 mL 凯氏瓶或消煮管,先用少量水湿润瓶内样品,然后加浓硫酸 5 mL,摇匀(最好放置过夜),在电炉上先小火加热,待 H_2SO_4 发白烟后再升高温度,当溶液呈均匀的棕黑色时取下,稍冷后加 6 滴 H_2O_2,再加热至微沸,消煮约 7~10 min,稍冷后重复加 H_2O_2 再消煮,如此重复数次,每次添加的 H_2O_2 应逐次减少,消煮至溶液呈无色或清亮后,再加热约 10 min,除去剩余的 H_2O_2,取下冷却后,用少量水冲洗小漏斗,洗液洗入瓶中,并将消煮液无损转移入 100 mL 容量瓶中,用蒸馏水定容。消煮的同时,进行空白试验,以校正试剂和方法的误差。

2. 植物全氮的测定(半微量蒸馏法)

吸取定容后的消煮液 5.00~10.00 mL,注入半微量蒸馏器的内室,另取 150 mL 锥形瓶加入 5 mL 2% H_3BO_3-指示剂溶液,放在冷凝管下端,管口置于 H_3BO_3 液面以下,然后向蒸馏器内室慢慢加入约 3 mL 10 mol/L NaOH 溶液,通入蒸气蒸馏(注意开放冷凝水,勿使馏出液的温度超过 40℃),待馏出液体积约达 50~60 mL 时,停止蒸馏,用少量已调节至 pH 为 4.5 的水冲洗冷凝管末端。用盐酸标准溶液滴定馏出液至溶液由蓝绿色突变为紫红色(终点的颜色应和空白测定的终点相同)。用盐酸标准溶液同时进行空白液的蒸馏测定,以校正试剂和滴定误差。

五、实验结果

1. 数据记录与处理

表 3-29 氮含量测定

实 验 项 目 \ 编 号	Ⅰ	Ⅱ	Ⅲ
植物样品质量(g)			
消煮液体积(mL)			
空白试验 HCl 标准溶液初读数(mL)			
空白试验 HCl 标准溶液初读数(mL)			

(续表)

实验项目 \ 编号	Ⅰ	Ⅱ	Ⅲ
空白试验 HCl 标准溶液消耗量(mL)			
HCl 标准溶液初读数(mL)			
HCl 标准溶液初读数(mL)			
HCl 标准溶液消耗量(mL)			
氮含量(%)			
氮含量的平均值(%)			
相对平均偏差			

2. 结果计算

$$w_N = (V_1 - V_0) \times c \times 14 \times ts \times 10^{-3} \times 100/m \quad \text{(式 3-23)}$$

式中：V_1 为样品测定时消耗标准盐酸的体积，mL；V_0 为空白试验耗去标准盐酸的体积，mL；c 为盐酸标准溶液的浓度，mol/L；14 为氮原子的摩尔质量，g/mol；ts 为分取倍数，即消煮液定容体积/蒸馏时吸取待测液的体积；m 为植物样品称重，g。

六、注意事项

(1) 加过氧化氢时要直接滴入瓶底溶液中，不可沾在瓶颈上，更不可滴到小漏斗上，以免残留的过氧化氢影响以后磷的测定。

(2) 每批样品的消煮应同时做空白试验，以校正试剂误差。

七、思考题

(1) 植物样品开始消煮时为什么要控制温度不宜太高？

(2) 消煮液清亮后为什么还需加热 10 min？

实验二十四　氯化物中氯含量的测定(莫尔法)

一、实验目的

(1) 学习 $AgNO_3$ 标准溶液的配制和标定。

(2) 掌握沉淀滴定法中以 K_2CrO_4 为指示剂测定氯离子的原理和方法。

二、实验原理

用 K_2CrO_4 作为指示剂的银量法称为莫尔法。利用莫尔法可以测定一些可溶性氯化物中氯含量。

在含有 Cl^- 的中性溶液中，以 K_2CrO_4 为指示剂，用 $AgNO_3$ 标准溶液进行滴定，由于

AgCl 的溶解度小于 Ag_2CrO_4 溶解度,根据分步沉淀原理,溶液中首先析出白色 AgCl 沉淀。当 AgCl 完全沉淀后,过量 1 滴 $AgNO_3$ 溶液与 K_2CrO_4 生成砖红色的 Ag_2CrO_4 沉淀指示终点。滴定必须在中性或弱碱性溶液中进行,最适宜的 pH 范围为 6.5~10.5。酸度过高,产生 Ag_2CrO_4 沉淀,有关反应式如下:

$$Ag^+ + Cl^- \rightleftharpoons AgCl(白)\downarrow \quad K_{sp}=1.8\times10^{-10}$$

$$2Ag^+ + CrO_4^{2-} \rightleftharpoons Ag_2CrO_4(砖红色)\downarrow \quad K_{sp}=2.0\times10^{-12}$$

酸度过低,容易生成 Ag_2O 沉淀。指示剂用量对滴定有影响,一般用量以 5×10^{-5} mol/L 为宜。

三、实验用品

1. 仪器

分析天平,酸式滴定管(50 mL),锥形瓶(250 mL),移液管(25 mL),烧杯(100 mL),容量瓶(150 mL),玻璃棒。

2. 试剂

0.1 mol/L $AgNO_3$ 标准溶液(已标定),K_2CrO_4 指示液(50 g/L,即 5%),NaCl(试样)。

四、实验内容

用差减称量法称取 0.4 g(精确 0.1 mg)NaCl 样品于小烧杯中,加去离子水溶解后,定量转移到 150 mL 容量瓶中,稀释至刻度,摇匀。

用 25 mL 移液管移取样品溶液于 250 mL 锥形瓶中,加入 25 mL 去离子水溶解和 1 mL 0.5% K_2CrO_4 溶液,在不断摇动下用 $AgNO_3$ 标准溶液滴定到白色沉淀中出现砖红色,即为终点,记录消耗的 $AgNO_3$ 溶液的体积,平行测定三次。根据样品的质量、$AgNO_3$ 溶液的浓度及消耗的体积,计算试样中氯的含量。

五、实验结果

1. 数据记录与处理

表 3-30

编号 实验项目	Ⅰ	Ⅱ	Ⅲ
倾出前(称量瓶+NaCl)质量(g)			
倾出后(称量瓶+NaCl)质量(g)			
取出 NaCl 的质量(g)			
NaCl 溶液的浓度(mol/L)			
取用 NaCl 的体积(mL)		25.00	
$AgNO_3$ 溶液终读数(mL)			
$AgNO_3$ 溶液初读数(mL)			

(续表)

实验项目 \ 编号	I	II	III
消耗 AgNO₃ 溶液体积(mL)			
试样中氯的含量(%)			
试样中氯含量的平均值(%)			
相对平均偏差			

2. 结果计算

样品中氯离子含量按下式计算：

$$w_{Cl^-} = \frac{c_{AgNO_3} V_{AgNO_3} \times 35.5 \times 10^{-3} \times 150}{m_{NaCl试样} \times 25} \times 100\% \qquad (式3-24)$$

六、注意事项

实验完毕后，一定要把滴定管中 $AgNO_3$ 溶液倒回试剂瓶，并用蒸馏水把滴定管清洗三次，再用自来水冲洗，以免 $AgNO_3$ 残留在管内。

七、思考题

(1) 莫尔法测定 Cl^- 时，为什么要控制溶液的 pH 在 6.5～10.5?

(2) 以 K_2CrO_4 为指示剂时，指示剂用量过大或过小对测定有何影响，为什么？

(3) 莫尔法测定 Cl^- 时，哪种离子干扰测定？怎样消除？

实验二十五　碘的萃取

一、实验目的

(1) 初步掌握分液漏斗的使用。

(2) 掌握萃取的基本原理。

(3) 学会用萃取分离混合物的正确操作。

二、实验原理

1. 萃取

萃取是利用物质在两种不互溶(或微溶)溶剂中溶解度或分配比的不同来达到分离、提取或纯化目的的一种操作。萃取是有机化学实验中用来提取或纯化有机化合物的常用方法之一。应用萃取可以从固体或液体混合物中提取出所需物质，也可以用来洗去混合物中少量杂质。

碘在四氯化碳中的溶解度远大于在水中的溶解度，且四氯化碳与水互不相溶，所以可以选择四氯化碳将碘从其水溶液中萃取出来。

2. 分液漏斗

漏斗由普通玻璃制成,有球形、锥形和筒形等多种式样,规格有 50 mL、100 mL、150 mL、250 mL 等。球形漏斗的颈较长,多用作制气装置中滴加液体的仪器。锥形分液漏斗的颈较短,常用作萃取操作的仪器,可对萃取后形成的互不相溶的两液体进行分液。分液漏斗的颈部有一个活塞,这是它区别于普通漏斗及长颈漏斗的重要部分。

三、实验用品

1. 仪器

量筒,烧杯,分液漏斗,铁架台(带铁圈)。

2. 试剂

碘的碘化钾溶液,四氯化碳,蒸馏水。

四、实验内容

1. 检漏

选择较萃取剂和被萃取溶液总体积大一倍以上的分液漏斗。检查分液漏斗的盖子和旋塞是否严密,用左手转动活塞,看是否灵活。检查分液漏斗是否泄漏的方法是:关闭分液漏斗的活塞,打开上口的玻璃塞,向分液漏斗中注入适量水,盖紧上口玻璃塞。将分液漏斗垂直放置,观察活塞周围是否漏水并用滤纸片检查。再用右手压住分液漏斗上口玻璃塞部分,左手握住活塞部分,把分液漏斗倒转,观察上口玻璃塞是否漏水,并用滤纸检查看。

2. 装液

用量筒量取 40 mL 碘的碘化钾水溶液,倒入分液漏斗,然后再注入 20 mL 四氯化碳(CCl_4),盖好玻璃塞。

3. 振荡

先用右手食指将漏斗上端塞子顶住,再用大拇指和中指握住漏斗,用左手的拇指、食指和中指握在活塞的柄上,上下轻轻振摇分液漏斗,使两相之间充分接触,以提高萃取效率。每振摇几次后,就要将漏斗尾部向上倾斜(朝无人处)打开活塞放气,以解除漏斗中的压力。如此重复至放气时只有很小压力后,再剧烈振摇 2~3 min。

4. 静置分层

将分液漏斗放在铁架台上,静置后,溶液分层,上层为水溶液,无色;下层为四氯化碳的碘溶液,呈紫红色。

5. 分液(取下层溶液)

将分液漏斗上端的玻璃塞打开(或使塞上的凹槽对准漏斗上的小孔),再将分液漏斗下面的活塞拧开,使下层液体慢慢沿烧杯壁流下。待下层液体全部流尽时,迅速关闭活塞。烧杯中的碘的四氯化碳溶液回收到指定容器中。分液漏斗内上层液体由分液漏斗上口倒出。

6. 回收

将碘的四氯化碳溶液倒入指定的容器中。

7. 清洗仪器,整理实验桌。

五、注意事项

(1) 液体萃取最常用的仪器是分液漏斗,一般选择容积较被萃取液大 1~2 倍的分液漏斗。

(2) 萃取溶剂的选择应根据被萃取化合物的溶解度而定,同时要易于和溶质分开,所以最好用低沸点溶剂。一般难溶于水的物质用石油醚等萃取,较易溶于水者用苯或乙醚萃取,而易溶于水的物质用乙酸乙酯等萃取。

(3) 每次使用萃取溶剂的体积一般是被萃取液体的 1/5~1/3,两者的总体积不应超过分液漏斗总体积的 2/3。

六、思考题

(1) 液液萃取的特点是什么?

(2) 用分液漏斗进行萃取操作时,为什么振荡后要放气?

实验二十六　烃的制取及性质

烃的制取

一、实验目的

(1) 掌握实验室制备甲烷、乙烯、乙炔的方法。

(2) 验证饱和烃、不饱和烃的性质,掌握它们的鉴别方法。

二、实验原理

1. 甲烷的制备和性质

(1) 甲烷的制备

实验室中,甲烷可由无水醋酸钠和碱石灰共热来制取,反应式如下:

$$CH_3COONa + NaOH \xrightarrow{\triangle} Na_2CO_3 + CH_4\uparrow$$

由于反应温度较高,在生成甲烷的同时,还会产生少量乙烯、丙酮等副产物。这样制出的甲烷是不纯净的,其中乙烯对甲烷的性质鉴定有干扰,往往能使溴水及高锰酸钾溶液褪色,可通过浓硫酸将其吸收除去。

(2) 甲烷的性质

甲烷和其他烷烃的化学性质都很稳定。在一般条件下,与强酸、强碱、溴水和高锰酸钾等都不反应;但在光照下可发生卤代反应生成卤代烷烃,并在空气中可燃烧,生成二氧化碳和水。

2. 乙烯、乙炔的制备和性质

(1) 乙烯的制备

乙醇在浓硫酸作用下,于 170℃ 发生分子内脱水生成乙烯,反应式如下:

$$CH_3CH_2OH \xrightarrow[170℃]{浓硫酸} H_2C = CH_2\uparrow + H_2O$$

在140℃时,乙醇主要发生分子间脱水生成乙醚:

$$2CH_3CH_2OH \xrightarrow[140℃]{浓硫酸} CH_3CH_2OCH_2CH_3 + H_2O$$

温度对这两个平行反应影响很大,控制加热温度,使反应温度迅速上升到160℃以上,可使反应以生成乙烯为主。

浓硫酸具有较强的氧化性,在反应条件下,能将乙醇氧化成一氧化碳、二氧化碳等,自身则被还原成二氧化硫。为防止杂质气体干扰乙烯的性质试验,将生成的混合气体通过一个盛有氢氧化钠溶液的洗气瓶,二氧化碳、二氧化硫等酸性气体就会被碱液吸收,从而得到较为纯净的乙烯气体。

(2) 乙炔的制备

实验室中,乙炔是由电石(碳化钙)与水作用制得的,反应式如下:

$$CaC_2 + 2H_2O = C_2H_2\uparrow + Ca(OH)_2$$

电石与水的作用十分激烈,为使反应缓和进行,可采用向体系中逐渐加饱和食盐水的方式,平稳均匀地产生乙炔。

工业电石中常含有硫化钙、磷化钙等杂质,它们与水作用可生成硫化氢、磷化氢和砷化氢等恶臭、有毒的还原性气体。它们的存在不仅污染空气,也干扰乙炔的性质检验。将反应生成的混合气体通过盛有硫酸铜(或铬酸洗液)的洗气瓶时,这些杂质气体就会被吸收。

(3) 乙烯、乙炔的性质

乙烯、乙炔都是不饱和烃,分子中的 π 键非常活泼,容易与溴发生加成反应,也容易被高锰酸钾氧化。

此外,乙烯、乙炔都可在空气中燃烧,生成二氧化碳和水。

其他烯烃和炔烃也可发生上述同样反应。由于反应前后有明显的颜色变化或沉淀生成,所以这些性质可用于乙烯、乙炔及其他烯烃、炔烃的鉴定。

炔氢的取代反应 乙炔分子中的氢原子性质活泼,具有弱酸性,可与硝酸银的氨溶液或氯化亚铜的氨溶液作用,生成金属炔化物沉淀。利用此反应可鉴定乙炔及其他末端炔烃,反应式如下:

$$HC\equiv CH \xrightarrow{Ag^+} AgC\equiv CAg\downarrow$$
$$(白色)$$

$$HC\equiv CH \xrightarrow{Cu^+} CuC\equiv CCu\downarrow$$
$$(红棕色)$$

三、实验用品

1. 仪器

硬质试管(2.5 cm×20 cm),具支试管(2.0 cm×20 cm),滴管,导气管,尖嘴管,蒸馏烧瓶(50 mL、100 mL),洗气瓶,烧杯,橡皮塞,酒精灯,铁架台,万能夹,温度计(200℃)。

2. 试剂

无水醋酸钠,碱石灰,氢氧化钠,饱和溴水,3% Br_2 的 CCl_4 溶液,20% NaOH 溶液,5%

Na₂CO₃ 溶液,0.1% KMnO₄ 溶液,澄清石灰水,95%乙醇,浓硫酸,电石,饱和食盐水,2%氨水,6 mol/L 稀硝酸溶液,3%氯化亚铜溶液,2%稀溴水,10%NaOH 溶液,10%CuSO₄ 溶液,2%硝酸银溶液,1% NaOH 溶液,沸石。

四、实验内容

1. 甲烷的制备及性质

（1）甲烷的制备

在研钵中依次加入两药匙已烘干的无水醋酸钠、三粒固体氢氧化钠、一匙半碱石灰，混匀研细，用纸槽加入干燥的硬质试管中，管口配上带有导气管的塞子。用铁夹将试管固定在铁架台上，管口稍向下倾斜，装置如图 3-8 所示。

实验时，先检查装置气密性，再用小火从试管底部加热，然后慢慢向前移动，对试管整体均匀加热，最后再用强火固定在有药品的地方加热，待空气排出后，产生均匀、连续的甲烷气体，用向下排水集气法收集甲烷。然后做下列性质鉴定。

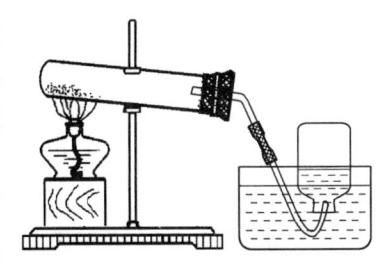

图 3-8 甲烷制取实验装置图

（2）甲烷的性质

① 稳定性　在一支试管中加入饱和溴水和蒸馏水各 1 mL，在另一支试管中加入 0.1%酸化的 KMnO₄ 溶液 1 mL，分别向两支试管中通入经浓硫酸洗过的甲烷气体约 1 min，观察溶液颜色有无变化。记录现象并解释原因。

② 可燃性　在导管的尖端处点燃纯净的甲烷气体，观察火焰的颜色和亮度。在火焰上方罩一个干燥的烧杯（如图 3-9），观察烧杯底壁上有什么现象发生？记录现象并解释原因。再将烧杯用澄清石灰水润湿后，罩在火焰上，观察有什么现象发生？记录现象并解释原因，写出有关化学反应方程式。

图 3-9 甲烷在空气中燃烧

2. 乙烯的制备及性质

（1）乙烯的制备

在干燥的 50 mL 烧瓶中加入 3 mL 95%酒精，在振荡下分批加入 9 mL 浓硫酸，再加入几粒沸石，以免混合液在受热时沸腾而剧烈跳动。将烧瓶固定在铁架台上，瓶口配有带温度计的塞子。温度计的汞球部分应浸入反应液中，但不能接触瓶底。气体导入管应插入吸收液面下，装置如图 3-10 所示。检查装置气密性后，先用强火加热，使反应液温度迅速升至 170℃，再调节热源，使温度维持在 170℃左右，即有乙烯气体产生。

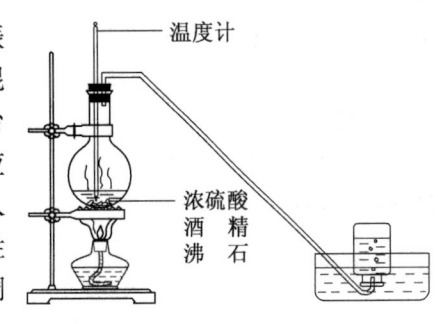

图 3-10 乙烯制取实验装置图

（2）乙烯的性质

① 将导气管插入盛有 2 mL 稀溴水的试管中，观察溴水的颜色变化。发生了什么反应？

② 将导气管插入盛有 2 mL 高锰酸钾溶液和 2 滴浓硫酸的试管中，观察溶液颜色的变

化。发生了什么反应？

③ 在导管的尖端处点燃乙烯气体,观察火焰明亮程度。发生了什么反应？

记录上述实验现象并解释原因。

3. 乙炔的制备及性质

(1) 乙炔的制备

在干燥的有洞大试管中,放入 5 g 小块电石,放少许棉花,取 50 mL 烧杯一个,装入 30 mL 饱和食盐水。装置如图 3-11 所示。检查气密性后,将试管压入食盐水中,就会有乙炔气体产生。

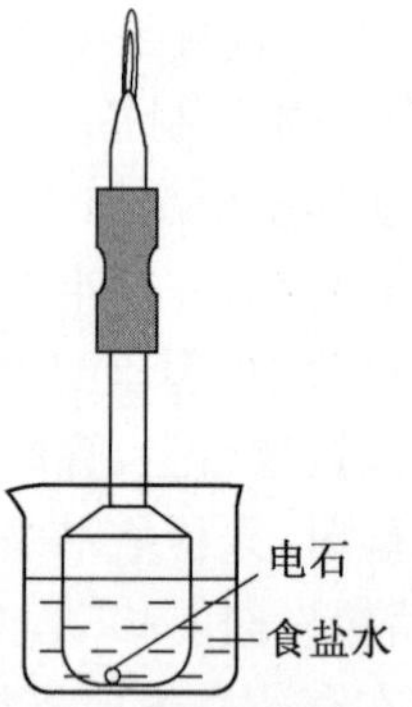

(2) 乙炔的性质

① 将导气管插入盛有 2 mL 稀溴水的试管中,观察溴水的颜色变化。发生了什么反应？

② 将导气管插入盛有 2 mL 高锰酸钾溶液和 2 滴浓硫酸的试管中,观察溶液颜色的变化。发生了什么反应？

③ 擦干尖端管口,点燃乙炔气体,观察火焰明亮程度和黑烟多少,并与甲烷、乙烯的燃烧情况进行对比。

记录上述实验现象并解释原因。

图 3-11 乙炔制取实验装置图

五、注意事项

(1) 实验室加热制取甲烷时,若先在试管底部加热,则生成的甲烷气体常会冲散反应物,而采用从管口到底部的加热方法,可避免上述缺点。

(2) 在导气管口直接点燃甲烷,容易引起爆炸,因此必须在集气瓶或试管中点燃,以防意外发生。

(3) 碱石灰是由氢氧化钠和生石灰共热而得。使用前应将其烘干,然后再与无水醋酸钠混合。在该实验中用碱石灰比用氢氧化钠好,表现在以下几个方面：

① 氢氧化钠是强碱,对试管有很强的腐蚀性,而碱石灰可以减少其对试管的腐蚀。

② 氢氧化钠有很强的吸湿性,试剂吸水后不利于甲烷的生成,而使用碱石灰可以克服这个缺点。

③ 碱石灰易被粉碎,易与无水醋酸钠混匀,同时也利于甲烷气体的逸出。

(4) 乙醇与浓硫酸作用,首先生成硫酸氢乙酯,反应放热,故必要时可浸在冷水中冷却片刻。浓硫酸边加边摇,可防止乙醇碳化。

(5) 乙烯、乙炔的燃烧实验应放在其他试验项目后做,以免空气未排尽之前点燃混合气体而引起爆炸事故！

六、思考题

(1) 实验室中制取甲烷时为什么需要干燥的试管和药品？

(2) 甲烷点燃时火焰呈淡蓝色,而我们见到的常呈微黄色,为什么？

(3) 制取乙烯时,加入浓硫酸起什么作用？为什么浓硫酸要在冷却下分批加入？

(4) 用电石制取乙炔时,可能含有哪些杂质？在实验中应该怎样除掉？

实验二十七　烃的衍生物的性质

一、实验目的

(1) 验证醇、酚、醛、酮、羧酸、酯的主要化学性质。
(2) 掌握醇、酚、醛、羧酸的鉴定方法。

二、实验原理

1. 醇的性质与鉴定

(1) 与金属钠作用　羟基中的氢原子比较活泼,可被金属钠取代,生成醇钠,同时放出氢气。

$$2RCH_2OH + 2Na \Longrightarrow 2RCH_2ONa + H_2\uparrow$$

醇钠水解后生成氢氧化钠,可用酚酞检验。

(2) 与卢卡斯试剂作用　醇分子中的羟基可被卤原子取代,生成卤代烃。

$$RCH_2OH + HX \Longrightarrow RCH_2X + H_2O$$

与羟基相连的烃基结构不同,反应活性也不同。叔醇最活泼,反应速率最快,仲醇次之,伯醇反应速率最慢。

将伯醇、仲醇、叔醇与卢卡斯试剂(无水氯化锌的浓盐酸溶液)作用,生成的氯代烷不溶于卢卡斯试剂而出现混浊或分层。叔醇因反应速率快而立即出现混浊,放置后分层;仲醇反应速率较慢,需微热几分钟后出现混浊;伯醇则因反应速率很慢而无明显变化。可根据出现混浊的快慢来鉴别三级醇。

(3) 多元醇与氢氧化铜作用　多元醇可与某些金属氢氧化物作用生成类似盐类的物质。如乙二醇、丙三醇与新配制的氢氧化铜沉淀反应,生成绛蓝色溶液,可利用这一反应鉴定多元醇。

$$\begin{array}{c} CH_2-OH \\ | \\ CH-OH \\ | \\ CH_2-OH \end{array} + Cu^{2+} + 2OH^- \longrightarrow \begin{array}{c} CH_2-O \\ | \quad\quad\quad \diagdown \\ CH-O \quad\quad Cu \\ | \\ CH_2-OH \end{array} + 2H_2O$$

甘油铜(绛蓝色)

2. 酚的性质与鉴定

(1) 弱酸性　酚羟基与芳环直接相连,由于两者相互影响,使酚羟基具有弱酸性(比碳酸弱),可溶于氢氧化钠溶液,但不溶于碳酸氢钠溶液。

$$C_6H_5-OH + NaOH \Longrightarrow C_6H_5-ONa + H_2O$$

(2) 与溴水作用　受酚羟基的影响,苯环变得活泼,取代反应容易进行。例如,常温下苯酚与溴水作用,可立即生成2,4,6-三溴苯酚白色沉淀,反应灵敏,现象明显,可用于苯酚的鉴定。

$$\text{C}_6\text{H}_5\text{OH} + 3\text{Br}_2 \xrightarrow{\text{H}_2\text{O}} \text{C}_6\text{H}_2\text{Br}_3\text{OH}\downarrow + 3\text{HBr}$$

(3) 与氯化铁溶液作用 大多数酚类物质都可与氯化铁溶液发生颜色反应，且不同结构的酚，颜色也不相同。常用这一反应来鉴别酚类。

$$\text{FeCl}_3 + 6\text{C}_6\text{H}_5\text{OH} = \underset{（紫色）}{[\text{Fe}(\text{OC}_6\text{H}_5)_6]^{3-}} + 6\text{H}^+ + 3\text{Cl}^-$$

3. 醛、酮的性质与鉴定
(1) 氧化反应

醛和酮的结构不同，性质也有差异。醛基上的氢原子非常活泼，容易发生氧化反应，较弱的氧化剂（如托伦试剂和费林试剂）也能将醛氧化成羧酸。

① 与托伦试剂作用

$$\text{RCHO} + 2\text{Ag}(\text{NH}_3)_2\text{OH} \xrightarrow{\text{温热}} \text{RCOONH}_4 + 2\text{Ag}\downarrow + 3\text{NH}_3\uparrow + \text{H}_2\text{O}$$

析出的银吸附在洁净的玻璃器壁上，形成银镜，因此这一反应又称银镜反应。酮不能被托伦试剂氧化，可用这一反应鉴别醛和酮。

② 与费林试剂作用

$$\text{RCHO} + 2\text{Cu}(\text{OH})_2 \xrightarrow{\triangle} \text{RCOOH} + \text{Cu}_2\text{O}\downarrow + 2\text{H}_2\text{O}$$

酮和芳香醛不能被费林试剂氧化，可用此反应鉴别醛和芳香醛、醛和酮。

(2) 碘仿反应

具有 $-\overset{\text{O}}{\underset{\|}{\text{C}}}-\text{CH}_3$ 结构的醛和酮能够被氧化成这种结构的醇类，可与次碘酸钠发生碘仿反应，生成亮黄色晶体碘仿。

$$(\text{H})\text{R}-\overset{\text{O}}{\underset{\|}{\text{C}}}-\text{CH}_3 + 3\text{I}_2 + 4\text{NaOH} = \text{CHI}_3\downarrow + (\text{H})\text{RCOONa} + 3\text{NaI} + 3\text{H}_2\text{O}$$

利用碘仿反应可鉴别甲基醛、酮和能够氧化成甲基醛、酮的醇类。

4. 羧酸的性质与鉴定
(1) 酸性

羧酸是分子中含有羧基（—COOH）官能团的有机物。其典型的化学性质有酸性，可与氢氧化钠作用生成水溶性的羧酸盐。所以羧酸既能溶于氢氧化钠溶液，也能溶于碳酸氢钠溶液，可以此作为鉴定羧酸的重要依据。

(2) 还原性

甲酸分子中的羧基与一个氢原子相连，草酸分子中两个羧基直接相连，由于结构特殊，它们都具有较强的还原性。甲酸可被托伦试剂氧化,发生银镜反应;草酸能被高锰酸钾定量氧化,常用于高锰酸钾的定量分析。

5. 酯的性质——酯的水解

羧酸分子中的羟基可被烃氧基取代生成酯。酯在一定条件下,能发生水解反应。

三、实验用品

1. 仪器

酒精灯,三脚架,石棉网,试管,烧杯,试管(2.0 cm×20 cm),碎瓷片,铁架台,导气管。

2. 试剂

无水乙醇,正丁醇,金属钠,酚酞指示剂,蒸馏水,仲丁醇,叔丁醇,卢卡斯试剂,10%硫酸铜溶液,10%氢氧化钠溶液,乙二醇,丙三醇,苯酚晶体,10%碳酸钠溶液,10%碳酸氢钠溶液,对苯二酚晶体,1%氯化铁溶液,饱和溴水,2%硝酸银溶液,1%氢氧化钠溶液,2%氨水,乙醛,丙酮,费林试剂 A,费林试剂 B,甲醛,正丁醛,异丙醇,碘-碘化钾溶液,甲酸,冰醋酸,草酸,刚果红试纸,饱和碳酸氢钠溶液,氨水(1∶1),2%氢氧化钠溶液,3 mol/L 硫酸溶液,乙酸乙酯。

四、实验内容

1. 醇的性质与鉴定

(1) 与金属钠作用 在两支干燥洁净的试管中,分别加入无水乙醇、正丁醇各 1 mL,再各加入一粒黄豆大小的钠,振摇,观察两支试管中反应速率的差异。用大拇指按住一支试管口片刻,再用点燃的火柴接近试管口,有什么现象产生?

待试管中钠粒完全消失后,醇钠析出使溶液变黏稠(或凝固)。向试管中加入 5 mL 水并滴入 2 滴酚酞指示剂,观察溶液颜色变化。

记录上述实验现象并解释原因。

(2) 与卢卡斯试剂作用 在三支干燥的试管中,分别加入 0.5 mL 正丁醇、仲丁醇、叔丁醇,再分别加入 1 mL 卢卡斯试剂,管口塞上塞子,用力振摇片刻后静置,观察管中的变化,记录首先出现混浊的时间。将其余两支试管放入约 50℃ 的水浴中温热几分钟,取出观察,记录现象并解释原因。

(3) 多元醇与氢氧化铜作用 在两支试管中,各加入 1 mL 10%硫酸铜溶液和 1 mL 10%氢氧化钠溶液,混匀,立即出现蓝色氢氧化铜沉淀。向两支试管中分别加入 5 滴乙二醇、丙三醇,振摇并观察现象变化,记录现象并解释原因。

2. 酚的性质与鉴定

(1) 弱酸性 在干燥洁净的试管中,加入约 0.3 g 苯酚和 1 mL 水,并观察其溶解性。将试管在水浴中加热几分钟,取出观察其中的变化。将溶液冷却,有什么现象发生?向其中滴加 10% NaOH 溶液并振摇,发生了什么变化?

在两支试管中,各加入约 0.3 g 苯酚,再分别加入 1 mL 10%碳酸钠溶液、1 mL 10%碳酸氢钠溶液,振摇并温热后,观察并对比两支试管中的现象。

(2) 与溴水作用 在干燥洁净的试管中,加入约 0.3 g 苯酚和 2 mL 水,振摇使其溶解成透明溶液。向其中滴加饱和溴水,观察现象,记录并解释原因。

(3) 与氯化铁溶液作用　在两支干燥洁净的试管中,分别加入少量苯酚、对苯二酚晶体,各加入 2 mL 水振摇使其溶解。分别向两支试管中滴加新配制的 1~2 滴 1% $FeCl_3$ 溶液,观察溶液颜色的变化,记录现象并解释原因。

3. 醛、酮的性质与鉴定

(1) 氧化反应

① 与托伦试剂作用　在一支洁净的试管中加入 3 mL 2%硝酸银溶液,再加入 1%氢氧化钠溶液 1 滴。然后在振摇下,滴加 2%氨水,直至析出的褐色氧化银沉淀恰好溶解,变为澄清透明的溶液为止(不宜加多,否则影响实验灵敏度)。

将澄清透明的银氨溶液分装在三支洁净的编码试管中,再分别加入 2~3 滴乙醛、甲醛、丙酮。充分振摇后,将三支试管同时放入 60~70℃的水浴中,加热,观察有无银镜生成。记录现象并解释原因。

② 与费林试剂作用　在四支试管中,各加入 0.5 mL 费林试剂 A 和 0.5 mL 费林试剂 B,混匀后分别加入 4~5 滴甲醛、乙醛、苯甲醛、丙酮。充分振摇后,在酒精灯上加热到沸腾,取出试管观察现象差别,记录现象并解释原因。

(2) 碘仿反应

在六支编码试管中,分别加入 5 滴甲醛、乙醛、正丁醛、丙酮、乙醇、异丙醇,再分别加入碘-碘化钾溶液,边振摇边分别滴加 10%氢氧化钠溶液至碘的颜色刚好消失,反应液呈微黄色为止,观察有无沉淀析出。将没有沉淀析出的试管置于约 60℃的水浴中温热几分钟后取出,冷却,观察现象,记录并解释原因。

4. 羧酸的性质与鉴定

(1) 酸性　在三支干燥洁净的试管中,分别加入 5 滴甲酸、5 滴乙酸、0.2 g 草酸,再分别加入 1 mL 蒸馏水,振摇。用干净的玻璃棒分别醮少量酸液,在同一条刚果红试纸上划线。观察试纸颜色变化,比较各条线的深浅并说明三种酸的酸性强弱顺序。

在三支干燥洁净的试管中分别加入 2 mL 10%碳酸钠溶液,再分别加入 5 滴甲酸、5 滴乙酸、0.2 g 草酸,振摇试管,观察有无气泡产生,记录现象并解释原因。

(2) 酯化反应　在 2.0 cm×20 cm 的大试管中,放入 2~3 块碎瓷片,再加入 3 mL 无水乙醇和 2 mL 冰醋酸。小心地加入 2 mL 浓硫酸,振摇,将试管固定在铁架台上。另取一支试管加入 5 mL 饱和碳酸氢钠溶液(内滴 3 滴酚酞,使溶液呈红色),按图 3-12 所示装好装置。用小火加热大试管 3~5 min,观察装红色的饱和碳酸钠溶液的试管中有无分层现象?是否嗅到酯的香味?记录现象并写出有关反应式。

(3) 甲酸和草酸的还原性　在两支干燥洁净的试管中,分别加入 0.5 mL 甲酸、0.2 g 草酸,再各加入 0.5 mL 高锰酸钾溶液和 0.5 mL 3 mol/L 硫酸溶液,振摇后加热至沸,观察现象,记录现象并解释原因。

图 3-12　制备乙酸乙酯装置图

在一支干燥洁净的试管中加入 1 mL 1:1 的氨水和 5 滴硝酸银溶液,在另一支干燥洁净的试管中加入 1 mL 2%氢氧化钠溶液和 5 滴甲酸,振摇后倒入第一支试管中,混匀。此时若有沉淀产生,可补加几滴氨水,使其恰好完全溶解。将试管放入 85~95℃的水浴中加热几分钟后取出,观察有无银镜生成。记录现象并解释原因。

5. 酯的性质——酯的水解

在三支试管中分别加入 1 mL 乙酸乙酯和 1 mL 蒸馏水,再向其中一支试管中加入 1 mL 3 mol/L 硫酸溶液,向另一支试管中加入 1 mL 20% 氢氧化钠溶液。将三支试管同时放入 70~80℃ 水浴中加热,边振摇边观察,并比较各试管中酯层消失的速度。哪一支试管中酯层消失得快一些?为什么?写出有关化学反应式。

五、注意事项

(1) 卢卡斯试剂即无水氯化锌的盐酸溶液,容易吸水而失效,因此必须在实验前新配制。方法如下:将 34 g 熔融的无水氯化锌溶于 23 mL 浓盐酸中,边搅拌边冷却以防止氯化氢外逸。冷却后保存于试剂瓶中,塞紧。配制操作应在通风橱中进行。

(2) 苯酚有毒并对皮肤有很强的腐蚀性,如不慎沾到皮肤,应先用水冲洗,再用酒精擦洗,直到灼伤部位白色消失,然后涂上甘油。

(3) 碘仿反应时,碱液不可多加。因为过量的碱会使生成的碘仿消失,即氢氧化钠可将碘仿分解,而导致实验失败。

$$CHI_3 + 4NaOH \mathrm{=\!=\!=} HCOONa + 3NaI + 2H_2O$$

(4) 配制银氨溶液时,切忌加入过量的氨水,否则将生成雷酸银,受热后会引起爆炸,也会使试剂本身失去灵敏性。托伦试剂久置后会析出具有爆炸性的黑色氮化银(Ag_3N)沉淀,因此需在实验前配制,不可贮存备用。

六、思考题

(1) 在卢卡斯试验中,试管中有水可以吗?为什么?
(2) 具有什么结构的化合物能与氯化铁溶液发生显色反应?试举两例。
(3) 醛与银氨溶液的反应为什么要在碱性溶液中进行?在酸性溶液中可以吗?

实验二十八 白酒的蒸馏

白酒的蒸馏

一、实验目的

(1) 学会蒸馏仪器的安装。
(2) 了解蒸馏原理,掌握蒸馏的基本操作。

二、实验原理

液体在一定温度下具有相应的蒸气压。加热液体,蒸气压随温度升高而增大。当液体的蒸气压增大到与大气压力相等时,就有大量气泡从液体内部逸出,液体沸腾。这时的温度称为该液体的沸点。

将液体加热至沸,使液体变成蒸气,然后再使蒸气冷凝并收集于另一容器中的过程称为蒸馏。蒸馏是分离和纯化液态有机物最常用的方法之一。

当两种液体混合时,低沸点物质较易挥发,通过蒸馏就能把沸点差别较大的两种及以上的混合液分离开来,也可将易挥发物质和难挥发物质分离,从而达到分离和提纯的目的。同时,利用蒸馏可测定液体的沸程(沸点范围)。纯粹液体在一定压力下,具有一定的沸点,它的沸程很小(1~2℃)。液体化合物中如有杂质存在,不仅沸点会有变化,而且沸程也会增大。所以测定沸程也是鉴定有机化合物及其纯度的一种方法。

三、实验用品

1. 仪器

蒸馏烧瓶(150 mL),冷凝管,接收器,锥形瓶(250 mL),温度计(100℃),铁架台,表面皿,石棉网,酒精灯,橡皮管,长颈漏斗。

2. 试剂

白酒,沸石。

四、实验内容

1. 组装蒸馏白酒的装置

如图 3-13 所示,在组装蒸馏仪器时,用单爪夹夹住蒸馏烧瓶支管以上的瓶颈处并固定在铁架台上,再用单爪夹夹住冷凝管的中上部,调整位置使冷凝管与蒸馏烧瓶的支管尽可能在同一直线上,并与接收器相连。蒸馏仪器的组装,一般以蒸馏烧瓶为准,固定后不宜再调整。装置要安装紧密,单爪夹不要夹得过紧或过松,以免弄坏仪器。

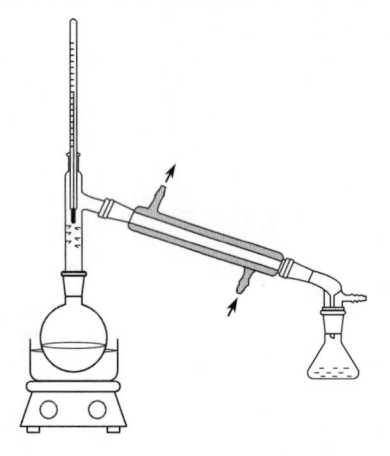

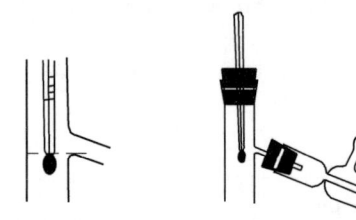

图 3-13 白酒的蒸馏装置　　图 3-14 蒸馏装置中温度计的位置

(1) 蒸馏烧瓶　蒸馏烧瓶是蒸馏操作中常用仪器之一。液体在瓶内受热气化,蒸气经支管进入冷凝管,支管与冷凝管以单孔橡皮塞相连,支管伸出橡皮塞外约 2~3 cm。蒸馏烧瓶瓶口有配温度计的单孔橡皮塞。适当调整温度计的位置,使温度计的水银球能完全被蒸气所包围,这样才能准确测出蒸气的温度。通常是使水银球的上缘恰好与蒸馏烧瓶支管接口的下缘在同一水平线上,如图 3-14 所示。

(2) 冷凝管　蒸气在冷凝管中冷凝成液体。冷凝管下端侧管为进水口,上端的出水口应朝上,以保证管内充满冷却水。

(3) 接收器　它包括接收管和锥形瓶,两者之间应与外界大气相连,此点应引起注意。

2. 蒸馏操作

(1) 加料　将长颈漏斗放在蒸馏烧瓶瓶口,经漏斗加入待蒸馏的液体,或者沿着蒸馏烧瓶支管对面的瓶颈壁,缓慢加入待蒸馏的液体,然后在瓶口塞紧配有温度计的橡皮塞。

(2) 加热　检查装置的气密性后,向冷凝管通入冷却水,然后加热。开始宜用小火微热,以免蒸馏烧瓶因局部受热而破裂;逐渐增大火力使之沸腾,进行蒸馏。在蒸馏过程中,应使温度计水银球常有冷凝的液滴,此时的温度计读数即为蒸出液的沸点。收集所需温度范围的馏液。

(3) 蒸馏结束　先熄火,后断水,再拆卸仪器,其程序和装配时相反,即依次取下接收器、冷凝管和蒸馏烧瓶。

3. 白酒的蒸馏

(1) 取 50 mL 白酒,倒 1～2 mL 在表面皿中,用火柴点燃,不会燃烧(如能燃烧应稀释至不能点燃,以便比较)。通过长颈漏斗将白酒加到蒸馏烧瓶中,并投入沸石 3～4 颗。

(2) 经气密性检查后,从冷凝管的下端侧管通入自来水,将上口流出的水引入水槽。为节约用水应控制水的流量,以流出水微热为度。蒸馏速度以每秒自接液管滴下 1～2 滴馏液为宜。记录第一滴馏液落入接收器时的温度。当温度计上升到 77℃时,换一个干燥的锥形瓶,收集 77～79℃的馏分(含乙醇 95% 的酒精沸点为 78.4℃)。

(3) 当温度突然下降时即蒸馏完毕,倒出 1～2 mL 烧酒蒸馏液于表面皿中,点燃有淡蓝色火焰。

五、注意事项

(1) 蒸馏装置不能成封闭体系。因为一旦在封闭系统中进行加热蒸馏,随着压力升高,会引起仪器破裂或爆炸。

(2) 在蒸馏沸点高于 130℃ 的液体时,一般需用空气冷凝管。若用水冷凝管,由于气体温度较高,冷凝管外套接口处会因局部骤冷而容易破裂。

(3) 蒸馏低沸点易燃液体(如乙醚)时,绝不能用明火加热,附近应禁止有明火,也不能用正在加热的水浴加热,而应该用预先热好的水浴加热。在蒸馏沸点较高的液体时,可以用明火加热。明火加热时,烧瓶底部一定要置放在石棉网上,以防烧瓶因受热不匀而炸裂。

(4) 蒸馏时加热的火焰不能太大,否则会在圆底烧瓶的颈部造成过热现象,即一部分蒸气直接被火焰的热量所影响,这样由温度计读得的沸点会偏高;另一方面,蒸馏也不能进行得太慢,否则温度计的水银球不能为馏出液蒸气充分浸润,会使温度计上所读得沸点偏低或不规则。

(5) 如果没有液滴,可能有两种情况:一是温度低于沸点,体系内气-液相没有达到平衡;二是温度过高,出现过热现象,此时,温度已超过沸点。这时应调节火焰(或调整电压)以达到要求。

六、思考题

(1) 蒸馏时,蒸馏烧瓶所盛的液体的量为什么不应超过其容积的 2/3,也不少于 1/3?

(2) 蒸馏时加入沸石的作用是什么?如果蒸馏前忘加沸石,能否将沸石立即加入沸腾的液体中?已经用过的沸石能否继续使用?

实验二十九　玫瑰精油的提取

一、实验目的

（1）了解提取植物芳香油的基本原理。
（2）初步学会植物芳香油的简易提取技术。

二、实验原理

玫瑰含的挥发油成分有香茅醇、香叶醇、芳樟醇、苯乙醇，橙花醇、丁香醇、金合欢醇及其酯类、倍半萜及其衍生物等，所以玫瑰精油的化学性质稳定，难溶于水，易溶于有机溶剂，能随水蒸气一同蒸发。本实验通过水蒸馏法提取，并通过分液漏斗分离得到粗玫瑰精油。

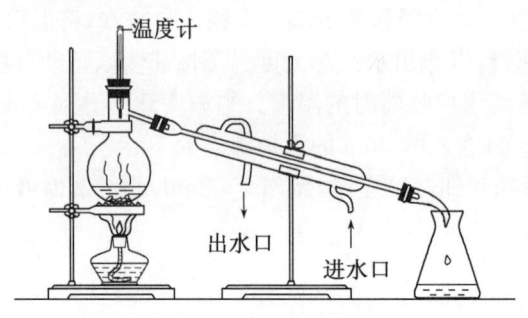

图 3-15　蒸馏装置

三、实验用品

1. 仪器

分液漏斗，量筒(100 mL)，蒸馏瓶(500 mL)，橡胶塞，蒸馏头，温度计(200℃)，直形冷凝管；接液管，锥形瓶(250 mL)，连接进水口和出水口的橡皮管，铁架台两个，酒精灯，石棉网，电子秤。

2. 试剂

新鲜的玫瑰花，0.1 g/mL 氯化钠溶液，无水硫酸钠。

四、实验内容

（1）花瓣用清水冲洗，去掉上面的灰尘等杂质，沥干水分；称取 50 g 玫瑰花瓣，放入 500 mL 的圆底烧瓶中，加入 200 mL 蒸馏水；安装蒸馏装置，在蒸馏瓶中加几粒沸石，防止液体过度沸腾；打开水龙头，缓缓通入冷水，然后开始加热；加热时可以观察到蒸馏瓶中的液体逐渐沸腾，蒸气逐渐上升，温度计读数也略有上升；当蒸气的顶端达到温度计水银球部位时，温度计读数急剧上升；在整个蒸馏过程中，应保证温度计的水银球上有因冷凝作用而形成的液滴，控制蒸馏的时间和速度，通常以每秒 1～2 滴为宜。

蒸馏装置的具体安装顺序和方法如下：① 固定热源——酒精灯。② 固定蒸馏瓶使其离热源的距离如图 3-15 所示，并且保持蒸馏瓶轴心与铁架台的水平面垂直。③ 安装蒸头,使蒸馏头的横截面与铁架台平行。④ 连接冷凝管。保证上端出水口向上,通过橡皮管与水池相连;下端进水口向下,通过橡皮管与水龙头相连。⑤ 连接接液管(或称尾接管)。⑥ 将接收瓶瓶口对准尾接管的出口。常压蒸馏一般用锥形瓶而不用烧杯作接收器,接收瓶应在实验前称重,并做好记录。⑦ 将温度计固定在蒸馏头上,使温度计水银球的上限与蒸馏头侧管的下限处在同一水平线上。

(2) 蒸馏完毕,收集锥形瓶中的乳白色的乳浊液,向锥形瓶中加入质量浓度为 0.1 g/mL 的氯化钠溶液,使乳化液分层;然后将其倒入分液漏斗中,用分液漏斗将油层和水层完全分开;打开顶塞,再将活塞缓缓旋开,放出下层液体,从上口倒出玫瑰精油,用锥形瓶收集;向锥形瓶中加入无水硫酸钠,吸去油层中含有的水分,放置过夜。为了更好地将油、水两层液体分离,操作时应注意正确使用分液漏斗。应先撤出热源,然后停止通水,最后拆卸蒸馏装置,拆卸的顺序与安装时相反。

分液漏斗的使用方法如下:① 首先把活塞擦干,为活塞均匀涂上一层润滑脂,注意切勿将润滑脂涂得太厚或使润滑脂进入活塞孔中,以免污染萃取液。② 塞好活塞后,把活塞旋转几圈,使润滑脂分布均匀;用水检查分液漏斗的顶塞与活塞处是否渗漏,确认不漏水后再使用。③ 将分液漏斗放置在大小合适的并已固定在铁架台上的铁圈中,关好活塞。将待分离的液体从上部开口处倒入漏斗中,塞紧顶塞,注意顶塞不能涂润滑脂。④ 取下分液漏斗,用右手手掌顶住漏斗顶塞并握住漏斗颈,左手握住漏斗活塞处,大拇指压紧活塞,将分液漏斗略倾斜,前后振荡(开始振荡时要慢)。⑤ 振荡后,使漏斗口仍保持原倾斜状态,左手仍握在漏斗活塞处,下部管口指向无人处,用拇指和食指旋开活塞,释放出漏斗内的蒸气或产生的气体,以使内外压力平衡,这一步操作也称作"放气"。⑥ 重复上述操作,直至分液漏斗中只放出很少的气体为止;再将分液漏斗剧烈振荡 2~3 min,然后将漏斗放回铁圈中,待液体静置分层。

五、实验结果

表 3 - 31

	实验前(g)	实验后(g)
玫瑰		
锥形瓶		

计算玫瑰精油的产率:$m_{精油}/m_{玫瑰} = $ _____。

六、注意事项

(1) 所有仪器必须事先干燥,保证无水。
(2) 温度计不可低于蒸馏瓶的侧管口,冷凝管的出水口要向上。
(3) 蒸馏温度太高、时间太短,产品品质就较差。

七、思考题

氯化钠和无水硫酸钠的作用分别是什么?

实验三十　熔点的测定

一、实验目的

(1) 了解熔点测定的意义。
(2) 掌握测定熔点的操作技术。
(3) 熟悉温度计校正的意义和方法。

二、实验原理

在大气压力下,化合物受热由固态转变为液态时的温度称为该化合物的熔点。严格地说,熔点是指在大气压力下化合物的固-液两相平衡时的温度。通常纯的化合物具有确定的熔点,而固体从开始熔化(始熔)至完全熔化(全熔)的温度范围称为熔距(或称为熔程、熔点范围),且一般不超过 0.5℃。当化合物含有杂质时,其熔点下降,熔距变宽。因此,通过测定熔点不仅可以鉴别不同的有机化合物,还可以判断有机化合物的纯度,同时还能鉴定熔点相同的两种化合物是否为同一化合物,即将它们混合后测熔点,如果熔点不变,熔距变宽,则为不同化合物。熔点是固体有机化合物的物理常数之一。但对于受热易分解的化合物,即使纯度很高,也无确定的熔点,且熔距较宽。

熔点测定有两种方法:常量法和微量法。常量法测定熔点比较准确,但需要较大量的试样才能满足测定熔点的需要。因此,测定有机化合物的熔点,通常采用微量法,下面对其做详细介绍。

微量法测定熔点有两种经常采用的装置:双浴式熔点测定装置和齐列(Thiele)熔点测定管。前者通过油浴和空气浴加热试样,试样受热均匀,温度上升缓慢,所以准确性较高,熔点范围较小;但装置稍复杂,加入的热浴物质如甘油、石蜡油等用量较多,测定熔点的速度较慢。后者装置简单,使用方便,测定速度快;但加热不够均匀,所测定熔点的温度范围大,准确性稍差。上述两种装置如图 3-16 所示。

不论哪种装置,所配的塞子最好是软木塞。因为软木塞的耐热性好,而橡皮塞在高温下易变黏。在软木塞上一定要锉一通气孔。加热时仪器内的空气膨胀,如无通气孔,内部压力太大时,易将塞子爆出,不仅使实验失败,还易造成事故。

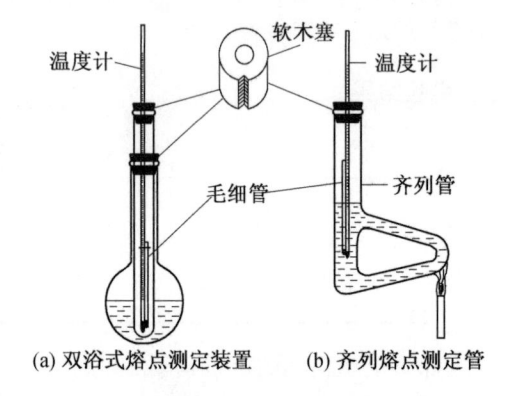

图 3-16　熔点测定装置
(a) 双浴式熔点测定装置　(b) 齐列熔点测定管

四、实验用品

1. 仪器

齐列熔点测定管,温度计(200℃),铁架台,软木塞,毛细管,酒精灯,表面皿。

2. 试剂

尿素(晶体),甘油或液体石蜡,萘,苯甲酸,二苯胺,环己醇。

五、实验内容

1. 微量法测定熔点的操作方法

(1) 装样品

将干燥过的研磨成粉末状的 0.1 g 待测样品——尿素,置于干燥、洁净的表面皿上,堆成小堆。然后将熔点管(外径 1~1.2 mm,长度 70~75 mm)开口一端垂直插入样品中,再将毛细管开口端朝上,在桌面上蹾几下,如此重复取尿素粉末数次,最后使毛细管从直立的 40~50 cm 长的玻璃管中自由落下至表面皿上,这样重复几次,使试样在毛细管中致密均匀,尿素粉末高度为 2~3 mm。

(2) 安装仪器

将齐列熔点管固定在铁架台上,装入浴液(油浴液体为甘油或液体石蜡)。把装好尿素粉末的毛细管用一细橡皮圈套在温度计上,毛细管应处于温度计的外侧,以便于观察,并使装尿素粉末部分正好处在水银球的中部。按图 3-16(b)把上述温度计置于齐列熔点管中,并使温度计水银球的中点处在上下两支管口连线的中部(双浴式熔点测定装置中,温度计的水银球距试管底约 0.5 cm,试管离瓶底约 1 cm)。

(3) 加热测熔点

用酒精灯在齐列熔点管侧管弯曲处的底部加热。开始时,升温速度可稍快些,大约每分钟上升 5℃ 左右。当距熔点约 10℃ 时,应将升温速度控制在每分钟上升 1~2℃,接近熔点时,还应更慢些(约每分钟上升 0.5℃)。仔细观察温度的变化及尿素粉末是否熔化,记录熔化时的温度,即为尿素的粗测熔点,移去火焰,待浴温冷至粗测熔点以下 30℃ 左右,即可进行第二次精测。

精测时,将温度计从齐列熔点测定管中取出,更换一根新装尿素粉末的毛细管后开始加热。初始升温速度允许每分钟上升 10℃,以后减至每分钟上升 5℃,待温度升至离粗测熔点约 10℃ 时,调小火焰,控制升温速度为每分钟上升约 1℃,并仔细观察试样的变化,记录试样塌陷并在边缘部分开始透明时(说明开始熔化)和全部透明(即全部熔化)时的两个温度,即试样的熔点范围(注意:绝不可取两个温度的平均值)。例如,某一化合物在 112℃ 时开始塌落,113℃ 时有液滴出现,在 114℃ 时全部成为透明液体,应记录为:熔点为 113~114℃,112℃ 塌落(或萎缩),该化合物的颜色变化。

物质的纯度越高,熔距越小。升温越快,测定熔点范围的准确程度越低。

测定熔点时,须用校正过的温度计。每个样品需精测两次,测得结果要平行(相差不大于 0.5℃),否则需测第三次。

2. 温度计的校正

实验室中使用的温度计,大多为全浸式温度计。全浸式温度计的刻度是在汞线全部受热的情况下刻出来的。而使用温度计时,常常只是少部分汞线受热,大部分汞线则处于室温下,所以测得结果往往偏低。此外,有些温度计在制造时孔径不均匀、刻度不准确或经长期使用后玻璃变形等,都会造成温度计在测量时有误差。因此,在需要准确测量温度时,应对温度计进行校正。

温度计的校正方法很多,最简单的方法是用标准温度计与普通温度计比较。用标准温度计和普通温度计同时测定同一热浴的温度,在不断升温时,测出一系列温度读数。以标准温度计的读数为纵坐标,普通温度计的读数为横坐标,画出一条曲线,根据此曲线校正温度计。但一般实验室通常不备有标准温度计,因此常利用纯有机化合物的标准熔点校正法。

利用纯有机化合物的熔点校正温度计是较方便的方法。首先选择一系列已知准确熔点的纯化合物作为标准,用普通温度计测定它们的熔点,所测得的熔点温度范围必须小于 0.5℃。

表 3-32 列出的一些化合物可作为校正温度计的标准物质。

表 3-32　校正温度计的标准物质及其熔点

化合物名称	熔点(℃)	化合物名称	熔点(℃)
冰-水	0	乙酰苯胺	114
环己醇	25.5	苯甲酸	122
二苯甲酮	48.1	尿素	132
α-萘胺	50	二苯基羟基乙酸	150
二苯胺	53	水杨酸	159
对二氯苯	53	3,5-二硝基苯甲酸	204.5
苯甲酸苯酯	70	酚酞	216
萘	80	蒽	262
间二硝基苯	90	蒽醌	286
二苯乙二酮	95	N,N′-二乙酰联苯胺	331
α-萘酚	96		

用环己醇、二苯胺、苯甲酸、萘等已知熔点的纯有机物作标准样品,再用待校正的温度计分别测定它们的熔点,记录所得熔点数据。以测得的熔点为纵坐标,以测得的熔点与实际熔点的差值为横坐标,绘制校正曲线。在曲线中可查出测量温度的误差值。例如,用温度计测得某物质熔点为 100.2℃,在曲线中查得其误差值为 -1.3℃,则校正后的温度值为 101.5℃。

熔点的测定还可以采用数字熔点仪或显微熔点测定仪。我国生产的 WRS-187 数字熔点仪,采用光电检测、数字温度显示等技术。具有初熔、始熔自动显示,自动贮存,熔化曲线自动记录和八档可供选择的自动控制线性升温速率。用显微熔点测定仪或精密显微熔点测定仪测定熔点,其实质是在显微镜下观察熔化过程。例如北京第三光学仪器厂产品 X-4 型显微熔点测定仪,样品的最小测试量不大于 0.1 mg,测量熔点温度范围为 20~320℃。熔点测定仪不仅可以准确测出物质的熔点,而且能够从屏幕上清楚地观察到毛细管内试样熔化的全过程。但这些仪器价格较高且不利于初学者操作技巧的训练。备有此仪器的实验室,可作为演示实验,开阔学生视野。

六、注意事项

(1) 熔点管的拉制方法:两手平持玻璃管,在强氧化焰上旋转加热,充分烧软至呈暗樱红色,将玻璃管移离火焰开始慢拉,然后较快地拉长,同时往复旋转玻璃管,直到拉成直径为

1~1.2 mm 的毛细管为止,此时两手仍要水平拉着两端成直线状,稍冷后放在石棉网上冷却。把拉好的毛细管按需要长度的两倍截断,两端在小火焰边缘处熔融,封口(封口的管底要薄),以免贮藏时有灰尘进入,用时将其中间截断即成两根熔点管。

(2) 在冷却过程中,毛细管中的试样重新结晶。因为这是在较高温度下凝结的晶体,其晶形不同于原试样,所以不能用来进行第二次测定。必须弃去用过的毛细管,改换新装好试样的毛细管。同时要求热浴冷却到低于待测物质熔点的30℃以下。因试样突然受高温的影响,晶体会发生变化,往往在未达到其熔点时就熔化。

(3) 注意不要使小橡皮圈浸泡在油浴中,以免橡皮圈被热浴油溶胀后脱落,橡皮圈的正确位置应该在油浴面上。由于石蜡油等介质受热后的体积会膨胀,其液面还会上升,故橡皮圈尽量要放高些。

七、思考题

(1) 测定熔点对确定化合物的纯度和鉴定有机物有何意义?
(2) 如何观察试样已经开始熔化和全部熔化?
(3) 测定熔点时,如发生如下情况,将会产生什么结果?
　① 毛细管壁太厚　　　　　　　② 毛细管不干净
　③ 样品研得不细或装得不紧　　④ 加热速度太快
　⑤ 毛细管没有封严

实验三十一　葡萄糖旋光度的测定

一、实验目的

(1) 掌握用自动旋光仪测定旋光度的方法。
(2) 理解旋光仪的工作原理。

二、实验原理

旋光度:平面偏振光通过含有某些光学活性的化合物液体或溶液时,能引起旋光现象,使偏振光的平面向左或向右旋转,旋转的度数称为旋光度(用 α 表示)。

比旋度:平面偏振光透过长 1 dm 并每 1 mL 中含有旋光性物质 1 g 的溶液,在一定波长与温度下测得的旋光度称为比旋度(用[α]表示)。比旋光度仅决定于物质的结构。因此,比旋光度是物质特有的物理常数。

当一束单一的平面偏振光通过手性物质时,其振动方向会发生改变,此时光的振动面旋转一定的角度,这种现象称为旋光现象。物质的这种使偏振光的振动面旋转的性质叫作旋光性,具有旋光性的物质叫作旋光性物质或旋光物质。许多天然有机物都具有旋光性。由于旋光物质使偏振光振动面旋转时,可以右旋(顺时针方向,记作"+"),也可以左旋(逆时针方向,记作"-"),所以旋光物质又可分为右旋物质和左旋物质。

光源　　起偏器　　旋光管　　检偏器

图 3-17　旋光仪结构示意图

由单色光源(一般用钠光灯)发出的光,通过起偏棱镜(尼可尔棱镜)后,转变为平面偏振光(简称偏振光)。当偏振光通过样品管中的旋光性物质时,振动平面旋转一定角度。调节附有刻度的检偏镜(也是一个尼可尔棱镜),使偏振光通过,检偏镜所旋转的度数显示在刻度盘上,即样品的实测旋光度 α。

三、实验用品

1. 仪器

自动旋光仪。

2. 试剂

5%的葡萄糖溶液。

四、实验内容

(1) 开机预热。

(2) 选择测量方法[量程单位选择,根据需要选择旋光度,比旋度,Z 国际标准糖度,％浓度(g/mL、g/100 mL、g/L)等]。

(3) "0"点校正。

(4) 检查设置(根据选择的测量方法,检查参数设置,如旋光管长度、温度、样品批次、样品号等)。

(5) 测量(将样品放入干净干燥的旋光管中,置入样品仓,如果有温度传感器的,将电缆接入样品仓,关闭样品仓,进行测量)。

图 3-18　SGWZZ-1 自动旋光仪

注:如果希望得到更佳的测量结果,可以选择等待几分钟,让旋光管适应环境温度,使样品温度变得均匀稳定。

(6) 检测结果(旋光仪的检测模式为连续监测,当检测读数趋于稳定,检测结束;若旋光仪连接了打印机或电脑,用户可以选择将结果打印输出到打印机或电脑)。

五、注意事项

(1) 旋光度不仅与化学结构有关,还和测定时溶液的浓度、液层的厚度、温度、光的波长以及溶剂有关。

(2) 测定药物的旋光度和比旋度时,应注明溶剂的名称。

(3) 中国药典(2015 年版)采用钠光谱的 D 线(589.3 nm)测定旋光度。

(4) 对观察者来说,偏振光的振动平面若是顺时针旋转,则为右旋(+),这样测得$+\alpha$,也可以代表$\alpha\pm(n\times180)°$的所有值。如读数为$+38°$,实际上还可以是 $218°$、$398°$、$-142°$等角度。因此,在测定未知物的旋光度时,至少要做一次改变浓度或者液层厚度的测定。如观察值为$+38°$,在稀释 5 倍后,所得读数为$+7.6°$,则此未知物的旋光度 α 应该为$+7.6°\times 5=+38°$。

(5) 仪器应放在空气流通和温度适宜的地方,并不宜低放,以免光学零部件、偏振片等受潮发霉及性能衰退。

(6) 旋光管使用后,应及时用水或蒸馏水冲洗干净,擦干藏好。

(7) 仪器不用时,应将仪器放入箱内或用罩子罩上,以防灰尘侵入。

(8) 仪器、旋光管等应按规定位置放置,以免受到不必要的破坏。

(9) 不懂装校方法,切勿随便拆动,以免由于不懂校正方法而无法装校好。

六、思考题

(1) 旋光度与比旋光度有什么不同?

(2) 测定旋光度时为什么样品管内不能有气泡?

实验三十二　乙酸异戊酯的制取

一、实验目的

(1) 熟悉酯化反应的原理,掌握制备乙酸异戊酯的方法。

(2) 掌握带有分水器的回流装置的安装与操作。

(3) 熟悉分液漏斗的使用方法,掌握利用萃取与蒸馏精制液体有机物的操作技术。

二、实验原理

本实验以冰醋酸和异戊醇为原料,在浓硫酸催化下发生酯化反应,制取乙酸异戊酯。反应式如下:

$$\underset{\text{乙酸}}{CH_3COOH} + \underset{\text{异戊醇}}{(CH_3)_2CHCH_2CH_2OH} \underset{\triangle}{\overset{H_2SO_4}{\rightleftharpoons}} \underset{\text{乙酸异戊酯}}{CH_3COOCH_2CH_2CH(CH_3)_2} + H_2O$$

乙酸与异戊醇的酯化反应是一个可逆反应。在强酸催化下约需 1 h 的加热,才能使反应接近平衡点。但在敞开容器中长时间加热,反应物或生成物都会逐步气化逸散。因此,本实验中除了让反应物之一的冰醋酸过量外,还采用了带分水器的回流装置。

带分水器的回流装置常用于可逆反应体系,如乙酸异戊酯的制备实验。当反应开始后,反应物和产物的蒸气与水蒸气一起上升,经过冷凝管时被冷凝回流到分水器中,静置后分层,反应物和产物由侧管流回至反应容器,而水则从反应体系中被及时分出。由于反应中不断除去生成物之一的水,因此使平衡向正反应方向进行。

反应混合物中的硫酸、过量的乙酸及未反应完全的异戊醇可用水进行洗涤;残余的酸用碳酸氢钠中和除去;副产物醚类在最后的蒸馏中予以分离。

三、实验用品

1. 仪器

直形冷凝管,球形冷凝管,分液漏斗(100 mL),铁架台,圆底烧瓶(100 mL),量筒(25 mL),酒精灯,石棉网,橡皮管,锥形瓶(100 mL),蒸馏头,接液管,电热套(或油浴锅),分水器,温度计(200℃)。

2. 试剂

冰醋酸,异戊醇,浓硫酸,氯化钠饱和溶液,无水硫酸镁,沸石。

四、实验内容

1. 酯化

在干燥的 100 mL 的圆底烧瓶中,加入 18 mL 异戊醇、24 mL 冰醋酸,振摇下缓慢加入 2.5 mL 浓硫酸,再加入几粒沸石。如图 3-19 安装带有分水器的回流装置。分水器中事先充水至比支管口略低处,并放出比理论出水量稍多些的水。用电热套或甘油浴加热回流,至分水器中水层不再增加为止,反应约需 1.5 h。

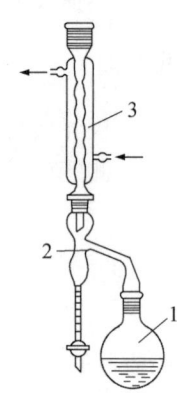

2. 洗涤

撤去热源,稍冷后拆除回流装置。待烧瓶中反应液冷却至室温后,将其倒入分液漏斗中(注意勿将沸石倒入),用 30 mL 冷水淋洗烧瓶内壁,洗涤液并入分液漏斗中,充分振摇后静置。待液层分界清晰后,移去顶塞(或将塞孔对准漏斗孔),缓慢旋开旋塞,分去水层,有机层用 20 mL 碳酸氢钠溶液分两次洗涤。最后再用饱和氯化钠溶液洗涤一次。分去水层,有机层由分液漏斗上口倒入干燥的锥形瓶中。

3. 干燥

向盛有粗产物的锥形瓶中加 2 g 无水硫酸镁,配上塞子,振摇至液体澄清透明,放置 20 min。

4. 蒸馏

参照图 3-13 安装一套干燥的普通蒸馏装置。将干燥好的粗酯小心地转入烧瓶中,放入几粒沸石,用电热套或甘油浴加热蒸馏,用干燥并事先称好质量的锥形瓶收集 138～142℃馏分,称量质量并计算产率。

1. 圆底烧瓶 2. 分水器 3. 冷凝管

图 3-19 制备乙酸异戊酯的带有分水器的回流装置

五、注意事项

(1) 回流时,应使蒸气冷凝在球形冷凝管从下面数起的第二个球形为宜。回流速度过慢,分水效果不明显;回流速度过快,上升蒸气来不及冷却,会造成挥发而损耗。

(2) 分水器内充水是为了使回流液在此分层后,上面的有机层能顺利地返回反应器中。

(3) 加饱和食盐水洗涤有利于有机层与水层快速、明显地分层。

(4) 用硫酸镁洗涤时若液体仍混浊不清,需适量补加干燥剂。

(5) 加浓硫酸时,若瓶壁发热,可将烧瓶置于冷水中冷却,以防异戊醇被氧化。浓硫酸具有强腐蚀性,应避免其触及皮肤或衣物。

(6) 碱洗时,应注意及时排出生成的二氧化碳气体,以防气体冲出,损失产品。

六、思考题

(1) 蒸馏与回流的原理有何异同?在仪器安装和具体操作过程中应注意哪些?

(2) 当蒸馏、回流开始有馏液流出时,发现未通冷却水,能否马上通水?如果不行应该怎么办?

(3) 制备乙酸异戊酯时,蒸馏与回流装置为什么必须使用干燥的仪器?

(4) 碱洗时,为什么会有二氧化碳气体产生?

(5) 在分液漏斗中进行洗涤操作时,粗产品始终在哪一层?

实验三十三　肥皂的制作

肥皂的制作

一、实验目的

(1) 了解肥皂制作的过程。

(2) 掌握肥皂制作的原理。

二、实验原理

油脂的主要成分是高级脂肪酸的甘油酯,油脂在碱性条件下水解生成肥皂的主要成分——高级脂肪酸的钠盐。如:

$$\begin{matrix} C_{17}H_{35}COOCH_2 \\ | \\ C_{17}H_{35}COOCH \\ | \\ C_{17}H_{35}COOCH_2 \end{matrix} + 3NaOH \longrightarrow 3C_{17}H_{35}COONa + \begin{matrix} CH_2-OH \\ | \\ CH-OH \\ | \\ CH_2-OH \end{matrix}$$

这种反应称为皂化。

如果往里面加点药物(如硼酸或石炭酸),可制成药皂。肥皂包括洗衣皂、香皂、金属皂、液体皂,肥皂中除含高级脂肪酸盐外,还含有松香、水玻璃(硅酸钠)、香料、染料等填充剂。

肥皂制作过程:经皂化、盐析、过滤、洗涤、整理成型后,称为皂基,再继续加工可成为不同商品形式的肥皂。

三、实验用品

1. 仪器

烧杯,量筒,蒸发皿,玻璃棒,酒精灯,铁圈,铁架台,火柴。

2. 试剂

植物油或动物油,乙醇,40%氢氧化钠溶液,氯化钠饱和溶液,蒸馏水。

四、实验内容

(1) 在一干燥的蒸发皿中加入 6 g 植物油、5 mL 乙醇和 10 mL 40%氢氧化钠溶液。

(2) 在搅拌下,给蒸发皿中的液体微微加热,加热过程中加入乙醇与水的混合液 (1∶1),直到混合物变稠。

(3) 继续加热,直到把一滴混合物加到水中时,在液体表面不再形成油滴为止。

(4) 把盛有混合物的蒸发皿放在冷水中冷却,然后加入 150 mL 饱和氯化钠溶液,充分搅拌。这一步分离方法叫作盐析。

(5) 向其中加入 1~2 滴香料,用定性滤纸滤出固态物质,弃去含有甘油的溶液,把固态物质挤干,并把它压制成型,晾干,即制成肥皂。

五、注意事项

(1) 油脂不易溶于碱水,加入乙醇为的是增加油脂在碱液中的溶解度,乙醇的高挥发性将水分快速带出,可加快皂化反应速度。

(2) 加热应用小火。

(3) 皂化反应时,不能让蒸发皿里的混合液蒸干或溅到外面。

六、思考题

(1) 你在实验中有哪些新发现?

(2) 通过该实验解决了哪些问题?

(3) 还有哪些问题没有解决?

实验三十四　叶绿素的提取和分离

一、实验目的

(1) 学会提取和分离叶绿体中色素的方法。

(2) 观察叶绿体中的各种色素。

二、实验原理

叶绿素是绿色植物的主要色素,分子由脱镁叶绿素母环、叶绿酸、叶绿醇、甲醇、二价镁离子等部分构成。高等植物中有两种叶绿素(即叶绿素 a 和叶绿素 b 共存),它们的含量约为 3∶1。叶绿素 a 为一蓝黑色固体粉末,在乙醇溶液中为蓝绿色,并有深红色荧光,而叶绿素 b 为暗绿色固体粉末,其乙醇溶液为黄绿色,并有红色荧光。叶绿素不溶于水,易溶于有机溶剂,可用极性有机溶剂(如丙酮、乙醇、乙酸乙酯等)从植物匀浆中提取它。

叶绿素不溶于水,可溶于酒精、丙酮和石油醚。

三、实验用品

1. 仪器

镊子,解剖针,解剖刀,玻璃漏斗,分液漏斗,研钵,试管,具塞锥形瓶等。

2. 试剂

菠菜,脱脂棉,固体碳酸钠或碳酸钙,丙酮,石油醚,蒸馏水,饱和 NaCl 水溶液。

四、实验内容

1. 叶绿体色素的提取

将新鲜菠菜叶片洗净擦干,去叶柄及中脉,称取 10 g 去中脉的叶片,剪碎置于研钵内,加入少许固体碳酸钠或碳酸钙和 10 mL 丙酮,迅速研磨成匀浆,再加 15 mL 丙酮充分研磨提取叶绿素。

在玻璃漏斗底部垫一小团脱脂棉,将匀浆通过脱脂棉过滤到已装有 15 mL 石油醚的分液漏斗中,再用少量丙酮冲洗叶片残渣和研钵,合并滤液。

沿分液漏斗的壁小心加入 30 mL 蒸馏水,轻轻转动加入 4~8 mL 饱和 NaCl 水溶液,静止几分钟待分层清楚后,弃去下面的丙酮和水层。再加入 30 mL 蒸馏水,轻轻晃动分液漏斗,以洗去石油醚中残留的丙酮,弃去水层。共洗两次。将含色素的石油醚提取液放入具塞锥形瓶中,置于暗处或用黑纸包好备用。

2. 叶绿体色素的观察

取一张色层分析纸或以定性滤纸代用,剪成圆形,直径应略大于培养皿的直径;将圆形滤纸平放在培养皿上,用滴管吸取叶绿素提取液,滴在滤纸的中心位置,稍干后,再重复操作几次;然后取另一滴管吸取石油醚,慢慢地推动叶绿素提取液,不久即可看到分离的各种色素的同心圆环,由内到外依次为:叶绿素 a(蓝绿色)、叶绿素 b(黄绿色)、叶黄素(鲜黄色)、胡萝卜素(橙黄色)。

五、注意事项

(1) 去除主叶脉,迅速匀浆。
(2) 锥形瓶应避光保存。

六、思考题

加入碳酸钙的作用是什么?

实验三十五 糖的测定

Ⅰ. 3,5-二硝基水杨酸比色法测定还原糖和总糖

一、实验目的

(1) 掌握用 3,5-二硝基水杨酸比色法测定还原糖和总糖的基本原理和方法。
(2) 学习分光光度计的原理和操作方法。

二、实验原理

还原糖的测定是糖定量测定的基本方法。还原糖是指含有自由醛基或酮基的糖类,单糖都是还原糖,双糖和多糖不一定是还原糖,其中乳糖和麦芽糖是还原糖,蔗糖和淀粉是非还原糖。利用糖的溶解度不同,可将样品中的单糖、双糖和多糖分别提取出来,对没有还原性的双糖和多糖,可用酸水解法使其降解成有还原性的单糖进行测定,再分别求出样品中还原糖和总糖的含量(还原糖以葡萄糖含量计)。

还原糖在碱性条件下加热被氧化成糖酸及其他产物,3,5-二硝基水杨酸则被还原为棕红色的 3-氨基-5-硝基水杨酸。在一定范围内,还原糖的量与棕红色物质颜色的深浅成正比,利用分光光度计,在 540 nm 波长下测定吸光度,查对标准曲线并计算,便可求出样品中还原糖和总糖的含量。由于多糖水解为单糖时,每断裂一个糖苷键需加入一分子水,所以在计算多糖含量时应乘以 0.9。

$$\underset{O_2N}{\overset{COOH}{\underset{NO_2}{\bigodot}}}\overset{OH}{} + 还原糖 \xrightarrow[碱性]{加热} \underset{O_2N}{\overset{COOH}{\underset{NH_2}{\bigodot}}}\overset{OH}{}$$

三、实验用品

1. 材料

小麦面粉,精密 pH 试纸。

2. 仪器

玻璃刻度试管(20 mL),大离心管(50 mL),烧杯(100 mL),锥形瓶(100 mL),容量瓶(100 mL),移液管(1 mL、2 mL、10 mL),恒温水浴锅,沸水浴,离心机,天平,分光光度计。

3. 试剂

(1) 1 mg/mL 葡萄糖标准液 准确称取 80℃烘至恒重的分析纯葡萄糖 100 mg,置于小烧杯中,加少量蒸馏水溶解后,转移到 100 mL 容量瓶中,用蒸馏水定容至 100 mL,摇匀,4℃冰箱中保存备用。

(2) 3,5-二硝基水杨酸(DNS)试剂 将 6.3 g DNS 和 262 mL 2 mol/L NaOH 溶液加到 500 mL 含有 185 g 酒石酸钾钠的热水溶液中,再加 5 g 结晶酚和 5 g 亚硫酸钠,搅拌溶

解,冷却后加蒸馏水定容至 1 000 mL,贮于棕色瓶中备用。

(3) 碘-碘化钾溶液　称取 5 g 碘和 10 g 碘化钾,溶于 100 mL 蒸馏水中。

(4) 酚酞指示剂　称取 0.1 g 酚酞,溶于 250 mL 70%乙醇中。

(5) 6 mol/L HCl 溶液和 6 mol/L NaOH 溶液各 100 mL。

四、实验内容

1. 制作葡萄糖标准曲线

取 7 支 20 mL 具塞刻度试管编号 0～6,按表 3‑33 分别加入浓度为 1 mg/mL 的葡萄糖标准液、蒸馏水和 3,5‑二硝基水杨酸(DNS)试剂,配成不同葡萄糖含量的反应液。

表 3‑33　葡萄糖标准曲线制作

管　号	1 mg/mL 葡萄糖标准液(mL)	蒸馏水(mL)	DNS(mL)	葡萄糖含量(mg)	吸光度($A_{540\,nm}$)
0	0	2	1.5	0	
1	0.2	1.8	1.5	0.2	
2	0.4	1.6	1.5	0.4	
3	0.6	1.4	1.5	0.6	
4	0.8	1.2	1.5	0.8	
5	1.0	1.0	1.5	1.0	
6	1.2	0.8	1.5	1.2	

将各管摇匀,在沸水浴中准确加热 5 min,取出,冷却至室温,用蒸馏水定容至 20 mL,摇匀,在分光光度计上进行比色。调波长至 540 nm,用 0 号管调零点,测出 1～6 号管的吸光度。以吸光度为纵坐标,葡萄糖含量(mg)为横坐标,在坐标纸上绘出标准曲线。

2. 样品中还原糖和总糖的测定

(1) 还原糖的提取

准确称取 3.00 g 小麦面粉,放入 100 mL 烧杯中,先用少量蒸馏水调成糊状,然后加入 50 mL 蒸馏水,搅匀,置于 50℃恒温水浴中保温 20 min,使还原糖浸出。将浸出液(含沉淀)转移到 50 mL 离心管中,于 4 000 r/min 下离心 5 min,沉淀可用 20 mL 蒸馏水洗一次,再离心,将两次离心的上清液收集在 100 mL 容量瓶中,用蒸馏水定容至刻度,混匀,作为还原糖待测液。

(2) 总糖的水解和提取

准确称取 1.00 g 小麦面粉,放入 100 mL 锥形瓶中,加 15 mL 蒸馏水及 10 mL 6 mol/L HCl 溶液,置于沸水浴中加热水解 30 min(水解是否完全可用碘-碘化钾溶液检查)。待锥形瓶中的水解液冷却后,加入 1 滴酚酞指示剂,用 6 mol/L NaOH 溶液中和至微红色,用蒸馏水定容在 100 mL 容量瓶中,摇匀。将定容后的水解液过滤,取滤液 10 mL,移入另一 100 mL 容量瓶中定容,摇匀,作为总糖待测液。

(3) 显色和比色

取 4 支 20 mL 具塞刻度试管,编号 7~10,按表 3-34 所示分别加入待测液和显色剂,空白调零可使用制作标准曲线的 0 号管。加热、定容和比色等其余操作与制作标准曲线相同。

表 3-34 样品还原糖测定

管 号	还原糖待测液 (mL)	总糖待测液 (mL)	蒸馏水 (mL)	DNS (mL)	吸光度 ($OD_{540\,nm}$)	查曲线葡萄糖量 (mg)
7	0.5	—	1.5	1.5		
8	0.5	—	1.5	1.5		
9	—	1	1	1.5		
10	—	1	1	1.5		

五、实验结果

计算出 7 号、8 号管吸光度的平均值和 9 号、10 管吸光度的平均值,在标准曲线上分别查出相应的还原糖毫克数,按下式计算出样品中还原糖和总糖的百分含量。

$$还原糖(\%) = \frac{查曲线所得葡萄糖毫克数 \times \frac{提取液总体积}{测定时取用体积}}{样品毫克数} \times 100 \quad (式 3-25)$$

$$总糖(\%) = \frac{查曲线所得水解后还原糖毫克数 \times 稀释倍数}{样品毫克数} \times 0.9 \times 100 \quad (式 3-26)$$

六、注意事项

(1) 离心时对称位置的离心管必须配平。
(2) 标准曲线制作与样品测定应同时进行显色,并使用同一空白调零点和比色。
(3) 面粉中还原糖含量较少,计算总糖时可将其并入多糖一起考虑。

七、思考题

(1) 3,5-二硝基水杨酸比色法是如何对总糖进行测定的?
(2) 如何正确绘制和使用标准曲线?

Ⅱ. 蒽酮比色定糖法

一、实验目的

(1) 掌握蒽酮比色法测糖的原理和方法。
(2) 学习分光光度计的操作方法。

二、实验原理

蒽酮比色法是一个快速而简便的定糖方法。蒽酮可以与游离的己糖或多糖中的己糖基、戊糖基及己糖醛酸起反应,反应后溶液呈蓝绿色,在 620 nm 处有最大吸收。

本法多用于测定糖原的含量,也可用于测定葡萄糖的含量。

三、实验用品

1. 材料

马铃薯干粉。

2. 仪器

移液管(1 mL、5 mL),可见光分光光度计,天平,水浴锅,试管及试管架,制冰机,容量瓶。

3. 试剂

(1) 蒽酮试剂　取 2 g 蒽酮溶解到 80% H_2SO_4 中,用 80% H_2SO_4 定容到 1 000 mL,当日配制使用。

(2) 标准葡萄糖溶液(0.1 mg/mL)　100 mg 葡萄糖溶解到蒸馏水中,定容到 1 000 mL 备用。

四、实验内容

1. 制作标准曲线

取 7 支干燥洁净的试管,按表 3-35 顺序加入试剂,进行测定。以吸光度值为纵坐标,各标准溶液浓度(mg/mL)为横坐标作图得标准曲线。

表 3-35　蒽酮比色法定糖——标准曲线的制作　　　　　　　单位:mL

管号	0	1	2	3	4	5	6
标准葡萄糖溶液	0	0.1	0.2	0.3	0.4	0.6	0.8
蒸馏水	1.0	0.9	0.8	0.7	0.6	0.4	0.2
	置冰水浴中 5 min						
蒽酮试剂	4.0	4.0	4.0	4.0	4.0	4.0	4.0
	沸水浴中准确煮沸 10 min,取出用流水冷却,室温放 10 min,于 620 nm 处比色						
葡萄糖浓度(mg/mL)							
$A_{620\ nm}$							

2. 样品含量的测定

(1) 样品液的制作:精确称取马铃薯干粉 0.1 g 置于锥形瓶中 →加入 30 mL 沸水→沸水浴 30 min(不时摇动)→取出,3 000 r/min 离心 10 min(或过滤)→反复洗涤残渣两次→合并滤液→冷却至室温→定容到 50 mL 的容量瓶中→再从中取出 1 mL,再定容到 10 mL 的容量瓶中。

(2) 样品液的测定:① 取 4 支试管,按照表 3-36 加样(加蒽酮时需要冰水浴 5 min 冷却);② 加样冷却完成后置沸水中煮沸 10 min,取出流水冷却放置 10 min,620 nm 处比色测量各管的吸光度。

表 3-36 蒽酮比色法定糖——样品的测定　　　　单位:mL

试管号	1	2	3	4
样液	0	1.0	1.0	1.0
蒸馏水	1.0	0	0	0
蒽酮	4.0	4.0	4.0	4.0
$A_{620\ nm}$				

(3) 以 1 号试管作为调零管,2 号、3 号、4 号管的吸光度取平均值后从标准曲线上查出样品液相应的含糖量。

3. 结果计算

$$w=\frac{c\times V}{m}\times 100\%　\text{(式 3-27)}$$

式中:w 为糖的质量分数,%;c 为从标准曲线中查出的糖质量分数,mg/mL;V 为样品稀释后的体积,mL;m 为样品的质量,mg。

五、注意事项

(1) 蒽酮也可与其他一些糖类发生反应,但显现的颜色不同。当存在含有较多色氨酸的蛋白质时,反应不稳定,呈现红色。

(2) 标准曲线制作与样品测定应同时进行显色,并使用同一空白调零点和比色。

六、思考题

(1) 本法多用于测定什么样品?

(2) 加蒽酮试剂时为什么盛有样品的试管必须浸于冰水中冷却?

(3) 本法是否可以用来测定血液、水果、糖蜜及蔬菜的总糖含量,是否可以用来测定这些物质的还原糖含量,为什么?

Ⅲ. 血糖的测定

一、实验目的

(1) 掌握磷钼酸比色法测定血糖的原理及方法。

(2) 学会制备无蛋白血滤液。

二、实验原理

葡萄糖的醛基具有还原性,与碱性铜试剂混合加热后,被氧化成羧基,而碱性铜试剂中的二价铜(Cu^{2+})则被还原成红棕色的氧化亚铜(Cu_2O)沉淀。氧化亚铜又可使磷钼酸还原,生成钼蓝,使溶液呈蓝色,其蓝色的深度与血滤液中葡萄糖的浓度成正比。可用比色法于 620 nm 下测定。

测定血糖含量时必须先除去其中的蛋白质,制成无蛋白滤液,再进行检验。向抗凝血

(如加入草酸钾的血液)中加入钨酸钠、硫酸锌、氢氧化锌及三氯乙酸等均可制得无蛋白滤液,现常用钨酸法。钨酸钠与硫酸作用,生成钨酸,可使血红蛋白等凝固,沉淀,离心或过滤除去沉淀,即得无蛋白滤液,此种滤液还适用于测定非蛋白氮、肌酸和尿酸等。

$$\underset{\text{钨酸钠}}{Na_2WO_4} + H_2SO_4 = \underset{\text{钨酸}}{H_2WO_4} + Na_2SO_4$$

三、实验用品

1. 材料

抗凝血(2 g 草酸钾/1 L 血液)。

2. 仪器

奥式吸量管(1 mL),小漏斗,血糖管(25 mL),试管和试管架,煤气灯或电炉,吸量管(10 mL、1 mL),锥形瓶(25 mL),分光光度计,水浴锅。

3. 试剂

(1) 草酸钾粉末。

(2) 10%钨酸钠溶液:此溶液应为中性或弱碱性,否则蛋白沉淀不完全,其校正方法是取此溶液 10 mL,加入 0.1 mol/L 硫酸溶液 0.4 mL,再加入 1%酚酞 1 滴,溶液应呈粉红色。若呈紫红色,可加入 0.1 mol/L 硫酸溶液;若呈黄色,需加入 0.1 mol/L 氢氧化钠溶液,直到出现不褪色的粉红色的中性反应为止。计算出应加的酸或碱的量。

(3) $\frac{2}{3}$ mol/L 硫酸溶液。

(4) 葡萄糖标准液

贮存液:称取 1.000 g 恒重过的葡萄糖溶于水,稀释到 100 mL,其浓度为 10 mg/mL。

应用液:取 1 mL 贮存液置于 100 mL 容量瓶中,用苯甲酸稀释到刻度,浓度为 0.1 mg/mL。

(5) 碱性铜试剂:在 400 mL 水中加入 40 g 无水碳酸钠,在 300 mL 水中加入 7.5 g 酒石酸,在 200 mL 水中加入 4.5 g 硫酸铜结晶,分别加热使其溶解,冷却后将酒石酸溶液倾入碳酸钠溶液中,混合移入 1 000 mL 容量瓶中,再将硫酸铜溶液倾入并加水至刻度。此试剂可于室温下长期保存。如有沉淀产生,需过滤后方可使用。

(6) 磷钼酸试剂:在烧杯内加入钼酸 70 g,钨酸钠 10 g,10%氢氧化钠溶液 400 mL 及水 400 mL。混合后煮沸 20～40 min,除去钼酸中可能存在的氨。冷却后加入 250 mL 浓磷酸(85%),混合,稀释至 1 000 mL。

(7) 0.25%苯甲酸溶液。

四、实验内容

1. 用钨酸法制备 1∶10 全血无蛋白滤液

用奥式吸量管吸取 1 mL 混匀的抗凝血,擦去管外血液,将管插到 25 mL 锥形瓶的瓶底,缓慢地放出血液,勿使血液黏附于吸量管管壁。

加入 7 mL 蒸馏水,充分混匀,使之完全溶血后,再加入 $\frac{2}{3}$ mol/L 硫酸 1 mL,随加随摇,再加入 1 mL 10%钨酸钠溶液,随加随摇。加完后充分摇匀,放置 5～10 min,待沉淀,由鲜红色变为暗棕色,即用优质不含氮的干滤纸过滤或离心,除去沉淀。如滤液不清,需重滤。过滤时在漏斗上盖一表面皿,减少 Cu^+ 与空气的接触。如此制得的无蛋白滤液每毫升相当于 0.1 mL 全血。

2. 测定血糖

取 3 支具有 25 mL 刻度的血糖管编号,然后在血糖管中按表 3-37 进行操作。

表 3-37

试 剂 \ 血 糖 管	空白	标准	样品
无蛋白滤液(mL)	0	0	1.0
蒸馏水(mL)	2.0	1.0	1.0
葡萄糖标准液(应用液)(mL)	0	1.0	0
碱性铜试剂(mL)	2.0	2.0	2.0
混合,置沸水浴中 8 min,于流动冷水中冷却 3 min(勿摇动)			
磷钼酸试剂(mL)	2.0	2.0	2.0
混匀,放置 2 min(使二氧化碳气体逸出)			
以 1:4 磷钼酸试剂稀释液加至(mL)	25	25	25

再于分光光度计上,在 620~640 nm 波长下,迅速比色,测吸光度,20 min 内完成。

3. 计算

$$\text{样品的血糖毫克}(\%) = \frac{A_{\text{样品}}}{A_{\text{标准}}} \times \frac{c_{\text{标准}}}{V_{\text{样品}}} \times 100 \qquad (\text{式 3-28})$$

式中:$V_{\text{样品}}$ 应由所取血滤液体积折算为所取全血的体积 0.1 mL;$c_{\text{标准}}$ 为 0.1 mg/mL。即有

$$\text{样品的血糖毫克}(\%) = \frac{A_{\text{样品}}}{A_{\text{标准}}} \times 100 \qquad (\text{式 3-29})$$

五、注意事项

(1) 测定血糖含量时必须先除去其中的蛋白质,制成无蛋白滤液,再行检验。

(2) 血液内含草酸盐抗凝剂过多时,pH 不适当可使血红蛋白等沉淀不完全,且不易转变为暗棕色,沉淀后上清液不清晰。此时可以滴入 10% 硫酸 1 滴,用力摇匀至转变为暗棕色时,再使之沉淀,过滤。但硫酸切勿加入过多,否则可使血液中尿酸沉淀,葡萄糖分解,而有碍于测定。

六、思考题

(1) 为什么测定血糖时必须预先除去蛋白质?

(2) 正常人空腹血样的含糖量范围是多少?患糖尿病时,血糖含量有何变化?为什么要空腹采血?

(3) 为什么采用离管底不远处有一紧缩收口的血糖管定糖(结合原理讨论其优点)？为什么要选用奥式吸量管？

实验三十六　酶的底物专一性

一、实验目的

掌握检查酶的专一性的原理和方法，学会排除干扰因素，设计酶学实验。

二、实验原理

本实验分别以唾液淀粉酶(内含淀粉酶及少量麦芽糖酶)、蔗糖酶对淀粉及蔗糖的催化作用，观察淀粉酶、蔗糖酶的底物专一性。

1. 酶的专一性

酶的专一性是指一种酶只能对一种底物或一类底物起催化作用，对其他底物无催化作用。如淀粉酶只能催化淀粉水解，对蔗糖的水解无催化作用。

2. 淀粉和蔗糖的结构

淀粉有两种：直链淀粉和支链淀粉。直链淀粉是由 200～300 个 α-葡萄糖以 α-1,4 糖苷键相连成一直链，支链淀粉不仅有 α-1,4 糖苷键，还有 α-1,6 糖苷键，从而在直链淀粉的基础上形成分支。蔗糖是双糖，由 α-葡萄糖和 β-果糖以 α-1,2 糖苷键相连而成。

3. Benedict 反应

Benedict 试剂是碱性硫酸铜溶液，具有一定的氧化能力，能与还原性糖的半缩醛羟基发生氧化还原反应，生成氧化亚铜(Cu_2O)砖红色沉淀。淀粉和蔗糖都不能反应，而它们的水解产物——葡萄糖能够发生 Benedict 反应，因此，以颜色反应来观察淀粉酶、蔗糖酶对淀粉及蔗糖的水解作用。

三、实验用品

1. 仪器

试管，烧杯，漏斗，研钵，刻度吸管。

2. 试剂

(1) 干酵母，可溶性淀粉或食用淀粉，蔗糖，NaCl，柠檬酸钠，无水碳酸钠，硫酸铜。

(2) 新鲜淀粉酶溶液：唾液一口于 50 mL 烧杯中，用蒸馏水稀释到 30 mL，备用。

(3) 蔗糖酶溶液：干酵母两小勺置于研钵中，加蒸馏水少许(约 4 mL)，用力研磨，用 25 mL 蒸馏水洗涤研钵，过滤，(含蔗糖酶)备用。

(4) 0.5%淀粉溶液(含 0.3%NaCl)：可溶性淀粉或食用淀粉新鲜配制。先用清水浸泡，离心，沉淀清洗三次再配置。

(5) 2%蔗糖溶液：蔗糖要分析纯。

(6) Benedict 试剂：85 g 柠檬酸钠($Na_3C_6H_5O_7 \cdot 11H_2O$)加 50 g 无水碳酸钠，溶于 400 mL 水；8.5 g 硫酸铜溶于 50 mL 热水中。将硫酸铜溶液缓缓倾入柠檬酸钠-碳酸钠溶液，边加边摇，如有沉淀可过滤。本试剂可长期使用，放置过久出现沉淀时可用上清液。

四、实验内容

1. 淀粉酶的专一性

表 3-38

	试管 1	试管 2	试管 3
稀释的唾液淀粉酶(mL)	1	1	1
0.5%淀粉溶液(mL)	3		
2%蔗糖溶液(mL)		3	
蒸馏水(mL)			3
摇匀,37℃保温 45 分钟			
Benedict 试剂(mL)	2	2	2
摇匀,沸水煮沸 2 分钟			
观察记录结果			
原因			

2. 蔗糖酶的专一性

表 3-39

	试管 1	试管 2	试管 3
蔗糖酶溶液(mL)	1	1	1
0.5%淀粉溶液(mL)	3		
2%蔗糖溶液(mL)		3	
蒸馏水(mL)			3
摇匀,37℃,保温 45 分钟			
Benedict 试剂(mL)	2	2	2
摇匀,沸水煮沸 2 分钟			
观察记录结果			
原因			

五、注意事项

(1) 蔗糖酶若浑浊,可以多次过滤。
(2) 注意控制温度为 37℃。

六、思考题

(1) 为什么要设计三组实验?
(2) 每组中蒸馏水起什么作用?

实验三十七　卵磷脂的提取与鉴定

一、实验目的

了解乙醇作为溶剂提取卵磷脂的原理和方法。

二、实验原理

卵磷脂在脑、神经组织、肝、肾上腺和红细胞中含量较多,蛋黄中含量特别多。卵磷脂易溶于乙醇、乙醚等脂溶剂,可利用这些溶剂进行提取。

新提取得到的卵磷脂为白色蜡状物,与空气接触后因所含不饱和脂肪酸被氧化而呈黄褐色。卵磷脂中的胆碱基在碱性溶液中可分解成三甲胺,三甲胺有特异的鱼腥臭味,可鉴别。

三、实验用品

1. 材料

鸡蛋黄。

2. 仪器

烧杯(50 mL),量筒(50 mL),蒸发皿,试管,吸管(2 mL),电子天平。

3. 试剂

95%乙醇,10%氢氧化钠溶液。

四、实验内容

1. 提取

在小烧杯内放置蛋黄约 2 g,加入热的 95%乙醇 15 mL,边加边搅拌,冷却,过滤。将滤液置于蒸发皿内,蒸汽浴上蒸干,残留物即为卵磷脂。

2. 鉴定

取卵磷脂少许,置于试管内,加 10% NaOH 溶液约 2 mL,水浴加热,看是否产生鱼腥味。

五、注意事项

有机溶剂蒸发时,勿用明火,注意安全。

六、思考题

(1) 蛋黄中分离卵磷脂根据什么原理?

(2) 卵磷脂可以皂化,从结构分析应做何解释?

实验三十八 氨基酸的分离鉴定——纸层析法

一、实验目的

（1）了解氨基酸的分离鉴定方法。
（2）学习纸层析法的基本原理及操作要点。

二、实验原理

纸层析法是用滤纸作为惰性支持物的分配层析法。如图 3-20 所示。

层析溶剂由有机溶剂和水组成。

物质被分离后在纸层析图谱上的位置是用 R_f 值（比移值）来表示的：

$$R_f = \frac{\text{原点到层析点中心的距离}}{\text{原点到溶剂前沿的距离}}$$

（式 3-30）

在一定的条件下某种物质的 R_f 值是常数。R_f 值的大小与物质的结构、性质、溶剂系统、层析滤纸的质量和层析温度等因素有关。此外，样品中的盐分、其他杂质以及点样过多皆会影响样品的有效分离。

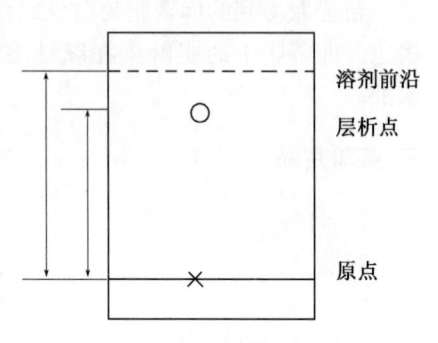

图 3-20 纸层析图谱

用滤纸层析法分离氨基酸，是根据氨基酸样品的 R 基的化学结构或极性大小的不同，将样品氨基酸溶解在适当的溶剂（水、缓冲液或有机溶剂）中，点样在滤纸的一端，再选用适当的溶剂系统，从点样的一端通过毛细现象向另一端展层，展层完毕，取出滤纸晾干或烘干。本实验用茚三酮作为显色剂，就可得到氨基酸样品的分离图谱。

三、实验用品

1. 材料

氨基酸溶液：0.5%的赖氨酸、脯氨酸、缬氨酸、苯丙氨酸、亮氨酸溶液及它们的混合液（各组分质量分数均为 0.5%）各 5 mL。

2. 仪器

层析缸，毛细管，喷雾器，培养皿，层析滤纸。

3. 试剂

（1）扩展剂（650 mL）：扩展剂是 4 份水、饱和的正丁醇和 1 份醋酸的混合物。将 20 mL 正丁醇和 5 mL 冰醋酸放入分液漏斗中，与 15 mL 水混合，充分振荡，静置后分层，放出下层水层。取漏斗内的扩展剂约 5 mL 置于小烧杯中做平衡溶剂，其余的倒入培养皿中备用。

（2）显色剂：50~100 mL 0.1% 水合茚三酮正丁醇溶液。

四、实验内容

（1）将盛有平衡溶剂的小烧杯置于密闭的层析缸中。

(2) 取层析滤纸(长 22 cm、宽 14 cm)一张。在纸的一端距边缘 2~3 cm 处用铅笔划一条直线,在此直线上每间隔 2 cm 作一记号,如图 3-21 所示。

(3) 点样　用毛细管将各氨基酸样品分别点在这 6 个位置上,用冷风吹干后再点一次。每点在纸上扩散的直径最大不超过 3 mm。

(4) 扩展　用线或透明胶将滤纸缝成筒状,纸的两边不能接触。将盛有约 20 mL 扩展剂的培养皿迅速置于密闭的层析缸中,并将滤纸直立于培养皿中(点样的一端在下,扩展剂的液面需低于点样线 1 cm)。待溶剂上升 15~20 cm 后取出滤纸,用铅笔描出溶剂前沿界线,自然干燥或用吹风机热风吹干。

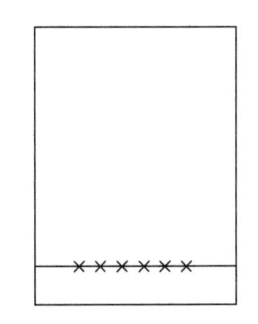

图 3-21　层析滤纸划线记号

(5) 显色　用喷雾器均匀喷上 0.1% 茚三酮正丁醇溶液,然后置烘箱中烘烤 5 min (100℃)或用热风吹干即可显出各层析斑点。

五、实验结果

计算各种氨基酸的 R_f 值。

六、注意事项

(1) 选用合适、洁净的层析滤纸。
(2) 可进行双相层析。

七、思考题

(1) 影响 R_f 值的主要因素是什么?
(2) 层析缸中平衡溶剂的作用是什么?

实验三十九　蛋白质的提取和分离

Ⅰ. 酪蛋白的提取

一、实验目的

学习从牛奶中分离制备酪蛋白的原理和方法。

二、实验原理

酪蛋白是牛奶中的主要蛋白质,含量约 35 g/L。酪蛋白是一些含磷蛋白质的混合物,等电点为 4.7。利用等电点时溶解度最低的原理,将牛奶的 pH 调至 4.7,酪蛋白就沉淀出来。利用酪蛋白不溶于乙醇的性质,用乙醇洗涤沉淀物,以除去脂类杂质便可得到纯的酪蛋白。

三、实验用品

1. 材料

牛奶。

2. 仪器

量筒及烧杯,离心机,抽滤装置,酸度计(或精密 pH 试纸)。

3. 试剂

(1) 95%乙醇。

(2) 无水乙醚。

(3) 0.2 mol/L pH 为 4.7 的醋酸-醋酸钠缓冲液,先配制 A 液与 B 液。

A 液(0.2 mol/L 醋酸钠溶液):称三水合醋酸钠 54.44 g,定容至 2 000 mL。

B 液(0.2 mol/L 醋酸溶液):称优级纯醋酸(含量大于 99.8 %)18.0 g,定容至 1 500 mL。

取 A 液 1 770 mL、B 液 1 230 mL 混合,即得 pH=4.7 的醋酸-醋酸钠缓冲液。

(4) 乙醇-乙醚混合液:乙醇:乙醚=1:1(体积比)。

四、实验内容

1. 提取

用量筒量取 100 mL 牛奶倒入 500 mL 烧杯中,加热到 40℃,在搅拌下慢慢加入已预热到 40℃、pH=4.7 的醋酸缓冲液 100 mL。用精密 pH 试纸或酸度计调 pH 至 4.7,冷至室温,再倒入离心管中,离心 15 min(3 000 r/min),弃去上清液,得酪蛋白粗品。

2. 洗涤

先用蒸馏水洗沉淀三次,每次离心 10 min(3 000 r/min),弃去上清液。

再在沉淀中加入 30 mL 乙醇,搅拌后将全部悬浊液转移至布氏漏斗中抽干,用乙醇-乙醚混合液洗沉淀一次,再用乙醚洗沉淀一次,抽干。

3. 干燥

将沉淀摊开在表面皿上,风干,即得酪蛋白纯品。

五、实验结果

准确称重,计算含量和得率。

含量:酪蛋白克数/100 mL 牛奶(g)。

$$得率 = \frac{测得含量}{理论含量} \times 100\% \qquad (式 3-31)$$

(注:式中理论含量按 3.5 g/100 mL 牛奶计算)

六、注意事项

(1) 本实验中醋酸-醋酸钠缓冲液的配制要准确。

(2) 如无离心机或大号离心管,可将 pH 调节到 4.7 的牛奶冷却到室温,静置 5 min 后改用细布在玻璃漏斗上过滤,沉淀用少量蒸馏水洗涤数次,然后悬浮于 30 mL 乙醇中,将此悬浮液转移至布氏漏斗中抽干,再按上法用乙醇-乙醚混合液洗涤沉淀 2 次,最后再用乙醚洗 2 次,抽干即可。

七、思考题

(1) 夏天鲜牛奶如果不煮沸,放置在室温下一段时间,牛奶会有酸味,同时有白色的絮乳状沉淀出现,这是什么原因?

(2) 做好本试验的关键是什么?

Ⅱ. 血清蛋白的醋酸纤维素薄膜电泳

一、实验目的

(1) 了解电泳的一般原理,掌握醋酸纤维素薄膜电泳操作技术。
(2) 测定血清中各种蛋白质的相对百分含量。

二、实验原理

血清中含有数十种甚至近百种蛋白质组分,它们具有胶体性质,为两性电解质,因为各自含有的可以解离的基团不同,pI 不同,在同一 pH 下所带净电荷量及电性有所差异。在 pH>pI 的溶液中,蛋白质胶体颗粒带有净负电荷成为负离子,在电场作用下向阳极移动;在 pH<pI 的溶液中,蛋白质胶体颗粒则带有净正电荷成为正离子,在电场作用下向阴极移动。又因蛋白质分子的分子量、分子结构不尽相同,各自的迁移率(m)就有区别。这样通过电泳技术就能将它们分离。

醋酸纤维素薄膜具有均一的泡沫状结构,渗透性强,对分子移动无甚阻力,因此可以作为区带电泳的良好支持物。电泳后的醋酸纤维素薄膜经透明液或液体石蜡处理之后呈透明状,可获得背景无色的血清蛋白电泳图谱,可供光密度计扫描测定或将各种蛋白质斑点用氢氧化钠试剂溶液洗脱,使用可见光分光光度计比色测定。

三、实验用品

1. 材料

兔血清或人血清(要求新鲜,无溶血现象)。

2. 仪器

常压电泳仪,水平式电泳槽,醋酸纤维素薄膜(2 cm×8 cm),点样器,微量注射器(50 μL),玻璃缸(直径 20 cm 或 30 cm),培养皿(直径 10 cm,每组学生 4~5 个),电热吹风机(每 3~4 组学生共用 1 个),剪刀,刀片,尺,铅笔,镊子,玻璃板,粗滤纸,试管(6~7 支),可见光分光光度计,恒温水浴。

3. 试剂

(1) 巴比妥缓冲液,pH=8.6,离子强度(I)0.07;巴比妥钠,分析纯,15.45 g;巴比妥,分析纯,2.76 g;两者溶于蒸馏水,稀释定容至 1 000 mL。用酸度计检测后使用。

(2) 染色液:氨基黑 10B 0.50 g;甲醇,分析纯,50 mL;冰醋酸,分析纯,10 mL;蒸馏水

40 mL。混匀,可供反复使用。

(3) 漂洗液:乙醇,分析纯,45 mL;冰醋酸,分析纯,5 mL;蒸馏水 50 mL;10 组学生按此比例配制 1 000 mL。

(4) 透明液:甲液——冰醋酸 15 mL,无水乙醇 85 mL,混匀。乙液——冰醋酸 25 mL,无水乙醇 75 mL,混匀。冰醋酸、无水乙醇均为分析纯。

(5) 洗脱液:氢氧化钠,分析纯,称取 16 g 溶于蒸馏水,定容至 1 000 mL,即为 0.4 mol/L 氢氧化钠溶液。

(6) 液体石蜡。

四、实验内容

1. 浸膜

用镊子取醋酸纤维素薄膜,分清薄膜光泽面和无光泽面,用铅笔在无光泽面的一边角上轻轻写上记号,放入盛有 pH=8.6 的巴比妥缓冲液的玻璃缸中,使其充分浸润,浸润时间不少于 2 h,如有可能过夜则更好。每组学生做 2 张,1 张供透明实验,另 1 张供 0.4 mol/L 氢氧化钠溶液洗脱比色进行定量测定。若整条浸润后的薄膜外观色泽深浅一致,则表明薄膜质地均匀,为上品,电泳效果好,当选用。故浸泡的薄膜数应适当放宽,供选择。

2. 点样

用镊子将浸泡后的薄膜从玻璃缸中取出,平整地放在一张干净的粗滤纸上,再覆上一张粗滤纸,轻轻地吸去多余的缓冲液,然后将无光泽面朝上平置在洁净的玻璃板上(玻璃板事先用洗涤剂或肥皂洗净、晾干),如图 3-22 所示。

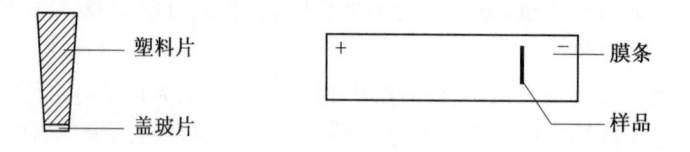

图 3-22 醋酸纤维薄膜的放置及点样位置示意图

用微量注射器吸取血清,滴注在点样器钢口夹层间,血清量 2~3 μL,手持点样器,将有钢口端水平向下,在无光泽面上距薄膜一端 1.5~2.0 cm 处轻轻按下,与薄膜接触后即垂直向上方提取,切勿拖移。薄膜上条状血清样品带应与膜端线平行。

3. 电泳

将 pH=8.6 的缓冲液倒入电泳槽内,注意两个电极槽内缓冲液量要均等并调节电泳槽四角旋钮,使两个电极槽内的液面水平等高。根据电泳槽支架的长度,选择两块纱布,各折叠成两层,分别铺置在两个支架上,使纱布一端与支架边缘对齐,另一端浸入电极槽的缓冲液内,让纱布充分浸吸缓冲液。纱布的作用是成为联系醋酸纤维素薄膜与两电极缓冲液之间的"桥梁"。用镊子将点样后的薄膜放入电泳槽,膜条两端紧贴在两个支架的纱布上,点样端靠近负极,尽力呈水平悬空状,盖上槽盖,平衡 10 min,检查电泳仪与电泳槽之间的连接线路,确定正负极是否正确。通电,调节电压至 120~160 V,电流为 0.4~0.6 mA/cm。通电时间 45~70 min,如图 3-23 所示。

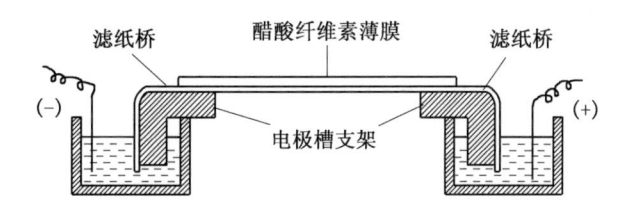

图 3-23 醋酸纤维素薄膜电泳装置示意图

4. 染色

电泳结束，进行染色。将氨基黑 10B 染色液倒入 1 个培养皿中，用镊子将薄膜取出使其完全浸入染色液中 5~10 min。

5. 漂洗

将漂洗液倒入 3~4 个培养皿中，用镊子将薄膜从染色液中取出，依次在盛有漂洗液的培养皿中漂洗，直至背景无色为止。用双层滤纸将薄膜压平吸干。可观察到色带分明的电泳图谱。一般薄膜上有 5 条区带，从正极端起始，依次为血清清蛋白、α_1-球蛋白、α_2-球蛋白、β-球蛋白、γ-球蛋白。

6. 透明

取漂洗后的另一条薄膜用电热吹风机吹干，温度勿过高，防止膜条受热卷起。浸入透明液的甲液 2 min，然后立即转入透明液的乙液中，1 min 后迅速取出，紧贴在洁净的玻璃板上，用圆头镊子仔细小心地驱赶气泡，约 3 min 后薄膜完全透明，放置 15 min，用电热吹风机吹干。在自来水下小水流冲涤，用刀片挑起薄膜一角，再用手轻轻揭下，夹在粗滤纸中吸干，浸入液体石蜡中，5 min 后取出，再夹在滤纸中吸干、压干。

五、实验结果

如图 3-24 所示电泳图谱。

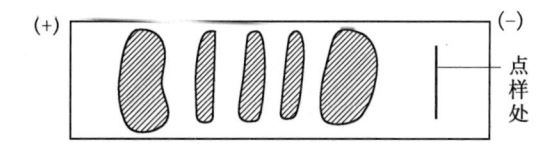

图 3-24 醋酸纤维薄膜血清蛋白电泳图谱

从左至右依次为：血清清蛋白、α_1-球蛋白、α_2-球蛋白、β-球蛋白、γ-球蛋白。获得透明、色泽清晰的电泳图谱，可供长期保存、分析鉴定或扫描定量。

六、注意事项

（1）电泳时，电泳槽盖切勿打开或用手接触内部。

（2）薄膜不得用手接触，尤其在气温较高时，应防止皮肤汗液分泌物污染。

（3）缓冲液长期使用，水分蒸腾，导致离子强度改变，应重新配制。

（4）血清加样量不能过多或过少，加样带粗细应一致，样品量分布均匀，保证分离出的区带清晰分明，避免区带"走"歪或拖尾。

(5) 洗脱液——氢氧化钠溶液浓度过高,会使薄膜变成絮状,影响定量。
(6) 透明时要掌握准确时间,时间稍长,薄膜即会卷缩,导致处理失败。
(7) 电泳仪的电压要保持稳定,防止大幅度波动。

七、思考题

简述醋酸纤维素薄膜电泳的原理及优点。

Ⅲ. 大豆种子球蛋白的提取

一、实验目的

学习从大豆种子中分离制备球蛋白的原理和方法。

二、实验原理

球蛋白是大豆种子中主要的水溶性蛋白质,等电点为 4.5。利用等电点溶解度最低的原理,将水溶性蛋白质的 pH 调至 4.5,球蛋白就沉淀出来。为了去除脂类杂质的干扰,可用丙酮或乙醚去除。

三、实验用品

1. 材料

大豆种子。

2. 仪器

离心机,烧杯,酸度计或 pH 试纸。

3. 试剂

丙酮,1 mol/L HCl 溶液,蛋白提取液:50 mol/L 的 Tris-HCl(pH=8.0)溶液。

四、实验步骤

(1) 磨豆粉 将 2 粒大豆种子去皮于研钵中研磨成粉状,称重。
(2) 脱脂 加适量 5 mL 乙醚或丙酮脱脂 2~3 h 后(期间换液 1~2 次),倒掉乙醚或丙酮,风干,称重。
(3) 称取 0.2 g 干豆粉于编号的离心管中,每管加 5 mL 蛋白质提取液提取 1~3 h,其间涡漩 1~2 次。
(4) 4 ℃,8 000 rpm/min 离心 15 min,取上清液。
(5) 用 1 mol/L HCl 溶液调每管中溶液的 pH 至 4.5,球蛋白沉淀下来。
(6) 4 ℃,4 500 rpm/min 离心 10 min,弃上清液,沉淀冷冻干燥,即得球蛋白,称重。

五、实验结果

准确称重,计算含量和得率。

六、注意事项

调节 pH 时,1 mol/L HCl 溶液一定要缓慢加入。

实验四十 蛋白质浓度的测定

Ⅰ. 双缩脲法测定蛋白质含量

一、实验目的

(1) 加强对蛋白质的有关性质的认识。
(2) 掌握双缩脲法测定蛋白质含量的原理和方法。

二、实验原理

双缩脲($NH_2CONHCONH_2$)是两分子脲经 180 ℃左右加热,放出一分子氨后得到的产物。在强碱性溶液中,双缩脲和 $CuSO_4$ 形成紫色配合物,称为双缩脲反应。凡含有两个和两个以上肽键的化合物都具有此反应。

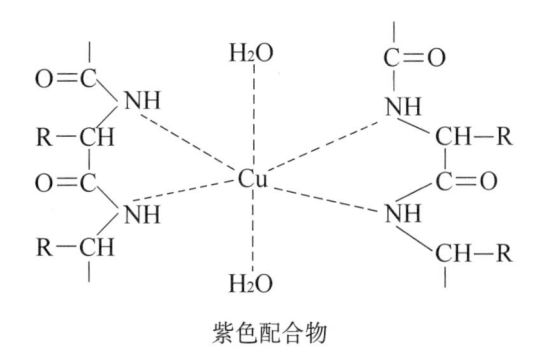

紫色配合物

紫色配合物颜色的深浅与蛋白质浓度成正比,而与蛋白质分子量及氨基酸成分无关,故可在 540~560 nm 下比色来测定蛋白质含量。测定范围为 1~10 g/L 蛋白质。干扰这一测定的物质主要有硫酸铵、Tris 缓冲液和某些氨基酸等。

此法的优点是较快速,不同的蛋白质产生颜色的深浅相近,干扰物质少;主要的缺点是灵敏度差。因此双缩脲法常用于需要快速但并不需要十分精确的蛋白质测定。

三、实验用品

1. 材料

未知样品蛋白质。

2. 仪器

可见光分光光度计,大试管 15 支,旋涡混合器等。

3. 试剂

(1) 标准蛋白质溶液:用标准的结晶牛血清清蛋白(BSA)或标准酪蛋白,配制成 10 mg/mL 的标准蛋白质溶液。牛血清清蛋白用 H_2O 或 0.9% NaCl 溶液配制,酪蛋白用 0.05 mol/L NaOH 溶液配制。

(2) 双缩脲试剂:称取 1.5 g 硫酸铜($CuSO_4 \cdot 5H_2O$)和 6 g 酒石酸钾钠($KNaC_4H_4O_6 \cdot 4H_2O$),

用 500 mL 水溶解,在搅拌下加入 300 mL 10% NaOH 溶液,用水稀释到 1 L,贮存于塑料瓶中(或内壁涂有石蜡的瓶中)。此试剂可长期保存。若贮存瓶中有黑色沉淀出现,则需要重新配制。

四、实验内容

1. 标准曲线的测定

取 12 支试管分两组,每组分别加入 0 mL、0.2 mL、0.4 mL、0.6 mL、0.8 mL、1.0 mL 的标准蛋白质溶液,用水补足到 1 mL,然后加入 4 mL 双缩脲试剂。充分摇匀后,在室温(20~25℃)下放置 30 min,于 540 nm 处进行比色测定。用未加蛋白质溶液的第一支试管作为空白对照液。取两组测定的平均值,以蛋白质的含量为横坐标,光吸收值为纵坐标绘制标准曲线。

2. 样品的测定

取 2~3 个试管,用上述方法,与标准曲线的各管同时比色。

五、实验结果

从标准曲线上查出蛋白质浓度,再按稀释倍数求出蛋白质含量。

六、注意事项

(1) 标准样品的浓度为 10 mg/mL。

(2) 样品浓度不要超过 10 mg/mL,若是偏大,则进行适当稀释。

七、思考题

为什么本实验中设计两次重复实验?

Ⅱ. 考马氏亮蓝 G-250 染色法测定蛋白质含量

一、实验目的

学习考马氏亮蓝 G-250 染色法测定蛋白质含量的原理和操作技术。

二、实验原理

1976 年 Bradford 建立了用考马氏亮蓝 G-250 与蛋白质结合的原理,迅速而准确地测量蛋白质的方法。染料与蛋白质结合后会引起染料最大吸收光的改变,即从 465 nm 变为 595 nm。蛋白质-染料复合物具有高的吸光系数,因此大大提高了蛋白质的灵敏度(最低检出量为 1 μg)。染料与蛋白质的结合是很迅速的过程,大约只需 2 min,结合物的颜色在 1 h 内是稳定的。一些阳离子,如 K^+、Na^+、Mg^{2+} 及 $(NH_4)_2SO_4$、乙醇等物质不干扰测定,而大量的去污剂如 TritonX-100、SDS 等严重干扰测定,少量的去污剂可通过适当的对照而消除。由于染色法简单迅速,干扰物质少,灵敏度高,现已被广泛应用于蛋白质含量的测定。

三、实验用品

1. 材料

未知样品蛋白质。

2. 仪器

天平,试管,刻度吸管,可见光分光光度计。

3. 试剂

(1) 考马氏亮蓝 G-250 染色液:称取 100 mg 考马氏亮蓝 G-250 溶解于 50 mL 95% 的乙醇中,加入 100 mL 85% 的磷酸,加水稀释到 1 L。

(2) 标准蛋白质溶液(0.1 mg/mL):准确称取 100 mg 牛血清白蛋白,在 1 L 容量瓶中加生理盐水至刻度,溶后分装,−20℃冰箱保存。

四、实验内容

1. 标准曲线的制备

取 6 支试管,编号为 1、2、3、4、5、6,按表 3-40 加入试剂。

表 3-40 各试剂量的体积

编号	1	2	3	4	5	6
蛋白标准(mL)	0	0.15	0.30	0.45	0.6	0.75
蒸馏水(mL)	1	0.85	0.7	0.55	0.4	0.25
染色液(mL)	5	5	5	5	5	5

混匀后室温放置 15 min。在 595 nm 波长比色,读出吸光度,以各管的标准蛋白浓度为横坐标,以吸光度为纵坐标绘出标准曲线。

2. 样品蛋白质测定

取未知浓度的蛋白液,通过适当稀释,使其浓度控制在 0.015~0.1 mg/mL,取 1 mL 于试管内,再加入 G-250 染色液 5 mL,放置 15 min,595 nm 波长比色,读出吸光度。

五、实验结果

对照标准曲线求出未知样品蛋白质浓度,再按稀释倍数求出蛋白质含量。

六、注意事项

(1) 高浓度的 Tris、EDTA、尿素、甘油、蔗糖、丙酮等对测定有干扰。

(2) 显色结果受时间与温度影响较大,须注意保证样品与标准的测定控制在同一条件下进行。

(3) 考马氏亮蓝 G-250 染色能力很强,特别要注意比色皿的清洗。

七、思考题

Bradford 法测定蛋白质含量的优点有哪些?

实验四十一 酵母 RNA 的提取（浓盐法）

一、实验目的

学习浓盐法提纯 RNA 的基本原理和方法。

二、实验原理

核酸是一类不稳定的生物大分子，在制备过程中很容易发生降解。因此，要使核酸尽可能保持其在生物体内的天然状态，必须采取温和的条件，如避免过酸碱，避免剧烈的搅拌，防止核酸降解酶类的作用。

由于 RNA 种类较多，所以制备方法也各异。工业上制备 RNA 一般选用成本较低、适宜于大规模操作的浓盐法。浓盐法是用 10% NaCl 溶液改变细胞膜的通透性，使核酸从细胞内释放出来。用浓盐法提取 RNA，注意掌握温度，避免在 20～70℃停留时间过长，因为这是磷酸二酯酶和磷酸单酯酶作用活跃的温度范围，会使 RNA 因降解而降低提取率。加热至 90～100℃使蛋白质变性，破坏该酶类，有利于 RNA 的提取。

若要提取接近天然状态的 RNA，可采用苯酚法或氯仿-异戊醇法去蛋白，然后用乙醇沉淀 RNA，离心收集。

本实验采用浓盐法（10% NaCl 溶液）。

三、实验用品

1. 器材

酵母粉，15 mL 离心管，离心机，水浴锅，酸性 pH 试纸，玻璃棒，电子天平。

2. 试剂

10% NaCl 溶液，6 mol/L HCl 溶液，0.5 mol/L $NaHCO_3$ 溶液，95%乙醇。

四、实验内容

1. 提取

在 15 mL 的离心管内加 10% NaCl 溶液 10 mL，加干酵母粉 1 g。混合均匀，然后于沸水浴中提取半小时。

2. 分离

将上述离心管取出，用自来水冷却，以 3 500 r/min 离心 10 min，使提取液与菌体残渣等分离。

3. 沉淀 RNA

将离心得到的上清液转移至另一离心管，冷却。待溶液冷至 10℃以下时，小心地用 6 mol/L HCl 溶液调节 pH 至 2.0～2.5。随着 pH 的下降，溶液中白色沉淀逐渐增加，到等电点时沉淀量最多（注意严格控制 pH）。调好后继续保持静置 10 min，使沉淀充分，颗粒变大。

4. 洗涤

将上述悬浮液 3 000 r/min 离心 5 min,得到 RNA 沉淀。小心弃去上清液,加入 3 mL 0.5 mol/L 碳酸氢钠溶液溶解沉淀(必要时用玻璃棒搅拌沉淀物以助溶解,如有不溶物则为杂质)。在 4 000 r/min 离心 1 min,取上清液于另一离心管中,加入 2 倍体积的 95% 乙醇,混匀,重新沉淀 RNA,3 000 r/min 离心 5 min,即得湿 RNA 粗制品。

RNA 粗制品可供定量测定实验用。

五、注意事项

(1) 使用离心机时,离心管要对称放置,而且对称的离心管重量也要相同,否则会对离心机造成损坏。

(2) 提取 RNA 用酒精洗涤沉淀时,要充分混匀,提高 RNA 的得率。

六、思考题

(1) 为什么要水沸腾后才将样品放入?

(2) 为什么要将 pH 调至 2.0～2.5?

第四章 综合及设计性实验

实验一 蛋壳中钙、镁含量的测定

Ⅰ. 配位滴定法

一、实验目的

(1) 巩固配位滴定分析方法与原理。
(2) 学习使用配位掩蔽排除干扰离子影响的方法。
(3) 掌握对实际试样中多种组分含量测定的一般步骤。

二、实验原理

鸡蛋壳的主要成分为 $CaCO_3$，其次为 $MgCO_3$、蛋白质、色素以及少量的 Fe、Al。

pH=10 时，用 K-B 作指示剂，EDTA 可直接测量 Ca^{2+}、Mg^{2+} 总量，为提高配位反应的选择性，加入掩蔽剂三乙醇胺掩蔽 Fe^{3+}、Al^{3+}，以消除它们对 Ca^{2+}、Mg^{2+} 测量的干扰。EDTA 与 Ca^{2+} 的稳定常数为 $10^{10.67}$，故可在 pH=10 的氨性缓冲溶液中用 EDTA 来测定 Ca^{2+} 的含量。pH=10 时，钙、镁同时被滴定，用 NaOH 沉淀掩蔽 Mg^{2+}；pH=12 时，可用 EDTA 单独滴定 Ca^{2+} 的含量，两者之差即为 Mg^{2+} 的含量。本实验中只测定钙镁总量。

三、实验用品

1. 材料

鸡蛋壳。

2. 仪器

酸式滴定管(50 mL)，容量瓶(250 mL)，锥形瓶(250 mL)，烧杯，电子天平，研钵。

3. 试剂

EDTA，基准碳酸钙，K-B 指示剂，三乙醇胺水溶液(1∶2)，氨性缓冲溶液(pH=10)，盐酸(1∶1)。

四、实验内容

1. 0.02 mol/L EDTA 溶液的配制

称取 3.4 g $Na_2H_2Y_2 \cdot 2H_2O$ 于烧杯中，加入适量蒸馏水并搅拌使其溶解(必要时可温热，以加快溶解)，然后稀释至 500 mL，保存于试剂瓶中。

2. 0.02 mol/L 标准钙溶液的配制

将基准碳酸钙置于称量瓶中,在 110℃ 干燥 2 h,置于干燥器中冷却后,准确称取 0.500 0 g 于烧杯中,加少许水润湿,再沿烧杯嘴逐滴加入 1∶1 的盐酸,待全部溶解后,将溶液定量转入 250 mL 容量瓶中,用蒸馏水稀释至刻度,摇匀。

3. 标定

移取 25.00 mL $CaCO_3$ 标准溶液于 250 mL 锥形瓶,加入约 25 mL 蒸馏水及 10 mL pH=10 的氨性缓冲溶液,再加入适量 K-B 指示剂,用 0.02 mol/L EDTA 滴定至红色变为蓝色即为终点。平行测定三次,计算 EDTA 的准确浓度。

4. 蛋壳的预处理

先将蛋壳洗净,加水煮沸 5~10 min,去除蛋壳内表层的蛋白薄膜,然后把蛋壳放于烧杯中用小火烤干,研成粉末。

5. 测定

准确称取干燥的蛋壳粉一份,所取试样质量按含 Ca 量 35% 左右计算,稀释 10 倍后,消耗 0.02 mol/L EDTA 25 mL 左右。加少许水将蛋壳粉润湿,再加入 1∶1 的盐酸直至完全溶解后,将溶液转入 250 mL 容量瓶。若有泡沫,加 2~3 滴 95% 的乙醇,泡沫消除后,稀释至刻度,摇匀。移取配好的蛋壳溶液 20.00 mL 于锥形瓶中,加蒸馏水 20 mL、三乙醇胺 5 mL、pH=10 的 NH_3-NH_4Cl 缓冲溶液 10 mL 及适量的 K-B 指示剂,用标准 EDTA 滴定到溶液的颜色由红色变为蓝色即为终点。平行测定三份,根据测定结果,计算蛋壳粉中钙(以氧化钙计)的百分含量。

五、实验结果

根据 EDTA 消耗的体积计算 Ca^{2+}、Mg^{2+} 总量,以 CaO 的含量表示。

六、思考题

(1) 乙二胺四乙酸二钠盐在水溶液中显酸性还是碱性?计算说明。

(2) 蛋壳中钙含量很高,而镁含量很低,当用铬黑 T 作为指示剂时,往往得不到敏锐的终点,如何解决这个问题?

(3) 如何确定蛋壳粉末的称量范围?(提示:先粗略确定蛋壳粉中钙、镁含量,再估计蛋壳粉的称量范围。)

(4) 蛋壳粉溶解稀释时为何加 95% 乙醇可以消除泡沫?

Ⅱ. 酸碱滴定法

一、实验目的

(1) 掌握酸碱滴定方法测定 $CaCO_3$ 的原理及指示剂的选择。

(2) 巩固滴定分析基本操作。

二、实验原理

蛋壳中的碳酸盐能与 HCl 发生反应:$CaCO_3 + 2HCl = CaCl_2 + CO_2 \uparrow + H_2O$

过量的酸可用标准 NaOH 溶液回滴,根据实际与 $CaCO_3$ 反应的标准盐酸体积可求得蛋壳中 CaO 含量。

三、实验用品

1. 材料

鸡蛋壳。

2. 仪器

酸式滴定管(50 mL),碱式滴定管(50 mL),锥形瓶(250 mL),烧杯,电子天平。

3. 试剂

浓 HCl(AR),NaOH(AR),0.1%甲基橙。

四、实验内容

1. 0.5 mol/L NaOH 的配制

称 10 g NaOH 固体于小烧杯中,加蒸馏水溶解后,用蒸馏水稀释至 500 mL,移至试剂瓶中,加橡皮塞,摇匀。

2. 0.5 mol/L 盐酸的配制

用量筒量取 21 mL 浓盐酸于 500 mL 试剂瓶中,用蒸馏水稀释至 500 mL,加盖,摇匀。

3. 酸碱标定

准确称取 0.55 g 基准 Na_2CO_3 三份于锥形瓶中,分别加入 50 mL 煮沸去除 CO_2 并冷却的去离子水,摇匀,温热至溶解后,加入 1～2 滴甲基橙指示剂,用标准盐酸滴定至橙色为终点。计算标准盐酸的浓度。标准 NaOH 浓度的确定,可通过酸碱比较,从标准盐酸浓度计算得到 NaOH 的浓度。

4. CaO 含量测定

准确称取 0.3 g 左右(精确到 0.1 mg)经预处理后蛋壳各一份放入三个锥形瓶内,用酸式滴定管逐滴加入标准盐酸 140 mL 左右(需精确读数),小火加热溶解,冷却,加甲基橙指示剂 1～2 滴,以标准 NaOH 回滴至橙黄为终点,并计算蛋壳中 CaO 的质量分数。

五、实验结果

按滴定分析记录格式做表格,记录数据,按式 4-1 计算 ω_{CaO}(质量分数):

$$\omega_{CaO} = \frac{(c_{HCl}V_{HCl} - c_{NaOH}V_{NaOH}) \times \frac{56.08}{1\,000}}{m_{样品}} \times 100\% \qquad (式\ 4-1)$$

六、注意事项

(1) 蛋壳中钙主要以 $CaCO_3$ 形式存在,同时也有 $MgCO_3$,因此以 CaO 含量表示钙和镁总量。

(2) 由于酸较稀,溶解时需加热一定时间,试样中可能有不溶物如蛋白质之类,但不影响测定。

七、思考题

（1）蛋壳称量值与标准盐酸溶液的加入量如何估算？
（2）蛋壳溶解时应注意什么？
（3）为什么说 ω_{CaO} 表示 Ca 与 Mg 的总量？

Ⅲ. 氧化还原滴定法

一、实验目的

（1）学习间接氧化还原法测定 CaO 含量。
（2）巩固沉淀分离、过滤洗涤与滴定分析基本操作。

二、实验原理

利用蛋壳中的 Ca 与草酸盐形成难溶的草酸盐沉淀，将沉淀过滤洗涤分离后溶解，用高锰酸钾法测定 $C_2O_4^{2-}$ 含量，则可求出其中 CaO 的含量。反应如下：

$$Ca^{2+} + C_2O_4^{2-} =\!=\!= CaC_2O_4 \downarrow$$

$$CaC_2O_4 + H_2SO_4 =\!=\!= CaSO_4 + H_2C_2O_4$$

$$5H_2C_2O_4 + 2MnO_4^- + 6H^+ \longrightarrow 2Mn^{2+} + 10CO_2 \uparrow + 8H_2O$$

沉淀中的某些金属离子（Ba^{2+}、Sr^{2+}、Ca^{2+}、Mg^{2+}、Pb^{2+}、Cd^{2+}）等与 $C_2O_4^{2-}$ 能形成沉淀，对 Ca^{2+} 测定有干扰。

三、实验用品

1. 材料

鸡蛋壳。

2. 仪器

酸式滴定管（50 mL），锥形瓶（250 mL），烧杯，电子天平，恒温水浴锅，漏斗，铁架台，滤纸。

3. 试剂

0.01 mol/L $KMnO_4$ 溶液，2.5%（NH_4）$_2C_2O_4$ 溶液，$NH_3 \cdot H_2O$（浓），HCl 溶液（1∶1），1 mol/L H_2SO_4 溶液，0.2% 甲基橙，0.1 mol/L $AgNO_3$ 溶液。

四、实验内容

准确称取蛋壳粉三份（每份含钙约 0.025 g），分别放在 250 mL 烧杯中，加 1∶1 的 HCl 溶液 3 mL、水 20 mL，加热溶解，若有不溶蛋白质，可过滤。滤液置于烧杯中，然后加入 2.5% 草酸铵溶液 50 mL，若出现沉淀，再滴加浓盐酸使之溶解，然后加热至 70～80℃，加 2～3 滴甲基橙，溶液呈红色，逐滴加入 10% 氨水，不断搅拌，直至溶液变黄并有氨味逸出。将溶液放置陈化（或在水浴上加热 30 min），沉淀经过滤、洗涤，直至无 Cl^-。然后将带有沉淀的滤纸铺在先前用来进行沉淀的烧杯内壁上,用 1 mol/L H_2SO_4 溶液 50 mL 把沉淀由滤纸洗入烧杯中,再用洗瓶吹洗 1~2 次。然后,稀释溶液至体积约为 100 mL,加热至 70~80℃,用 $KMnO_4$ 标准溶液滴定至溶液呈浅红色为终点,再把滤纸推入溶液中,再滴加 $KMnO_4$ 至浅红色并半分钟内不消失为止。计算蛋壳中 CaO 的质量分数。

五、实验结果

按定量分析格式画表格,记录数据,计算 ω_{CaO},相对偏差要求小于 0.3%。

六、思考题

(1) 用 $(NH_4)_2C_2O_4$ 沉淀 Ca^{2+},为什么要先在酸性溶液中加入沉淀剂,然后在 70~80℃时滴加氨水至甲基橙变黄色,使 CaC_2O_4 沉淀?

(2) 为什么沉淀要洗涤直至无 Cl^- 为止?

(3) 如果将带有 CaC_2O_4 沉淀的滤纸一起投入烧杯,以硫酸处理后再用 $KMnO_4$ 标准溶液滴定,这样操作对结果有什么影响?

(4) 对于三种测定蛋壳中 CaO 含量的方法,试比较优缺点。

实验二 茶叶中微量元素的鉴定与测定

一、实验目的

(1) 掌握鉴定茶叶中某些化学元素的方法。
(2) 学会选择合适的化学分析方法。
(3) 掌握配位滴定法测茶叶中钙、镁含量的方法和原理。
(4) 掌握分光光度法测茶叶中微量铁的方法。
(5) 提高综合运用知识的能力。

二、实验原理

茶叶属植物类,为有机体,主要由 C、H、N 和 O 等元素组成,其中含有 Fe、Al、Ca、Mg 等微量金属元素。本实验的目的是从茶叶中定性鉴定 Fe、Al、Ca、Mg 等元素,并对 Fe、Ca、Mg 进行定量测定。

茶叶需先进行"干灰化"。"干灰化"即试样在空气中置于敞口的蒸发皿或坩埚中加热,有机物经氧化分解而烧成灰烬。这一方法特别适用于生物和食品的预处理。灰化后,经酸溶解,即可逐级进行分析。

铁铝混合液中 Fe^{3+} 对 Al^{3+} 的鉴定有干扰。利用 Al^{3+} 的两性,加入过量的碱,使 Al^{3+} 转化为 AlO_2^- 留在溶液中,Fe^{3+} 则生成 $Fe(OH)_3$ 沉淀,经分离去除后,消除了干扰。钙镁混合液中,Ca^{2+} 和 Mg^{2+} 的鉴定互不干扰,可直接鉴定,不必分离。

铁、铝、钙、镁各自的特征反应式如下:

$$Fe^{3+} + nKSCN(饱和) \longrightarrow Fe(SCN)_n^{3-n}(血红色) + nK^+$$

$$Al^{3+} + 铝试剂 + OH^- \longrightarrow 红色絮状沉淀$$

$$Mg^{2+} + 镁试剂 + OH^- \longrightarrow 天蓝色沉淀$$

$$Ca^{2+} + C_2O_4^{2-} \xrightarrow{HAc介质} CaC_2O_4(白色沉淀)$$

根据上述特征反应的实验现象,可分别鉴定出 Fe、Al、Ca、Mg 四种元素。

钙、镁含量的测定,可采用配位滴定法。在 pH=10 的条件下,以铬黑 T 为指示剂,EDTA 为标准溶液,直接滴定可测得 Ca、Mg 总量。若欲测 Ca、Mg 各自的含量,可在 pH>12.5 时,使 Mg^{2+} 生成氢氧化物沉淀,以钙指示剂、EDTA 标准溶液滴定 Ca^{2+},然后用差减法即得 Mg^{2+} 的含量。

Fe^{3+}、Al^{3+} 的存在会干扰 Ca^{2+}、Mg^{2+} 的测定,分析时,可用三乙醇胺掩蔽 Fe^{3+} 与 Al^{3+}。

茶叶中铁含量较低,可用分光光度法测定。在 pH=2~9 的条件下,Fe^{2+} 与邻二氮菲能生成稳定的橙红色的配合物,反应式如下:

该配合物的 $\lg K_稳 = 21.3$,摩尔吸收系数 $\varepsilon_{530} = 1.10 \times 10^4$。

在显色前,用盐酸羟胺把 Fe^{3+} 还原成 Fe^{2+},其反应式如下:

$$4Fe^{3+} + 2NH_2OH \cdot HCl = 4Fe^{2+} + H_2O + 6H^+ + N_2O + 2Cl^-$$

显色时,溶液的酸度过高(pH<2),反应进行较慢;若酸度太低,则 Fe^{2+} 水解,影响显色。

三、实验用品

1. 仪器

煤气灯,研钵,蒸发皿,称量瓶,托盘天平,分析天平,中速定量滤纸,长颈漏斗,250 mL 容量瓶,容量瓶(50 mL),锥形瓶(250 mL),酸式滴定管(50 mL),比色皿(3 cm),吸量管(5 mL、10 mL),722 型分光光度计。

2. 试剂

1%铬黑 T,6 mol/L 盐酸,2 mol/L HAc 溶液,6 mol/L NaOH 溶液,0.25 mol/L、0.01 mol/L EDTA(自配并标定),饱和 KSCN 溶液,0.010 mol/L Fe 标准溶液,铝试剂,镁试剂,25%三乙醇胺水溶液,氨性缓冲溶液(pH=10),HAc-NaAc 缓冲溶液(pH=4.6),0.1%邻二氮菲水溶液,1%盐酸羟胺水溶液。

四、实验方法

1. 茶叶的灰化和试验的制备

取在 100~105℃下烘干的茶叶 7~8 g 于研钵中捣成细末,转移至称量瓶中,称出称量瓶和茶叶的质量和,然后将茶叶末全部倒入蒸发皿中,再称空称量瓶的质量,差减得蒸发皿中茶叶的准确质量。

将盛有茶叶末的蒸发皿加热使茶叶灰化(在通风橱中进行),然后升高温度,使其完全灰化,冷却后,加 6 mol/L 盐酸 10 mL 于蒸发皿中,搅拌溶解(可能有少量不溶物),将溶液完全转移至 150 mL 烧杯中,加水 20 mL,再加 6 mol/L $NH_3 \cdot H_2O$ 适量。控制溶液 pH 为 6~7,使沉淀产生,并置于沸水浴加热 30 min,过滤,然后洗涤烧杯和滤纸。滤液直接用 250 mL 容量瓶盛接,并稀释至刻度,摇匀,贴上标签,标明为 Ca^{2+}、Mg^{2+} 试液($1^{\#}$),待测。

另取 250 mL 容量瓶一个于长颈漏斗之下,用 6 mol/L 盐酸 10 mL 重新溶解滤纸上的沉淀,并少量多次地洗涤滤纸。完毕后,稀释容量瓶中滤液至刻度线,摇匀,贴上标签,标明为 Fe^{3+} 试液($2^{\#}$),待测。

2. Fe、Al、Ca、Mg 元素的鉴定

从 $1^{\#}$ 试液的容量瓶中倒出试液 1 mL 于一洁净的试管中,然后从试管中取 2 滴滴于点滴板上,加镁试剂 1 滴,再加 6 mol/L NaOH 溶液碱化,观察现象,做出判断。

从上述试管中再取试液 2~3 滴于另一试管中,加入 1~2 滴 2 mol/L HAc 溶液酸化,再加 2 滴 0.25 mol/L $(NH_4)_2C_2O_4$ 溶液,观察实验现象,做出判断。

从 $2^{\#}$ 试液的容量瓶中倒出试液 1 mL 于一洁净试管中,然后从试管中取试液 2 滴于点滴板上,加饱和 KSCN 溶液 1 滴,根据实验现象,做出判断。

在上述试管剩余的试液中,加 6 mol/L NaOH 溶液直至白色沉淀溶解为止,离心分离,取上层清液于另一试管中,加 6 mol/L HAc 溶液酸化,加铝试剂 3~4 滴,放置片刻后,加 6 mol/L $NH_3 \cdot H_2O$ 碱化,在水浴中加热,观察实验现象,做出判断。

3. 茶叶中 Ca、Mg 总量的测定

从 $1^{\#}$ 容量瓶中准确吸取试液 25 mL 置于 250 mL 锥形瓶中,加入三乙醇胺 5 mL,再加入 $NH_3 \cdot H_2O$ - NH_4Cl 缓冲溶液 10 mL,摇匀,最后加入铬黑 T 指示剂少许,用 0.01 mol/L EDTA 标准溶液滴定至溶液由紫红色恰好变为纯蓝色,即达终点。根据 EDTA 的消耗量,计算茶叶中 Ca、Mg 的总量,并以 MgO 的质量分数表示。

4. 茶叶中 Fe 含量的测量

(1) 邻二氮菲亚铁吸收曲线的绘制

用吸量管吸取铁标准溶液 0 mL、2.0 mL、4.0 mL 分别注入 50 mL 容量瓶中,各加入 5 mL 盐酸羟胺溶液,摇匀,再加 5 mL HAc - NaAc 缓冲溶液和 5 mL 邻二氮菲溶液,用蒸馏水稀释至刻度,摇匀。放置 10 min,用 3 cm 的比色皿,以试剂空白溶液为参比溶液,在 722 型分光光度计中,从波长 420~600 nm 分别测定其吸光度,以波长为横坐标,吸光度为纵坐标,绘制邻二氮菲亚铁的吸收曲线,并确定最大吸收峰的波长,以此为测量波长。

(2) 标准曲线的绘制

用吸量管分别吸取铁的标准溶液 0 mL、1.0 mL、2.0 mL、3.0 mL、4.0 mL、5.0 mL、6.0 mL 于 7 个 50 mL 容量瓶中,依次分别加入 5.0 mL 盐酸羟胺、5.0 mL HAc - NaAc 缓冲

溶液、5.0 mL 邻二氮菲,用蒸馏水稀释至刻度,摇匀,放置 10 min。用 3 cm 的比色皿,以空白溶液为参比溶液,用分光光度计分别测其吸光度。以 50 mL 溶液中铁含量为横坐标,相应的吸光度为纵坐标,绘制邻二氮菲亚铁的标准曲线。

(3) 茶叶中 Fe 含量的测定

用吸量管从 2# 容量瓶中吸取试液 2.5 mL 于 50 mL 容量瓶中,依次加入 5.0 mL 盐酸羟胺、5.0 mL HAc-NaAc 缓冲溶液、5.0 mL 邻二氮菲,用水稀释至刻度,摇匀,放置 10 min。以空白溶液为参比溶液,在同一波长处测其吸光度,并从标准曲线上求出 50 mL 容量瓶中 Fe 的含量,并换算出茶叶中 Fe 的含量,以 Fe_2O_3 质量分数表示。

五、实验结果

1. 茶叶中 Ca、Mg 总量的测定

表 4-1

实验项目 \ 编号			
EDTA 溶液终读数(mL)			
EDTA 溶液初读数(mL)			
消耗 EDTA 溶液体积(mL)			
茶叶中 Ca、Mg 总量(%)			
茶叶中 Ca、Mg 总量平均值(%)			
相对平均偏差			

2. 茶叶中 Fe 含量的测量

(1) 邻二氮菲-Fe^{2+} 吸收曲线的绘制

表 4-2

波长(nm)							
吸光度 A							

(2) 标准曲线的制作

表 4-3

铁标准溶液浓度							
吸光度 A							

(3) 茶叶中铁含量的测定

表 4-4

测定次数	1	2	3
吸光度 A			
吸光度 A 的平均值			
茶叶中铁的含量(%)			

六、注意事项

(1) 茶叶尽量捣碎,利于灰化。
(2) 灰化应彻底,若酸溶后发现有未灰化物,应定量过滤,将未灰化物重新灰化。
(3) 茶叶灰化后,酸溶解速度较慢时可用小火略加热,定量转移要注意安全。
(4) 测 Fe 时,使用的吸量管较多,应插在所吸的溶液中,以免搞错。
(5) 1# 容量瓶试液用于分析 Ca、Mg 元素,2# 容量瓶用于分析 Fe、Al 元素,不要混淆。

七、思考题

(1) 应如何选择灰化的温度?
(2) 鉴定 Ca^{2+} 时,Mg^{2+} 为什么无干扰?
(3) 测定钙镁含量时加入三乙醇胺的作用是什么?
(4) 邻二氮菲分光光度法测铁的作用原理是什么?用该法测得的铁含量是否为茶叶中亚铁含量?为什么?
(5) 如何确定邻二氮菲显色剂的用量?

实验三 水泥熟料中 SiO_2、Fe_2O_3、Al_2O_3、CaO 和 MgO 的系统分析

一、实验目的

(1) 了解在同一份试样中进行多组分测定的系统分析方法。
(2) 掌握难溶试样的分解方法。
(3) 学习复杂样品中多组分的测定方法的选择。
(4) 培养学生团队合作精神。

二、实验原理

水泥熟料是调和生料经 1 400 ℃ 以上的高温煅烧而成的。通过熟料分析,可以检验熟料质量和烧成情况的好坏,根据分析结果,可及时调整原料的配比以控制生产。

目前,我国用立窑生产的硅酸盐水泥熟料的主要化学成分测定指标及其控制范围,大致如表 4-5 所示。

表 4-5 硅酸盐水泥熟料的主要化学成分测定指标

化学成分	含量范围(质量分数)	一般控制范围(质量分数)
SiO_2	18%~24%	20%~22%
Fe_2O_3	2.0%~5.5%	3%~4%
Al_2O_3	4.0%~9.5%	5%~7%
CaO	60%~67%	62%~66%

同时,对另外几种成分限制如下:

$$\omega_{MgO}<4.5\%,\omega_{SO_3}<3.0\%$$

水泥熟料中碱性氧化物占 60% 以上,因此易为酸分解。水泥熟料主要为硅酸三钙($3CaO \cdot SiO_2$)、硅酸二钙($2CaO \cdot SiO_2$)、铝酸三钙($3CaO \cdot Al_2O_3$)和铁铝酸四钙($4CaO \cdot Al_2O_3 \cdot Fe_2O_3$)等化合物的混合物。这些化合物与盐酸作用时,生成硅酸和可溶性的氯化物,反应式如下:

$$2CaO \cdot SiO_2 + 4HCl = 2CaCl_2 + H_2SiO_3 + H_2O$$

$$3CaO \cdot SiO_2 + 6HCl = 3CaCl_2 + H_2SiO_3 + 2H_2O$$

$$3CaO \cdot Al_2O_3 + 12HCl = 3CaCl_2 + 2AlCl_3 + 6H_2O$$

$$4CaO \cdot Al_2O_3 \cdot Fe_2O_3 + 20HCl = 4CaCl_2 + 2AlCl_3 + 2FeCl_3 + 10H_2O$$

硅酸是一种很弱的无机酸,在水溶液中绝大部分以溶胶状态存在,其化学式应以 $SiO_2 \cdot nH_2O$ 表示。在用浓酸和加热蒸干等方法处理后,能使绝大部分硅酸水溶胶脱水成水凝胶析出,因此可以利用沉淀分离的方法把硅酸与水泥中的铁、铝、钙、镁等其他组分分开。

1. 以重量法测定 SiO_2 的含量

在水泥经酸分解后的溶液中,采用加热蒸发近干和加固体氯化铵两种措施,使水溶性胶状硅酸尽可能全部脱水析出。蒸干脱水是将溶液控制在 100～110℃ 温度下进行的。由于 HCl 的蒸发,硅酸中所含的水分大部分被带走,硅酸水溶胶即成为水凝胶析出。由于溶液中的 Fe^{3+}、Al^{3+} 等离子在温度 110℃ 时易水解生成难溶性的碱式盐混在硅酸凝胶中,这样将使 SiO_2 的结果偏高,而 Fe_2O_3、Al_2O_3 等的结果偏低,故加热蒸干宜采用水浴以严格控制温度。

加入固体 NH_4Cl 后,由于 NH_4Cl 易分解生成 $NH_3 \cdot H_2O$ 和 HCl,在加热的情况下,它们易挥发逸去,从而消耗了水,因此能促进硅酸水溶胶的脱水作用,反应式如下:

$$NH_4Cl + H_2O \xrightarrow{\triangle} NH_3 \cdot H_2O + HCl\uparrow$$

含水硅酸的组成不固定,故沉淀经过滤、洗涤、烘干后,还需经 950～1 000℃ 高温灼烧成固定成分 SiO_2,然后称量,根据沉淀的质量计算 SiO_2 的质量分数。

灼烧时,硅酸凝胶不仅失去吸附水,还进一步失去结合水,脱水过程的变化如下:

$$H_2SiO_3 \cdot nH_2O \longrightarrow H_2SiO_3 \longrightarrow SiO_2$$

灼烧所得 SiO_2 固体是雪白而又疏松的粉末。如所得固体呈灰色、黄色或红棕色,说明沉淀不纯。在要求比较高的测定中,应用氢氟酸-硫酸处理。

水泥中的铁、铝、钙、镁等组分以 Fe^{3+}、Al^{3+}、Ca^{2+}、Mg^{2+} 等离子形式存在于过滤硅酸沉淀后的滤液中,它们都与 EDTA 形成稳定的配离子。但这些配离子的稳定性有较显著的差别,因此只要控制适当的酸度,就可用 EDTA 分别滴定它们。

2. 铁的测定

测定铁时需控制酸度为 pH=2～2.5。实验表明,溶液酸度控制得不恰当对测定铁的结果影响很大。在 pH=1.5 时,结果偏低;pH>3 时,Fe^{3+} 开始形成红棕色氢氧化物,往往无滴定终点,共存的 Ti^{4+} 和 Al^{3+} 的影响也显著增加。

滴定时以磺基水杨酸为指示剂,它与 Fe^{3+} 形成的配合物的颜色与溶液酸度有关,pH＝1.2～2.5时,配合物呈红紫色。由于Fe-磺基水杨酸配合物不及Fe-EDTA稳定,所以临近终点时加入的EDTA会夺取Fe-磺基水杨酸配合物中的 Fe^{3+},使磺基水杨酸游离出来,因而溶液由红紫色变为微黄色,即为终点。磺基水杨酸在水溶液中是无色的,但由于Fe-EDTA配合物是黄色的,所以终点时由红紫色变为黄色。

滴定时溶液的温度以60～70℃为宜,当温度高于75℃,并有 Al^{3+} 存在时, Al^{3+} 亦可能与EDTA配位结合,使 Fe_2O_3 的测定结果偏高,而 Al_2O_3 的结果偏低。当温度低于50℃时,则反应速度缓慢,不易得到准确的终点。

由于配位滴定的过程中有 H^+ 产生($Fe^{3+}+H_2Y^{2-} \rightleftharpoons FeY^-+2H^+$),所以在没有缓冲作用的溶液中,当铁含量较高时,在滴定过程中溶液的pH会逐渐降低,从而妨碍反应进一步完成,以致终点变色缓慢,难以进行准确测定。

3. 铝的测定

以PAN为指示剂的铜盐回滴法是普遍采用的一种测定铝的方法。

因为 Al^{3+} 与EDTA的配合作用进行得较慢,所以一般先加入过量的EDTA溶液,并加热煮沸,使 Al^{3+} 与EDTA充分配合,然后用 $CuSO_4$ 标准溶液回滴过量的EDTA。

Al-EDTA配合物是无色的,PAN指示剂在pH为4.3的条件下是黄色的,所以滴定开始前溶液呈黄色。随着 $CuSO_4$ 标准溶液的加入, Cu^{2+} 不断与过量的EDTA配合,由于Cu-EDTA是淡蓝色,因此溶液逐渐由黄色变为绿色。在过量的EDTA与 Cu^{2+} 完全配合后,继续加入 $CuSO_4$,则过量的 Cu^{2+} 即与PAN形成深红色配合物,由于蓝色的Cu-EDTA的存在,使得终点呈紫色。滴定过程中的主要反应如下:

$$Al^{3+}+H_2Y^{2-} \rightleftharpoons AlY^-+2H^+$$
$$\text{(无色)}$$

$$H_2Y^{2-}+Cu^{2+} \rightleftharpoons CuY^{2-}+2H^+$$
$$\text{(蓝色)}$$

$$Cu^{2+}+PAN \rightleftharpoons Cu\text{-}PAN$$
$$\text{(黄色)} \quad\quad \text{(深红色)}$$

这时需要注意的是,溶液中存在三种有色物质,而它们的含量又在不断变化之中,因此溶液的颜色特别是终点时的变化就较复杂,它决定于Cu-EDTA、PAN和Cu-PAN的相对含量和浓度。滴定终点是否敏锐的关键是蓝色的Cu-EDTA浓度的大小,终点时Cu-EDTA配合物的物质的量等于加入的过量的EDTA的物质的量。一般来说,在100 mL溶液中加入的EDTA标准溶液(浓度在0.015 mol/L附近的),以过量10 mL左右为宜。

三、实验用品

1. 仪器

瓷坩埚,电炉,马弗炉,烧杯,容量瓶,滴定管。

2. 试剂

浓盐酸,HCl溶液(1∶1),HCl溶液(3∶97),浓硝酸,氨水(1∶1),10% NaOH溶液,固体 NH_4Cl,10% NH_4CNS 溶液,三乙醇胺溶液(1∶1),0.015 mol/L EDTA标准溶液,0.015 mol/L $CuSO_4$ 标准溶液,HAc-NaAc缓冲溶液(pH＝4.3), NH_3-NH_4Cl 缓冲溶液

(pH=10),0.05％溴甲酚绿指示剂,10％磺基水杨酸指示剂,0.2％PAN指示剂,酸性铬蓝K-萘酚绿B(K-B指示剂),钙指示剂。

四、实验内容

1. SiO_2 的测定

准确称取试样 0.5 g 左右,置于干燥的 50 mL 烧杯(或 100～150 mL 瓷蒸发皿)中,加 2 g 固体 NH_4Cl,用平头玻璃棒混合均匀。盖上表面皿,沿杯口滴加 3 mL 浓盐酸和 1 滴浓硝酸,仔细搅匀,使试样充分分解。将烧杯置于沸水浴上,杯上放一玻璃三脚架,再盖上表面皿,蒸发至近干(约需 10～15 min)。取下,加 10 mL 热的稀盐酸(3∶97),搅拌,使可溶性盐类溶解,以中速定量滤纸过滤,用胶头淀帚蘸以热的稀盐酸(3∶97)擦洗玻璃棒及烧杯,并洗涤沉淀至洗涤液中不含 Fe^{3+} 为止。Fe^{3+} 可用 NH_4CNS 溶液检验,一般来说,洗涤 10 次即可达到不含 Fe^{3+} 的要求。滤液及洗涤液保存在 250 mL 容量瓶中,并用水稀释至刻度,摇匀,供测定 Fe^{3+}、Al^{3+}、Ca^{2+}、Mg^{2+} 等离子用。

将沉淀和滤纸移至已称至恒重的瓷坩埚中,先在电炉上低温烘干(为什么?),再升高温度使滤纸充分灰化,然后在 950～1 000℃ 的高温炉内灼烧 30 min,取出,稍冷,再移置于干燥器中冷却至室温(约需 15～40 min),称量,如此反复灼烧,直至恒重。

2. Fe^{3+} 的测定

准确吸取分离 SiO_2 后的滤液 50.0 mL,置于 400 mL 烧杯中,加 2 滴 0.05％溴甲酚绿指示剂,此时溶液呈黄色。逐滴滴加 1∶1 的氨水,使之成绿色。然后再用 1∶1 的 HCl 溶液调节溶液酸度至呈黄色后再过量 3 滴,此时溶液 pH 约为 2。加热至约 70℃(根据经验,感到烫手但还不觉得非常烫),取下,加 7 滴 10％磺基水杨酸,以 0.015 mol/L EDTA 标准溶液滴定。滴定开始时溶液呈红紫色,此时滴定速度宜稍快些。当溶液开始呈淡红色时,滴定速度放慢,一定要每加一滴就摇摇、看看,最好同时加热,直至滴到溶液变为淡黄色,即为终点。滴得太快,EDTA 易加多,这样不仅会使 Fe^{3+} 的结果偏高,同时还会使 Al^{3+} 的结果偏低。

3. Al^{3+} 的测定

在上述滴定测铁含量后的溶液中,加入 0.015 mol/L EDTA 标准溶液约 20 mL,记下读数,摇匀。然后再加入 15 mL pH=4.3 的 HAc-NaAc 缓冲液,以精密 pH 试纸检查溶液酸度。煮沸 1～2 min 后,冷至 90℃ 左右,加入 4 滴 0.2％PAN 指示剂,以 0.015 mol/L $CuSO_4$ 标准溶液滴定。开始时溶液呈黄色,随着 $CuSO_4$ 溶液的加入,颜色逐渐变绿并由蓝绿转向灰绿,再加入一滴即可变紫达到终点。

4. Ca^{2+} 的测定

准确吸取分离 SiO_2 后的滤液 25.0 mL,置于 250 mL 锥形瓶中,加水稀释至约 50 mL,加 4 mL 1∶1 的三乙醇胺溶液,摇后再加 5 mL 10％ NaOH 溶液,再摇匀,加入约 0.01 g 固体钙指示剂(用药勺小头取约 1 勺),此时溶液呈酒红色。然后以 0.015 mol/L EDTA 标准溶液滴定至溶液呈蓝色,即为终点。

5. Mg^{2+} 的测定

准确吸取分离 SiO_2 后的滤液 25.0 mL 于 250 mL 锥形瓶中,加水稀释至约 50 mL,加 4 mL 1∶1 的三乙醇胺溶液,摇匀后,加入 5 mL pH 为 10 的 NH_3-NH_4Cl 缓冲溶液,再摇匀,然后加入适量酸性铬蓝 K-萘酚绿 B 指示剂或铬黑 T 指示剂,以 0.015 mol/L EDTA 标准溶液滴定至溶液呈蓝色,即为终点。根据此结果计算所得的为钙、镁含量,由此减去钙量即为镁含量。

五、注意事项

根据我国国家标准《水泥化学分析方法》GB/T 176—2017 中的规定,同一人员或同一实验室对上述测定项目的允许误差范围如表 4-6 所示。

表 4-6 部分测定项目的允许误差范围

测定项目	绝对误差(%)
SiO_2	0.20
Fe_2O_3	0.15
Al_2O_3	0.20
CaO	0.25
MgO(质量分数<2%)	0.15
MgO(质量分数>2%)	0.20

即同一人员分别进行两次测定,所得结果的绝对误差应在表 4-6 范围内。如不超过此范围,测定结果取平均值作为分析结果;如超出此范围,则应进行第三次测定,所得结果与前两次或其中任一次之差值符合此规定的范围时,取符合规定的结果(有几次就取几次)的平均值。否则,应查找原因,并再次进行测定。

除了对每一测定项目的平行试验应考虑是否超出允许误差范围外,还应把这几项的测定结果累加起来,看其总和是多少。一般来说,这五项是水泥熟料的主要成分,其总和应是相当高的,但不可能是 100%,因为水泥熟料中还可能有 MnO、TiO_2、K_2O、Na_2O、SO_3、烧失量和不溶物等,如果总和超过100%,这是不合理的,也应查找原因。

六、思考题

(1) 如何分解水泥熟料试样?分解时的化学反应是什么?
(2) 本实验测定 SiO_2 含量的方法原理是什么?
(3) 试样分解后加热蒸发的目的是什么?操作中应注意些什么?
(4) 洗涤沉淀的操作中应注意些什么?怎样提高洗涤的效果?
(5) 沉淀在高温灼烧前,为什么需经干燥、灰化?
(6) 在 Fe^{3+}、Al^{3+}、Ca^{2+}、Mg^{2+} 等离子共存的溶液中,以 EDTA 标准溶液分别滴定 Fe^{3+}、Al^{3+} 等离子以及 Ca^{2+}、Mg^{2+} 的含量时,是怎样消除其他共存离子的干扰的?
(7) 在滴定上述各种离子时,溶液酸度应分别控制在什么范围?怎样控制?
(8) 滴定 Fe^{3+}、Al^{3+} 时,各应控制什么样的温度范围?为什么?
(9) 以 EDTA 为标准溶液,以磺基水杨酸为指示剂滴定 Fe^{3+},以 PAN 为指示剂滴定 Al^{3+},以钙指示剂滴定 Ca^{2+},以 K-B 为指示剂滴定 Ca^{2+}、Mg^{2+} 含量等,在滴定过程中溶液颜色的变化如何?怎样确定终点?
(10) 在测定 SiO_2、Fe^{3+} 及 Al^{3+} 时,操作中应注意些什么?
(11) 本实验中,为什么测定 Fe^{3+}、Al^{3+} 时吸取 50 mL 溶液进行滴定,而测定 Ca^{2+}、

Mg^{2+} 时只吸取 25 mL？

（12）测定 Fe^{3+} 时，如 pH<1，对 Fe^{3+} 和 Al^{3+} 的测定结果有什么影响？若 pH>4，又各有什么影响？

（13）测定 Al^{3+} 时，如 pH<4，对 Al^{3+} 的测定结果有什么影响？

（14）测定 Ca^{2+}、Mg^{2+} 含量时，如 pH>10，对测定结果有什么影响？

（15）在 Al^{3+} 的测定中，为什么要注意 EDTA 标准溶液的加入量？以加入多少为宜？

实验四　从茶叶中提取咖啡因

一、实验目的

（1）通过从茶叶中提取咖啡因学习固-液萃取的原理及方法。
（2）掌握索氏提取器的原理及其作用。
（3）掌握升华原理及操作。

二、实验原理

茶叶中含有多种黄嘌呤衍生物的生物碱，其主要成分为含量约占 1%～5% 的咖啡因（Caffeine，又名咖啡碱），并含有少量茶碱和可可豆碱，以及 11%～12% 的单宁酸（又称鞣酸），还有约 0.6% 的色素、纤维素和蛋白质等。

咖啡因的化学名为 1,3,7-三甲基-2,6-二氧嘌呤，其结构为：

咖啡因　　　　　嘌呤

纯咖啡因为白色针状结晶体，无臭，味苦，置于空气中有风化性。易溶于水、乙醇、氯仿、丙酮，微溶于石油醚，难溶于苯和乙醚，它是弱碱性物质，水溶液对石蕊试纸呈中性反应。咖啡因在 100℃ 时失去结晶水并开始升华，120℃ 升华显著，178℃ 时很快升华。无水咖啡因的熔点为 238℃。

咖啡因具有刺激心脏、兴奋大脑神经和利尿等作用，因此可单独作为有关药物的配方。咖啡因可由人工合成法或提取法获得。本实验采用索氏提取法从茶叶中提取咖啡因。利用咖啡因易溶于乙醇、易升华等特点，以 95% 乙醇作溶剂，通过索氏提取器（或回流）进行连续提取，然后浓缩、焙炒而得粗制咖啡因，再通过升华提取得到纯的咖啡因。

三、实验用品

1. 试剂

茶叶，95% 乙醇，生石灰。

2. 器材

索氏提取器(60 mL)一套,蒸发皿,玻璃漏斗,蒸馏头,接受管,锥形瓶(50 mL),直形冷凝管。

四、实验内容

称取 5 g 茶叶末,将茶叶装入滤纸套筒中,把套筒小心地插入索氏提取器中,取 30 mL 95%乙醇加入 60 mL 圆底烧瓶中,加入几粒沸石,按图 4-1 安装好装置。水浴加热,连续提取 2~2.5 h 后,提取液颜色较淡,待溶液刚刚虹吸流回烧瓶时,立即停止加热。

蒸出大部分乙醇并回收乙醇。残液(约 5~10 mL)倒入蒸发皿中,加入 2 g 研细的生石灰粉,在玻璃棒不断搅拌下在蒸汽浴上将溶剂蒸干。再在石棉网上用小火小心地将固体焙炒至干。

取一个合适的玻璃漏斗,罩在隔以刺有许多小孔的滤纸的蒸发皿上(图 4-2)。用小火小心加热升华,若漏斗上有水汽应用滤纸擦干。当滤纸上出现白色针状物时,可暂停加热,稍冷后仔细收集滤纸正反面的咖啡因晶体。残渣经拌和后可用略大的火再次升华。合并产品后称量,测熔点。产量约 20~30 mg。

A. 冷凝管 B. 索氏提取器 C. 圆底烧瓶 D. 阀门 E. 虹吸回流管

图 4-1 索氏提取器

图 4-2 升华装置

五、实验结果

纯咖啡因为白色针状晶体,实验结果可用电子天平称量。本实验如没有索氏提取器,也可用回流方法来提取咖啡因。

六、注意事项

(1) 加入生石灰起中和作用,以除去单宁酸等酸性物质。生石灰一定要研细。

(2) 乙醇将要蒸干时,固体易溅出皿外,应注意防止着火。

(3) 升华前,一定要将水分完全除去,否则在升华时漏斗内会出现水珠。遇此情况,则用滤纸迅速擦干水珠并继续焙烧片刻而后升华。

(4) 升华过程中必须严格控制加热温度。

七、思考题

(1) 索氏提取器的原理是什么？与直接用溶剂回流提取比较有何优点？
(2) 为什么在升华操作中，加热温度一定要控制在被升华物熔点以下？
(3) 为什么升华前要将水分除尽？
(4) 除了升华还可以用何方法提取咖啡因？
(5) 从茶叶中提取的咖啡因有绿色光泽，为什么？
(6) 药典规定，测定咖啡因的含量时，要用极性很强的氯仿做提取剂，为什么？

实验五 火腿肠中亚硝酸盐的测定——盐酸萘乙胺比色法

一、实验目的

(1) 熟悉食品中亚硝酸盐含量的卫生标准。
(2) 学会用分光光度计测定食品中亚硝酸盐含量的方法和原理。

二、实验原理

样品经沉淀蛋白质、除去脂肪后，在弱酸条件下亚硝酸盐与对氨基苯磺酸重氮化，再与 N-1-萘基乙二胺偶合形成紫红色染料，在 538 mm 处有最大吸收值，通过测定其吸光度并与标准比较定量。

三、实验用品

1. 仪器

小型绞肉机，分光光度计，烧杯，容量瓶，漏斗。

2. 试剂

(1) 亚铁氰化钾溶液：称取 106.0 g 亚铁氰化钾[$K_4Fe(CN)_6 \cdot H_2O$]，用水溶解，并稀释至 1 000 mL。

(2) 乙酸锌溶液：称取 220.0 g 乙酸锌[$Zn(CH_3COO)_2 \cdot 2H_2O$]，加 30 mL 冰乙酸溶于水，并稀释至 1 000 mL。

(3) 饱和硼砂溶液：称取 5.0 g 硼酸钠($Na_2B_4O_7 \cdot 10H_2O$)，溶于 100 mL 热水中，冷却后备用。

(4) 对氨基苯磺酸溶液(4 g/L)：称取 0.4 g 对氨基苯磺酸，溶于 100 mL 20%盐酸中，置于棕色瓶中混匀，避光保存。

(5) 盐酸萘乙二胺溶液(2 g/L)：称取 0.2 g 盐酸萘乙二胺，溶于 100 mL 水中，混匀后，置于棕色瓶中，避光保存。

(6) 亚硝酸钠标准溶液：准确称取 0.100 0 g 于硅胶干燥器中干燥 24 h 的亚硝酸钠，加水溶解移入 500 mL 容量瓶中，加水稀释至刻度，混匀。此溶液每毫升含有 200 μg 亚硝酸钠。

(7) 亚硝酸钠标准使用液：临用前，吸取亚硝酸钠标准溶液 5.00 mL，置于 200 mL 容量瓶中，加水稀释至刻度，此溶液每毫升含有 5.0 μg 亚硝酸钠。

四、实验内容

1. 样品处理

取火腿肠可食部分经绞碎混匀后,称取 5.0 g 样品,置于 50 mL 烧杯中,加 12.5 mL 饱和硼砂溶液,搅拌均匀。以 70℃左右的水约 300 mL 将试样全部洗入 500 mL 容量瓶中,于沸水浴中加热 15 min,取出后冷却至室温。然后一面转动,一面加入 5 mL 亚铁氰化钾溶液,摇匀。再加入 5 mL 乙酸锌溶液以沉淀蛋白质。加水至刻度,摇匀,放置 30 min。除去上层脂肪,清液用滤纸过滤,弃去初滤液 30 mL,剩余滤液备用。

2. 测定

吸 40 mL 上述滤液于 50 mL 带塞比色管中,另吸取 0.00 mL、0.20 mL、0.40 mL、0.60 mL、0.80 mL、1.00 mL、1.50 mL、2.00 mL、2.50 mL 亚硝酸钠标准使用液(相当于 0 μg、1 μg、2 μg、3 μg、4 μg、5 μg、7.5 μg、10 μg、12.5 μg 亚硝酸钠),分别置于 50 mL 带塞比色管中,于标准管与试样管中分别加入 2 mL 4 g/L 对氨基苯磺酸溶液,混匀,静置 3～5 min 后各加入 1 mL 2 g/L 盐酸萘乙二胺溶液。加水至刻度,混匀,静置 15 min。用 2 cm 比色皿,以零管调节零点,于波长 538 nm 处测吸光度,绘制标准曲线比较。同时做试剂空白试验。

3. 数据记录并绘制标准吸收曲线

表 4-7

NaNO$_2$ 标准溶液体积(mL)	0.00	0.20	0.40	0.60	0.80	1.00	1.50	2.00
NaNO$_2$ 的含量(μg/50 mL)	0.0	1	2	3	4	5	7.5	10
吸光度								

测定记录:

表 4-8

测定次数	样品质量(g)	样品总体积(mL)	测定用样液体积(mL)	吸光度
1				
2				

4. 计算

$$X = \frac{A \times 1\,000}{m \times \dfrac{V_2}{V_1} \times 1\,000} \tag{式 4-2}$$

式中:X 为样品中亚硝酸盐的含量,mg/kg;m 为样品质量,g;A 为测定用样液中亚硝酸盐的质量,μg;V_1 为样液总体积,mL;V_2 为测定用样液体积,mL。

计算结果保留两位有效数字。

精密度:在重复性条件下获得两次独立测定结果的绝对差值不得超过算术平均值的 10%。

五、判断

依据和参照食品添加剂标准 GB 2760—2014、GB 2762—2022,食品中亚硝酸盐的限量卫生标准为(以亚硝酸钠计):西式蒸煮、烟熏火腿及罐头小于或等于 70 mg/kg,其他肉类罐头小于或等于 50 mg/kg,肉制品、火腿肠小于或等于 30 mg/kg,香肠(腊肠)、香肚、酱腌菜小于或等于 20 mg/kg。

六、注意事项

（1）本方法最低检出限为 1 mg/kg。
（2）本实验用水为重蒸馏水，以减少误差。
（3）N-1-萘基乙二胺有致癌作用，使用时应注意安全。

实验六 果蔬维生素 C 含量的测定

一、实验目的

学习和掌握用 2,6-二氯酚靛酚滴定法测定植物材料中抗坏血酸含量的原理与方法。

二、实验原理

维生素 C 是人类营养中最重要的维生素之一，它与体内其他还原剂共同维持细胞正常的氧化还原电势和有关酶系统的活性。维生素 C 能促进细胞间质的合成，如果人体缺乏维生素 C 时则会出现坏血病，因而维生素 C 又称为抗坏血酸。水果和蔬菜是人体抗坏血酸的主要来源。不同栽培条件、不同成熟度和不同的加工贮藏方法，都可以影响水果、蔬菜的抗坏血酸含量。测定抗坏血酸含量是了解果蔬品质高低及其加工工艺成效的重要指标。

2,6-二氯酚靛酚是一种染料，在碱性溶液中呈蓝色，在酸性溶液中呈红色。抗坏血酸具有强还原性，能使 2,6-二氯酚靛酚还原褪色，其反应如下：

当用 2,6-二氯酚靛酚滴定含有抗坏血酸的酸性溶液时,滴下的 2,6-二氯酚靛酚被还原成无色;当溶液中的抗坏血酸全部被氧化成脱氢抗坏血酸时,滴入的 2,6-二氯酚靛酚立即使溶液呈现红色。因此用这种染料滴定抗坏血酸至溶液呈淡红色即为滴定终点,根据染料消耗量即可计算出样品中还原型抗坏血酸的含量。

三、实验用品

1. 实验材料

取新鲜水果(蔬菜)样品 100 g,加 100 g 2%草酸溶液,用组织捣碎机打成匀浆。称取 10 g 匀浆,移入 100 mL 容量瓶,用 1%草酸定容至刻度,摇匀后静置备用。

2. 仪器

天平,组织捣碎机,容量瓶(50 mL),刻度吸管(5 mL、10 mL),锥形瓶(100 mL),微量滴定管(10 mL)。

3. 试剂

(1) 2%草酸。

(2) 1%草酸。

(3) 标准抗坏血酸溶液(0.1 mg/mL):精确称取 50.0 mg 抗坏血酸,用 1%草酸溶液溶解并定容至 500 mL。临用现配。

(4) 2,6-二氯酚靛酚溶液:500 mg 2,6-二氯酚靛酚溶于 2 000 mL 含 520 mg 碳酸氢钠(AR)的热水中,冷却后再用蒸馏水稀释至 2 500 mL,滤去不溶物,贮于棕色瓶内,4℃保存一周有效。滴定样品前用标准抗坏血酸标定。

(5) 1%的淀粉溶液:称取可溶性淀粉 10 g,加水几滴,搅拌成糊状后倒入 100 mL 沸水中,混匀,冷藏待用。

(6) 0.100 0 mol/L 碘酸钾标准储备液:精确称取干燥的碘酸钾(AR)2.140 0 g,用蒸馏水溶解于 100 mL 容量瓶中。

(7) 0.001 mol/L 碘酸钾标准应用液:取 0.100 0 mol/L 碘酸钾标准储备液 10 mL 稀释至 1 000 mL,此液 1.0 mL 相当于抗坏血酸 0.088×6 mg。

(8) 6%的 KI 溶液:称取碘化钾 6 g 溶解于 100 mL 水中。临用现配。

四、实验内容

1. 2,6-二氯酚靛酚溶液的标定

(1) 抗坏血酸标准溶液的标定:吸取 2.0 mL 抗坏血酸标准液于 100 mL 锥形瓶中,加 1%草酸溶液 5 mL,6%的 KI 溶液 0.5 mL,1%的淀粉溶液 2 滴,再以 0.001 mol/L 碘酸钾标准溶液滴至淡蓝色。

计算方法:

抗坏血酸浓度(mg/mL)=(消耗的 0.001 mol/L 碘酸钾毫升数$\times 0.088 \times 6$)/2

(式 4-3)

(2) 二氯酚靛酚溶液的标定:吸取已标定过的抗坏血酸溶液 5 mL 及 1%的草酸 5 mL 于锥形瓶中,以待标定的 2,6-二氯酚靛酚溶液滴定至溶液呈淡红色,15 s 内不褪色为止。

$$1\text{ mL 染料相当于抗坏血酸的毫克数(记作 }T°) = \frac{\text{抗坏血酸浓度(mg/mL)} \times 5}{\text{滴定消耗染料毫升数}} \quad (\text{式 }4-4)$$

2. 样品测定

准确吸取样品提取液(上清液或滤液)两份,每份 5.0 mL,分别放入两个 100 mL 锥形瓶中,按上面的操作进行滴定并记录所用染料溶液体积(mL)。

五、实验结果

取两份样品滴定所用染料体积平均值,代入式 4-5 计算 100 g 样品中还原型抗坏血酸的含量:

$$\text{抗坏血酸含量(mg/100 g 样品)} = \frac{V \times T \times G \times A}{W \times G_1 \times A_1} \times 100 \quad (\text{式 }4-5)$$

式中:V 为滴定样品提取液消耗染料平均值,mL;T 为每毫升染料所能氧化抗坏血酸的毫克数;G 为匀浆总质量,g;G_1 为制备提取液取用匀浆质量,g;A 为样品提取液定容体积,mL;A_1 为滴定时吸取样品提取液体积,mL;W 为样品重量,g。

六、注意事项

(1) 某些水果、蔬菜(如橘子、西红柿等)浆状物泡沫太多,可加数滴丁醇或辛醇。

(2) 整个操作过程要迅速,防止还原型抗坏血酸被氧化。滴定过程一般不超过 2 min。滴定所用的染料不应小于 1 mL 或多于 4 mL,如果样品含维生素 C 太高或太低,可酌情增减样液用量或改变提取液稀释度。

(3) 提取的浆状物如不易过滤,亦可离心,取上清液进行滴定。

七、思考题

(1) 为了测得准确的维生素 C 含量,实验过程中应注意哪些操作步骤?为什么?
(2) 试简述维生素 C 的生理意义。

实验七　酸奶中总酸度的测定

一、实验目的

(1) 掌握乳浊液滴定终点的观察方法。
(2) 了解酸碱滴定和电位滴定测定酸奶酸度的方法。
(3) 了解电位滴定法标定 NaOH 的浓度的方法。

二、实验原理

酸奶中的酸由多种有机酸组成,这些有机酸是优质鲜牛奶经消毒后加入乳酸链球菌发酵而成的,可用酸碱滴定或电位滴定法测定其总酸度,以检测酸奶的发酵程度。酸碱滴定法是用 NaOH 标准溶液滴定,用酚酞指示滴定终点。电位滴定法是根据化学计量点附近的 pH 突跃,经数据处理确定滴定终点。两种方法都由滴定终点消耗 NaOH 标准溶液的体积来计算总酸度。

三、实验用品

1. 仪器

酸式滴定管,锥形瓶,PHS-3C 型酸度计,电磁搅拌器,复合玻璃电极(玻璃电极与 Ag-AgCl电极),10 mL 半微量碱式滴定管,100 mL 小烧杯。

2. 试剂

酸奶,0.1 mol/L NaOH 溶液,酚酞指示剂,邻苯二钾酸氢钾(AR),pH=6.86 的缓冲溶液,pH=9.18 的氨性缓冲溶液。

四、实验内容

1. 酸碱滴定法分析酸奶总酸度

(1) 标定 0.1 mol/L NaOH 标准液。

(2) 拟定用酸碱滴定法分析酸奶的称量范围

取 250 mL 酸奶充分搅拌均匀,称 5~6 g,加 15 mL 温热(约 30~40℃)去离子水并搅拌均匀,加酚酞指示剂 2~3 滴,用 NaOH 标准溶液滴定至试液呈粉红色,并 30 s 内不褪色。根据 NaOH 的消耗体积重新确定酸奶的称量范围。

(3) 准确称取消耗 20~30 mL NaOH 标准液所需的酸奶质量,加 50 mL 温热去离子水,重复上述滴定操作。测定三次。

2. 电位滴定法标定 NaOH 标准液的浓度

(1) 安装复合玻璃电极,用 pH=6.86 和 pH=9.18 的标准缓冲液标定仪器(参见 PHS-3C 型酸度计的使用)。

(2) 准确称量邻苯二甲酸氢钾 0.11~0.13 g 于 100 mL 烧杯中,加水 500 mL,磁力搅拌溶解。

(3) 将待标定的 NaOH 溶液装入半微量滴定管,将复合玻璃电极插入邻苯二甲酸氢钾溶液,开启磁力搅拌器。滴加 NaOH 溶液,每加入 1.00 mL,记录相应的 pH,至 NaOH 标准溶液滴加完毕,初步确定 pH 突跃范围。

(4) 重复步骤(3)的操作,开始滴加 NaOH 溶液时,每次加 1.00 mL,当 pH 接近突跃范围时,改加 0.10 mL NaOH 溶液。重复测定三次。

3. 电位滴定法测定酸奶总酸度

按消耗 5~7 mL NaOH 溶液确定酸奶的称量范围。准确称取酸奶的量,加入 30~40℃ 去离子水 50 mL,开启磁力搅拌器将之搅拌均匀。插入复合玻璃电极,用 NaOH 标准溶液滴定。重复 2 中步骤(3),初步确定 pH 突跃范围,重复 2 中步骤(4)的操作滴定两次,测定 V-pH 数据。

五、实验结果

1. 酸碱滴定法分析酸奶总酸度

(1) 由实验数据计算 NaOH 标准溶液的浓度。

(2) 以 100 g 酸奶消耗 NaOH 的克数表示酸奶的酸度。

2. 电位滴定法测定酸奶总酸度

(1) 按表 4-9 要求记录 V-pH 实验数据。

表 4-9

V_{NaOH}(mL)	pH	ΔV(mL)	ΔpH	$\Delta pH/\Delta V$	$\Delta^2 pH/\Delta V^2$
0.00					
1.00					
2.00					
3.00					
4.00					
...					

(2) 由实验数据分别绘制标定 NaOH 溶液浓度、测定酸奶总酸度的 pH-V 和 $(\Delta pH/\Delta V)$-V 曲线,确定相应的滴定终点。

(3) 用二级微商分别计算标定 NaOH 溶液浓度、测定酸奶总酸度的滴定终点 V_e。

(4) 计算 NaOH 标准溶液的浓度与酸奶的总酸度[以 100 g 酸奶消耗 NaOH 的质量(g)表示]。

六、注意事项

由于酸奶中有机酸均为弱酸,在用强碱(NaOH)滴定时,其滴定终点偏碱性,一般在 pH=8.2 左右,故可选用酚酞作终点指示剂。

七、思考题

(1) 如何确定酸奶的称量范围?
(2) 比较指示剂法和电位滴定法确定终点的优缺点。

实验八 饼干中脂肪含量的测定(索氏抽提法)

一、实验目的

(1) 了解食品中脂肪测定的原理及基本操作步骤。
(2) 掌握索氏提取器的连接与使用。

二、实验原理

将样品用无水乙醚或石油醚等溶剂回流提取,使样品中的脂肪进入溶剂中,回收溶剂后所得到的残留物即为脂肪(或粗脂肪)。

三、实验用品

1. 仪器

提取瓶,索氏提取管,冷凝管,水浴锅,铁架台,橡皮管,滤纸,烘箱。

2. 试剂

无水乙醚,石油醚,饼干。

四、实验内容

样品的预处理:

(1) 滤纸筒的制备:滤纸裁成 8 cm×12 cm,卷成筒状,系绳。

(2) 提取瓶的准备:保持 100~105℃烘干 2 h,恒重,前后两次称量差不超过 0.002 g。

(3) 饼干粉的制备与称取:准确称量经烘干、研细后的样品 2.0 g,移入滤纸筒内。

将样品放于滤纸筒内封好口,将装有样品的滤纸筒放入提取管,在提取瓶中加入溶剂,用水浴加热,使溶剂挥发,并通过蒸气连接管至冷凝管处冷凝回滴到脂肪提取管中,浸泡滤纸筒,当回滴的液面高于虹吸管时,溶剂(含有提取物质)回流到提取瓶中,完成一个循环。如此反复回流提取,直到脂肪提取完全。

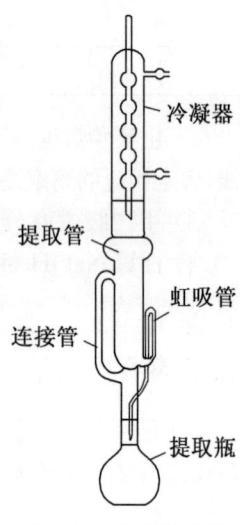

五、实验结果

$$X = \frac{m_1 - m_0}{m} \times 100\%$$ (式 4-6)

图 4-3 索氏抽提器

式中:X 为样品中粗脂肪的质量分数,%;m 为样品的质量,g;m_0 为脂肪烧瓶的质量,g;m_1 为脂肪和脂肪烧瓶的质量,g。

六、注意事项

(1) 滤纸筒一定要严密,且折叠高于虹吸管低于蒸气上升管。

(2) 提取溶剂不得超过提取瓶体积的 2/3。

(3) 样品应干燥后研细。

实验九 黄连中黄连素的提取

一、实验目的

通过从黄连中提取黄连素,掌握回流提取的方法。

二、实验原理

黄连为我国名产药材之一,抗菌力很强,对急性结膜炎、口疮、急性细菌性痢疾、急性肠胃炎等均有很好的疗效。黄连中含有多种生物碱，除以黄连素（俗称小檗碱 Berberine）为主要有效成分外，尚含有黄连碱、甲基黄连碱、棕榈碱和非洲防己碱等。因野生和栽培及产地不同，黄连中黄连素的含量约 4%～10%。含黄连素的植物很多，如黄柏、三颗针、伏牛花、白屈菜、南天竹等均可作为提取黄连素的原料，但以黄连和黄柏含量为高。

黄连素是黄色针状体，微溶于水和乙醇，较易溶于热水和热乙醇，几乎不溶于乙醚。黄连素的结构式以较稳定的季铵碱为主，其结构式为：

黄连素的季铵碱式

在自然界，黄连素多以季铵盐的形式存在，其盐酸盐、氢碘酸盐、硫酸盐、硝酸盐均难溶于水，易溶于热水，且各种盐的纯化都比较容易。

三、实验用品

1. 仪器

烧杯（250 mL），抽滤装置，电炉，蒸发皿（100 mL），150℃温度计，量筒（100 mL），普通蒸馏装置，台秤，滤纸，试管，大烧杯，水浴装置，电子天平。

2. 试剂

黄连，95% 乙醇，浓盐酸，醋酸（1%），冰块，丙酮。

四、实验内容

1. 黄连素的提取

称取 10 g 中药黄连切碎、磨烂，放入 250 mL 圆底烧瓶中，加入 100 mL 乙醇，装上回流冷凝管，热水浴加热回流 0.5 h，冷却，静置，抽滤。滤渣重复上述操作处理两次，合并三次所得滤液，在水泵减压下蒸出乙醇（回收），直到呈棕红色糖浆状。

2. 黄连素的纯化

加入 1% 醋酸（约 30～40 mL）于糖浆状物质中。加热使之溶解，抽滤以除去不溶物，然后在溶液中滴加浓盐酸，至溶液混浊为止（约需 10 mL），放置冷却（最好用冰水冷却），即有黄色针状体的黄连素盐酸盐析出（如晶体不好，可用水重结晶一次），抽滤，结晶用冰水洗涤两次，再用丙酮洗涤一次，加速干燥，烘干称量。产品待鉴定。

五、实验结果

纯黄连素为黄色针状晶体。产品用电子天平称量。

六、注意事项

(1) 黄连素的提取回流要充分。

(2) 滴加浓盐酸前，不溶物要去除干净，否则影响产品的纯度。

(3) 如果晶形不好,可用水重结晶一次。

七、思考题

(1) 黄连素为何种生物碱类的化合物?
(2) 从黄连中提取黄连素的原理是什么?

实验十　红辣椒中红色素的测定

一、实验目的

(1) 掌握紫外分光光度法测定辣椒红色素的方法。
(2) 熟悉有机溶剂提取辣椒红色素的方法。

二、实验原理

辣椒红色素是天然红色素的一种,可从成熟的茄科红辣尖椒中提取。辣椒果皮含有0.2%～0.5%的胡萝卜色烯类色素,其中辣椒红素和辣椒玉红素占总量的50%～60%。辣椒红素不仅色价高,安全无毒,而且具有抗癌美容的功效,因此被广泛应用于食品、医药、化妆品和儿童玩具等领域。

本实验采用有机溶剂提取辣椒红色素,并利用紫外分光光度法测定其含量。

三、实验用品

1. 仪器

UV-2000 紫外可见分光光度计,恒温水浴锅,精密电子天平,旋转蒸发器,真空干燥箱。

2. 试剂

辣椒(当地市场所售,去籽,晾干,粉碎后过 0.18 mm 筛,贮于棕色瓶中备用),去离子水,丙酮。

四、实验内容

1. 提取方法

本实验采用有机溶剂(丙酮)提取辣椒红色素。称取 5 g 辣椒粉,用 75 mL 丙酮,室温浸取 3 h,旋转蒸发浓缩提取液,回收有机溶剂,然后将浓缩物置于真空干燥箱中至恒质量,得到辣椒红色素粗产品。实验工艺流程如下:

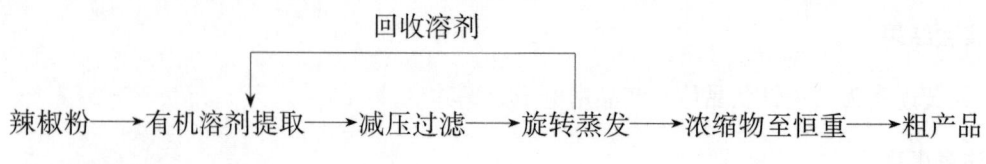

```
                        回收溶剂
                           ↓
辣椒粉 → 有机溶剂提取 → 减压过滤 → 旋转蒸发 → 浓缩物至恒重 → 粗产品
```

2. 分析方法

准确称取一定质量的试样,精确至 0.000 1 g,用丙酮稀释一定倍数,用分光光度计于 460 nm 波长处,以丙酮作参比液,于 1 cm 比色皿中测定其吸光度。在一定的稀释倍数下,吸光度与辣椒红素的含量成正比。

五、实验结果

1. 辣椒红色素色价

$$E_{1\,cm}^{1\%}(460\ nm) = \frac{Af}{m} \times \frac{1}{100} \qquad (式4-7)$$

式中：$E_{1\,cm}^{1\%}(460\ nm)$为被测试样1‰，1 cm比色皿，在最大吸收峰460 nm处的吸光度；A为实测试样的吸光度；f为稀释倍数；m为试样质量，g。

2. 辣椒红色素产量

$$辣椒红色素产量 = \frac{提取所得辣椒红色素的质量}{提取所用辣椒的质量} \qquad (式4-8)$$

六、注意事项

(1) 辣椒红色素耐还原性好，耐氧化性差。
(2) 温度对辣椒红色素有一定影响。温度愈高，色素损失愈多，主要在70℃以上加热损失较明显。

七、思考题

红色素提取的原理是什么？

实验十一　盐酸小檗碱含量的测定

一、实验目的

(1) 掌握紫外分光光度法测定盐酸小檗碱含量的方法。
(2) 熟悉柱色谱法洗脱溶液的方法。

二、实验原理

盐酸小檗碱为黄色结晶性粉末，无臭，味极苦，具有抗菌、消炎之作用，是制剂生产中常用的原料药。本实验采用紫外分光光度法测定含量，方法简单，结果可靠，便于实际应用。

三、实验用品

1. 仪器
紫外分光光度计，中性氧化铝柱，电子天平，容量瓶(50 mL、100 mL)，恒温水浴锅。
2. 试剂
乙醇(分析纯)，盐酸小檗碱对照品，盐酸小檗碱样品。

四、实验内容

1. 测定波长的选择

选定 350 nm 波长处测定吸光度。

2. 标准溶液的配制

取盐酸小檗碱对照品约 10 mg，精密称量，置于 100 mL 容量瓶中，加入乙醇约 85 mL，置于水浴加热使之溶解，放冷，用乙醇稀释至刻度，摇匀，作为对照品溶液。

3. 标准曲线的制备

取对照品溶液，各用移液管移取 1.0 mL、2.0 mL、3.0 mL、4.0 mL、5.0 mL，分别置于 50 mL 容量瓶中，用乙醇稀释至刻度，以乙醇为空白对照，在 350 nm 波长处测定吸光度，以浓度为横坐标、吸光度为纵坐标绘制标准曲线。

4. 样品溶液的配制

取盐酸小檗碱约 20 mg，精确称量，置于 50 mL 容量瓶中，加乙醇约 35 mL，置于水浴加热使之溶解，放置冷却，加乙醇稀释至刻度，摇匀。精密吸取 1 mL，加入已处理好的中性氧化铝柱上，用 35 mL 乙醇分次洗脱，至洗脱液无色，加乙醇稀释至 50 mL，摇匀，即可。

5. 样品溶液的含量测定

取盐酸小檗碱样品依照上述样品溶液的配制方法制备 4 份供试品溶液，分别用紫外分光光度法，以乙醇为空白对照，在 350 nm 波长处测定吸光度，计算含量。

五、实验结果

1. 数据记录

标准曲线制备数据记录。

表 4-10

	0	1	2	3	4	5
对照品溶液(mL)	0	1.0	2.0	3.0	4.0	5.0
A_{350nm}						

样品测定数据记录。

表 4-11

	0	1	2	3	4
样品溶液(mL)	2.0	2.0	2.0	2.0	2.0
A_{350nm}					

2. 结果计算

参照标准曲线计算样品中盐酸小檗碱含量。

六、注意事项

小檗碱又名黄连素，为中药成分，干燥温度不宜过高，在 60~65℃ 干燥 23 h 即可恒重。

七、思考题

本实验中测定盐酸小檗碱含量的原理是什么?

实验十二 苯甲酸的微波合成及苯甲酸乙酯的制备

一、实验目的

(1) 学习苯甲酸的微波合成方法。
(2) 掌握制备苯甲酸乙酯的原理和实验方法。
(3) 掌握分水器的使用方法,巩固萃取、回流等基本操作。
(4) 学习半微量有机合成实验操作。

二、基本原理

微波辐射化学是研究微波在化学中应用的一门新兴的前沿交叉学科,它在国外的研究进展十分活跃。自从 1986 年 Gedye 等首次报道了微波作为有机反应的热源可以促进有机化学反应,微波技术已成为有机化学反应研究的热点之一。与常规加热法相比,微波辐射促进合成方法具有显著的节能、提高反应速率、缩短反应时间、减少污染,且能实现一些常规方法难以实现的反应等优点,体现了新兴技术的运用和绿色化学的理念。

本实验在微波辐射下合成苯甲酸,然后在浓硫酸催化下,苯甲酸和无水乙醇发生酯化反应得到苯甲酸乙酯。

主反应为:

$$\text{C}_6\text{H}_5\text{CH}_2\text{OH} \xrightarrow[\text{微波辐射}]{\text{KMnO}_4} \text{C}_6\text{H}_5\text{COOH}$$

$$\text{C}_6\text{H}_5\text{COOH} + \text{CH}_3\text{CH}_2\text{OH} \xrightleftharpoons{\text{H}^+} \text{C}_6\text{H}_5\text{COOCH}_2\text{CH}_3 + \text{H}_2\text{O}$$

副反应为:

$$2\text{C}_2\text{H}_5\text{OH} \xrightarrow{\text{浓 H}_2\text{SO}_4} \text{C}_2\text{H}_5\text{OC}_2\text{H}_5 + \text{H}_2\text{O}$$

由于酯化反应是一个平衡常数较小的可逆反应,为了提高产率,在实验中可采用过量的乙醇,同时利用苯-水共沸物尽可能除去产物中的小分子副产物——水。为得到较纯的苯甲酸乙酯,应对得到的反应产物进行萃取和蒸馏。

三、实验用品

1. 仪器

圆底烧瓶(250 mL),微波反应器,布氏漏斗,吸滤瓶,烧杯,锥形瓶,微型仪器一套(包括10 mL 和 5 mL 圆底烧瓶、球形冷凝管、分水器、分液漏斗、直形冷凝管、空气冷凝管、克氏蒸馏头、支管接引管、锥形瓶、量筒、烧杯、毛细管),红外灯。

2. 试剂

苯甲醇 2.1 mL(20 mmol),高锰酸钾 4.5 g(28 mmol),无水乙醇 3.8 mL(65 mmol),碳酸钠 2.0 g,四丁基溴化铵 0.4 g,苯 2.8 mL,乙醚 7.5 mL,10%乙醇水溶液,盐酸,浓硫酸,无水氯化钙。

四、实验步骤

1. 苯甲酸的制备

在 250 mL 圆底烧瓶中加入 40 mL 水、4.5 g 高锰酸钾、2.0 g 碳酸钠、0.4 g 四丁基溴化铵和苯、2.1 mL 甲醇,再加入 10 mL 水和 2 粒沸石。将圆底烧瓶置于微波化学反应器的炉腔内,装上回流装置,关闭微波炉门,在 650 W 的功率下,反应 16 min(由于微波反应较为激烈,如发生液泛,应间歇进行)。

将反应瓶冷却到室温,抽滤。滤液用盐酸酸化到 pH=3~4 析出固体。冰浴冷却,抽滤,用少量冰水洗涤,得到苯甲酸粗产品。

称取 2 g 粗苯甲酸,加入 100 mL 锥形瓶中,加入 60 mL 10%乙醇和 2 粒沸石,加热回流,停止加热,稍冷后,加入一小匙活性炭,并补加 1 粒沸石,再加热煮沸 2 min。

趁热减压过滤,滤液倒入小烧杯中,在室温下静置。等大部分晶体析出后,再用冷水冷却,以使结晶更完全。

减压过滤,产品用红外灯干燥,称重。重结晶率应在 80%左右。

2. 苯甲酸乙酯的制备

在干燥的 10 mL 圆底烧瓶中加入苯甲酸 1.5 g(12.3 mmol)、无水乙醇 3.8 mL(65 mmol)、浓硫酸 0.5 mL 和苯 2.8 mL,摇匀后加入 2 粒沸石。装上分水器,在分水器中加入适量的水。分水器上端安装回流冷凝管。

开始缓缓加热,让其缓慢回流。反应初期回流速度要适当慢一些,同时在反应过程中应控制分水器中的液面位置。分水器中逐渐出现上、中、下三层液体。随着反应的进行,中层逐渐增多,当中层达到 1 mL 左右时,停止加热,放出中、下层液体并记下体积。继续加热以蒸出多余的乙醇和苯,当分水器被充满时,停止加热,并将分水器中液体放出。

烧瓶冷却后,将混合物倒入盛有 11 mL 水的烧杯中,在搅拌下向烧杯中分批加入研细的碳酸钠粉末,直到再无二氧化碳气体放出且未反应的苯甲酸全部溶解为止,检验 pH 为中性。将中和后的液体转入分液漏斗,分出粗产物,水层用 6 mL 乙醚萃取。合并粗产物和萃取液,用无水硫酸钠干燥。

将干燥后的粗苯甲酸乙酯转入 10 mL 圆底烧瓶中,先缓缓蒸出乙醚(注意低沸点液体的蒸馏装置)。待蒸气温升到 140℃后,改用空气冷凝管,加热蒸馏,蒸出其他馏分。最后减压蒸馏,收集产品。产品量体积,回收,计算产率。

纯苯甲酸乙酯为无色液体,沸点为212.4℃,折射率为1.500 1,相对密度为1.050 9。

五、注意事项

(1) 随着反应的进行,在分水器中会形成三层:下层为分水器中原有的水;中层为共沸物的下层,占共沸物总量的16%(含苯4.8%,乙醇52.1%,水43.1%);上层为共沸物的上层,占共沸物总量的84%(含苯86%,乙醇12.7%,水1.3%)。应控制液面位置使得最上层液体始终为薄薄的一层。

(2) 根据理论计算,带出的总水量约为0.38 g,反应中形成的苯-乙醇-水三元共沸物蒸出总体积约为1.2 mL。

(3) 中和时注意控制加入碳酸钠的速度,否则大量泡沫的产生可使液体溢出。

六、思考题

(1) 本实验采用了什么原理和措施来提高酯化反应的产率?

(2) 为什么要用苯来除去反应体系中的水?

附　录

附录一　常用缓冲溶液的配制

缓冲溶液组成	缓冲溶液 pH	缓冲溶液配制方法
H_2NCH_2COOH-HCl	2.3	取 150 g H_2NCH_2COOH 溶于 500 mL 水中,加 80 mL 浓盐酸,稀释至 1 L
H_3PO_4-柠檬酸盐	2.5	取 113 g $Na_2HPO_4 \cdot 12H_2O$ 溶于 200 mL 水中,加 387 g 柠檬酸溶解,过滤后稀释至 1 L
$ClCH_2COOH$-NaOH	2.8	取 200 g $ClCH_2COOH$ 溶于 200 mL 水中,加 40 g NaOH 溶解后稀释至 1 L
邻苯二甲酸氢钾-HCl	2.9	取 500 g 邻苯二甲酸氢钾溶于 500 mL 水中,加 80 mL 浓盐酸,稀释至 1 L
HCOOH-NaOH	3.7	取 95 g HCOOH 和 40 g NaOH 于 500 mL 水,溶解,稀释至 1 L
NaAc-HAc	4.0	将 60 mL 冰醋酸和 16 g 无水醋酸钠溶于 100 mL 水中,稀释至 500 mL
NH_4Ac-HAc	4.5	取 77 g NH_4Ac 溶于 200 mL 水中,加 59 mL 冰 HAc,稀释至 1 L
NaAc-HAc	4.7	取 83 g 无水 NaAc 溶于水中,加 60 mL 冰 HAc,稀释至 1 L
NaAc-HAc	5.0	取 160 g 无水 NaAc 溶于水中,加 60 mL 冰 HAc,稀释至 1 L
NH_4Ac-HAc	5.0	取 250 g NH_4Ac 溶于水中,加 25 mL 冰 HAc,稀释至 1 L
六亚甲基四胺-HCl	5.4	取 40 g 六亚甲基四胺溶于 200 mL 水中,加 10 mL 浓盐酸,稀释至 1 L
NaAc-HAc	5.7	将 100 g $NaAc \cdot 3H_2O$ 溶于适量水中,加 6 mol/L HAc 溶液 13 mL,稀释至 500 mL
NH_4Ac-HAc	6.0	取 600 g 无水 NH_4Ac 溶于水中,加 20 mL 冰 HAc,稀释至 1 L
NH_4Ac	7.0	NH_4Ac 77 g 溶于适量水中,稀释至 500 mL
NH_3-NH_4Cl	7.5	NH_4Cl 66 g 溶于适量水中,加浓氨水 1.4 mL,稀释至 500 mL
NaAc-H_3PO_4 盐	8.0	取 50 g 无水 NaAc 和 50 g $Na_2HPO_4 \cdot 12H_2O$ 溶于水中,稀释至 1 L
三羟甲基氨基甲烷-HCl	8.2	取 25 g 三羟甲基氨基甲烷溶于水中,加 8 mL 浓盐酸,稀释至 1 L

(续表)

缓冲溶液组成	缓冲溶液 pH	缓冲溶液配制方法
NH_3-NH_4Cl	8.5	NH_4Cl 40 g 溶于适量水中,加浓氨水 8.8 mL,稀释至 500 mL
NH_3-NH_4Cl	9.2	取 54 g NH_4Cl 溶于水中,加 63 mL 浓氨水,稀释至 1 L
NH_3-NH_4Cl	9.5	取 54 g NH_4Cl 溶于水中,加 126 mL 浓氨水,稀释至 1 L
NH_3-NH_4Cl	10.0	取 54 g NH_4Cl 溶于水中,加 350 mL 浓氨水,稀释至 1 L
NH_3-NH_4Cl	11.0	NH_4Cl 27 g 溶于适量水中,加浓氨水 175 mL,稀释至 500 mL

附录二 常用指示剂及其配制方法

(一) 酸碱指示剂

指示剂	变色点	变色范围	颜色			配制方法
			酸色	过渡	碱色	
百里酚蓝	1.7	1.2~2.8	红	橙	黄	0.1%的90%乙醇溶液
甲基黄	3.3	2.9~4.0	红	橙	黄	0.1%的90%乙醇溶液
甲基橙	3.4	3.1~4.4	红	橙	黄	0.1%的水溶液
溴酚蓝	4.1	3.0~4.4	黄		紫	0.1%的20%乙醇溶液
溴甲酚绿	4.9	3.8~5.4	黄	绿	蓝	0.1%的水溶液
甲基红	5.0	4.4~6.2	红	橙	黄	0.1%的60%乙醇溶液
溴百里酚蓝	7.3	6.2~7.6	红	绿	蓝	0.1%的20%乙醇溶液
中性红	7.4	6.8~8.0	红	橙	橙黄	0.1%的60%乙醇溶液
酚酞	9.1	8.0~10.0	无色	淡红	红	1%的90%乙醇溶液
百里酚蓝	8.9	8.0~9.6	黄	绿	蓝	0.1%的90%乙醇溶液
百里酚酞	10.0	9.4~10.6	无	淡蓝	蓝	0.1%的90%乙醇溶液

(二) 混合指示剂

指示剂溶液配方	颜色		变色点	备注
	酸色	碱色		
1 份 0.1%甲基橙水溶液 1 份 0.25%靛蓝二磺酸钠水溶液	紫	绿	4.1	灯光下可滴定
3 份 0.1%溴甲酚绿 20%乙醇溶液 1 份 0.2%甲基红 60%乙醇溶液	酒红	绿	5.1	变色明显

(续表)

指示剂溶液配方	颜色		变色点	备注
	酸色	碱色		
1份0.1%中性红水溶液 1份0.1%甲基蓝水溶液	蓝紫	绿	7.1	必须保存在棕色瓶中
1份0.1%甲酚红钠盐水溶液 3份0.1%百里酚蓝钠盐水溶液	黄	紫	8.3	pH=8.2玫瑰色 pH=8.4紫色
1份0.1%百里酚蓝50%乙醇溶液 3份0.1%酚酞50%乙醇溶液	黄	紫	9.9	pH=9绿色

(三) 氧化还原指示剂

名称	$\varphi^{\ominus}$(V)	颜色		配制方法
		氧化态	还原态	
二苯胺,1%	0.76	紫	无色	1 g 二苯胺在搅拌下溶于 100 mL 浓硫酸和 100 mL 浓磷酸,储于棕色瓶中
二苯胺磺酸钠,0.5%	0.85	紫	无色	0.5 g 二苯胺磺酸钠溶于 100 mL 水中,必要时过滤
邻菲罗啉硫酸亚铁,0.5%	1.06	红	淡蓝	0.5 g $FeSO_4 \cdot 7H_2O$ 溶于 100 mL 水中,加 2 滴硫酸,加 0.5 g 邻菲罗啉
邻苯氨基苯甲酸,0.2%	1.08	红	无色	0.2 g 邻苯氨基苯甲酸加热溶解在 100 mL 0.2% Na_2CO_3 溶液中,必要时过滤
淀粉,1%				1 g 可溶性淀粉,加少许水调成浆状,在搅拌下注入 100 mL 沸水中,微沸 2 min,放置,取上层溶液使用(若要保持稳定,可在研磨淀粉时加入 1 mg HgI_2)
5-硝基邻二氮菲-Fe(Ⅱ)	1.25	淡蓝	紫红	1.608 g 5-硝基邻二氮菲加 0.695 g $FeSO_4 \cdot 7H_2O$,溶于 100 mL 水中
邻二氮菲-Fe(Ⅱ)	1.06	淡蓝	红	1.485 g 邻二氮菲加 0.695 g $FeSO_4 \cdot 7H_2O$,溶于 100 mL 水中
变胺蓝	0.59	无色	蓝	0.05%水溶液
次甲基蓝	0.36	蓝	无色	0.05%水溶液
中性红	0.24	红	无色	0.05% C_2H_5OH 溶液

附录三　常用基准物质的干燥条件和应用

基准物质		干燥后组成	干燥条件(℃)	标定对象
名　称	分子式			
碳酸氢钠	$NaHCO_3$	Na_2CO_3	270～300	酸
碳酸钠	$Na_2CO_3 \cdot 10H_2O$	Na_2CO_3	270～300	酸
硼砂	$Na_2B_4O_7 \cdot 10H_2O$	$Na_2B_4O_7 \cdot 10H_2O$	放在含 NaCl 和蔗糖饱和液的干燥器中	酸
碳酸氢钾	$KHCO_3$	K_2CO_3	270～300	酸
草酸	$H_2C_2O_4 \cdot 2H_2O$	$H_2C_2O_4 \cdot 2H_2O$	室温空气干燥	碱或 $KMnO_4$
邻苯二甲酸氢钾	$KHC_8H_4O_4$	$KHC_8H_4O_4$	110～120	碱
重铬酸钾	$K_2Cr_2O_7$	$K_2Cr_2O_7$	140～150	还原剂
溴酸钾	$KBrO_3$	$KBrO_3$	130	还原剂
碘酸钾	KIO_3	KIO_3	130	还原剂
铜	Cu	Cu	室温干燥器中保存	还原剂
三氧化二砷	As_2O_3	As_2O_3	室温干燥器中保存	氧化剂
草酸钠	$Na_2C_2O_4$	$Na_2C_2O_4$	130	氧化剂
碳酸钙	$CaCO_3$	$CaCO_3$	110	EDTA
锌	Zn	Zn	室温干燥器中保存	EDTA
氧化锌	ZnO	ZnO	900～1 000	EDTA
氯化钠	NaCl	NaCl	500～600	$AgNO_3$
氯化钾	KCl	KCl	500～600	$AgNO_3$
硝酸银	$AgNO_3$	$AgNO_3$	280～290	氯化物
氨基磺酸	$HOSO_2NH_2$	$HOSO_2NH_2$	在真空 H_2SO_4 干燥器中 48 h	碱
氟化钠	NaF	NaF	铂坩埚中 500～550℃下 40～50 min 后,硫酸干燥器中冷却	

附录四　常用干燥剂的性能与应用范围

干燥剂	吸水作用	吸水容量(g)	干燥效能	干燥速度	应用范围
氯化钙	形成 $CaCl_2 \cdot nH_2O$ $n=1,2,4,6$	0.97 按 $n=6$ 计算	中等	较快,吸水后表面覆盖黏稠薄层,故应放置较长时间	不能用于干燥醇、酚、胺。工业氯化钙不能干燥酸类

(续表)

干燥剂	吸水作用	吸水容量(g)	干燥效能	干燥速度	应用范围
硫酸镁	形成 $MgSO_4 \cdot nH_2O$ $n=1,2,4,5,6,7$	1.05 按 $n=7$ 计算	较弱	较快	中性,可代替氯化钙,可干燥酯、醛、酮、腈、酰胺等
硫酸钠	$Na_2SO_4 \cdot 10H_2O$	1.25	弱	缓慢	中性,一般用于液体有机物初步干燥
硫酸钙	$2CaSO_4 \cdot H_2O$	0.06	强	快	中性,常与硫酸镁配合,做最后干燥
碳酸钾	$K_2CO_3 \cdot \frac{1}{2}H_2O$	0.2	较弱	慢	弱碱性,用于干燥醇、酮、酯、胺及杂环等碱性化合物
氢氧化钾	溶于水	—	中等	快	强碱性,用于干燥胺、杂环等碱性化合物
金属钠	—	—	强	快	只能用于干燥醚、烃类中微量水分
氧化钙	—	—	强	较快	适用于干燥低级醇类
五氧化二磷	—	—	强	快,但吸水后表面覆盖黏浆液,操作不便	适用于干燥醚、烃、卤代烃、腈等中微量水分

附录五 危险化学品的使用知识

化学工作者经常使用各种各样的化学药品进行工作。常用化学药品的危险性,大体可分为易燃、易爆和有毒三类,现分述如下。

易燃化学药品

可燃气体:氢、乙胺、氯乙烷、乙烯、煤气、氢气、硫化氢、甲烷、氯甲烷、二氧化硫等。
易燃液体:汽油、乙醚、乙醛、二硫化碳、石油醚、苯、甲苯、二甲苯、丙酮、乙酸乙酯、甲醇、乙醇等。
易燃固体:红磷、三硫化二磷、萘、镁、铝粉等。黄磷为自燃固体。
从上列可以看出,大部分有机溶剂均为易燃物质,若使用或保管不当,极易引起燃烧事故,故需特别注意。

易爆炸化学药品

气体混合物的反应速率随成分而异,当反应速率达到一定限度时,即会引起爆炸。

经常使用的乙醚,不但其蒸气能与空气或氧混合,形成爆炸混合物,放置陈久的乙醚被氧化生成的过氧化物在蒸馏时也会引起爆炸。此外,四氢呋喃等环醚亦会产生过氧化物而引起爆炸。

某些以较高速度进行的放热反应,因生成大量气体也会引起爆炸并伴随着发生燃烧。

一般说来,易爆物质大多含有以下结构或官能团:

—O—O—	臭氧、过氧化物
—O—Cl—	氯酸盐、高氯酸盐
=N—Cl	氮的氯化物
—N=O	亚硝基化合物
—N=N—	重氮及叠氮化合物
—N=C	雷酸盐
—NO_2	硝基化合物(三硝基甲苯、苦味酸盐)
—C≡C—	乙炔化合物(乙炔金属盐)

自行爆炸的有:高氯酸铵、硝酸铵、浓高氯酸、雷酸汞、三硝基甲苯等。

混合后发生爆炸的有:① 高氯酸+酒精或其他有机物;② 高锰酸钾+甘油或其他有机物;③ 高锰酸钾+硫酸或硫;④ 硝酸+镁或碘化氢;⑤ 硝酸铵+酯类或其他有机物;⑥ 硝酸+锌粉+水;⑦ 硝酸盐+氯化亚锡;⑧ 过氧化物+铝+水;⑨ 硫+氧化汞;⑩ 金属钠或钾+水。

氧化物与有机物接触,极易引起爆炸。在使用浓硝酸、高氯酸及过氧化氮等时,必须特别注意。

防止爆炸除本书第一部分已叙述的知识外,还必须注意以下几点:

(1) 进行可能爆炸的实验,必须在特殊设计的防爆炸地方进行。使用可能发生爆炸的化学药品时,必须做好个人防护,戴面罩或防护眼镜,在不碎玻璃通风橱中进行操作;并设法减少药品用量或浓度,进行小量试验。对不了解的实验,切勿大意。

(2) 苦味酸需保存在水中,某些过氧化物(如过氧化苯甲酰)必须加水保存。

(3) 易爆炸残渣必须妥善处理,不得任意乱丢。

有毒化学药品

日常接触的化学药品中,有的是剧毒,使用时必须十分小心。有的药品长期接触或接触过多,也会引起急性或慢性中毒,影响健康。但只要掌握有毒化学药品的特性并且加以防护,就可避免或把中毒机会减少到最低程度。

(1) 有毒化学药品通常由下列途径侵入人体

① 由呼吸道侵入。有毒实验必须在通风橱内进行,并经常注意保持室内空气流畅。

② 由皮肤黏膜侵入。眼睛的角膜对化学药品非常敏感,故进行实验时,必须戴防护眼镜,进行实验操作时,注意勿使药品直接接触皮肤,手或皮肤有伤口时更须特别小心。

③ 由消化道侵入。这种情况不多。为防止中毒,任何药品不得用口尝味,严禁在实验室进食,实验结束后必须洗手。

(2) 常见的有毒化学药品

① 有毒气体:氯、氟、氰氢酸、氟化氢、溴化氢、氯化氢、二氧化硫、硫化氢、光气、氨、一氧

化碳等均为窒息性或具刺激性气体。在使用以上气体或进行有以上气体产生的实验时，必须在通风良好的通风橱中进行，并设法吸收有毒气体，减少对环境的污染。如遇大量有害气体逸至室内，应立即关闭气体发生装置，迅速停止实验，关闭火源、电源，离开现场。如发生伤害事故，应视情况及时加以处理。

② 强酸和强碱：硝酸、硫酸、盐酸、氢氧化钠、氢氧化钾等均刺激皮肤，有腐蚀作用，易造成化学烧伤。若吸入强酸烟雾，会刺激呼吸道，使用时应加倍小心，并严格按规定的操作进行。

③ 无机化学药品

氰化物及氰氢酸：毒性极强、致毒作用极快，空气中氰化氢含量达万分之三，数分钟内即可致人死亡，使用时须特别注意。氰化物必须密封保存，要有严格的领用保管制度，取用时必须戴口罩、防护眼镜及手套，手上有伤口时不得进行氰化物的实验。研碎氰化物时，必须用有盖研钵，在通风橱进行(不抽风)；使用过的仪器、桌面均得亲自收拾，用水冲净，手及脸亦应仔细洗净；实验服可能污染，必须及时换洗。

汞：室温下即能蒸发，毒性极强，能导致急性或慢性中毒。使用时必须注意室内通风，提纯或处理必须在通风橱内进行。如果泼翻，可用水泵减压收集，应尽可能收集完全。无法收集的细粒，可用硫黄粉、锌粉或三氯化铁溶液清除。

溴：液溴可致皮肤烧伤，其蒸气刺激黏膜，甚至可使眼睛失明。使用时必须在通风橱中进行。盛溴的玻璃瓶须密闭后放在金属罐中妥善存放，以免撞倒或打翻；如泼翻或打破，应立即用沙掩盖。如皮肤灼伤应立即用稀乙醇冲洗或用大量甘油按摩，然后涂硼酸和凡士林。

金属钠、钾：遇水即发生燃烧、爆炸，使用时须小心。钠、钾应保存在液体石蜡或煤油中，装入铁罐盖好，放在干燥处。

④ 有机化学药品

有机溶剂：有机溶剂均为脂溶性液体，对皮肤黏膜有刺激作用，对神经系统有选择作用。如苯，不但刺激皮肤，易引起顽固湿疹，还对造血系统及中枢神经系统有严重损害。再如甲醇对视神经特别有害。在条件许可的情况下最好用毒性较低的石油醚、醚、丙酮、甲苯、二甲苯代替二硫化碳、苯和卤代烷类。

硫酸二甲酯：鼻吸入及皮肤吸收硫酸二甲酯均会中毒，且有潜伏期，中毒后会感到呼吸道灼痛，对中枢神经影响大，滴在皮肤上能引起坏死、溃疡，恢复慢。

芳香硝基化合物：化合物所含硝基愈多毒性愈大，在硝基化合物中增加氯原子，亦将增加毒性。此类化合物的特点是能迅速被皮肤吸收，中毒后引起顽固性贫血及黄疸病，刺激皮肤引起湿疹。

苯酚：能够灼伤皮肤，引起坏死或皮炎，沾染后应立即用温水及稀酒精洗。

生物碱：大多数生物碱具强烈毒性，皮肤亦可吸收，少量可导致中毒甚至死亡。

致癌物：很多烷基化剂长期摄入体内有致癌作用，应予注意，其中包括硫酸二甲酯、对甲苯磺酸甲酯、N-甲基-N-亚硝基脲素、亚硝基二甲胺、偶氮乙烷以及一些丙烯酯类等。一些芳香胺类，由于在肝脏中经代谢而生成 N-羟基化合物而具有致癌作用，其中包括 2-乙酰氨基芴、4-乙酰氨基联苯、2-乙酰氨基苯酚、2-萘胺、4-二甲氨基偶氮苯等。部分稠环芳香烃化合物，如 3,4-苯并蒽、1,2,5,6-二苯并蒽等，都是致癌物，而 9,10-二甲基-1,2-苯并蒽则属于强致癌物。

附录六　化学技能比赛实验方案①

样例一　硫酸亚铁铵的制备及质量评价

一、实验目的

(1) 根据实验方案制备复盐硫酸亚铁铵晶体。
(2) 计算硫酸亚铁铵的产率(%)。
(3) 评判硫酸亚铁铵的产品等级。
(4) 测定硫酸亚铁铵的产品纯度。
(5) 完成报告。

硫酸亚铁铵的制备及质量评价

二、实验原理

铁能溶于稀硫酸生成硫酸亚铁,但亚铁盐通常不稳定,在空气中易被氧化。若往硫酸亚铁溶液中加入与硫酸亚铁等物质的量(以 mol 计)的硫酸铵,可生成一种含有结晶水、不易被氧化、易于存储的复盐——硫酸亚铁铵晶体。

产品等级分析可采用限量分析——目测比色法,该方法原理为酸性条件下,三价铁离子可以与硫氰酸根离子生成红色配合物,将产品溶液与标准色阶进行比较,可以评判产品溶液中三价铁离子的含量范围,以确定产品等级。

产品纯度分析可采用 1,10-菲啰啉(邻二氮菲)分光光度法,该方法基于特定 pH 条件下,二价铁离子可以与 1,10-菲啰啉生成有色配合物。依据朗伯-比尔定律(Lambert-Beer Law),可以通过测定该配合物最大吸收波长处的吸光度,计算二价铁离子含量,判定产品纯度。

表 1　三种硫酸盐的溶解度　　　　　　　　　　　　　　单位:g/100 g H_2O

温度(℃)	$FeSO_4$	$(NH_4)_2SO_4$	$(NH_4)_2SO_4 \cdot FeSO_4 \cdot 6H_2O$
10	20.5	73.0	18.1
20	26.6	75.4	21.2
30	33.2	78.0	24.5
50	48.6	84.5	31.3
70	56.0	91.0	38.5

三、实验用品

1. 仪器

电子天平(精度 0.01 g、0.000 1 g),电炉(配石棉网),水浴装置,减压抽滤装置,紫外-可

---

① 依据 2022 年全国职业院校技能比赛化学实验技术赛题(高职组),略有改动。

见分光光度计(配备 1 cm 石英比色皿 2 个),烧杯(100 mL、250 mL、500 mL、1 000 mL),量筒(5 mL、10 mL、25 mL、100 mL),量杯(500 mL),试剂瓶(250 mL、500 mL、5 000 mL),普通漏斗,蒸发皿,表面皿,抽滤瓶,布氏漏斗,分刻度吸量管(2 mL、5 mL),比色管(25 mL),容量瓶(100 mL、250 mL)等。

2. 试剂

还原性铁粉,碳酸钠,硫酸铵,硫酸(3.0 mol/L),无水乙醇,盐酸溶液(20%),硫氰化钾溶液(25%),缓冲试剂混合溶液(0.025 mol/L 盐酸邻菲啰啉、0.5 mol/L 氨基乙酸、0.1 mol/L 氨三乙酸按体积比 5∶5∶1 混合),铁(Ⅱ)离子储备溶液(2.000 g/L),去离子水。

四、实验内容

1. 溶液(剂)的准备

除氧水(加热法):将去离子水注入 1 L 的烧杯中,煮沸 10 min,立即转移至 5 L 的试剂瓶,加塞密封,冷却至室温,备用。

2. 产品制备

(1) 硫酸亚铁的制备

称取 2.5 g(精确到 0.01 g)铁原料于锥形瓶,加入一定体积、浓度为 3.0 mol/L 的硫酸溶液(反应组分的物质的量之比 $n_{铁}∶n_{硫酸}=1∶1\sim1∶1.5$),水浴加热至不再有气泡放出,动态调控反应温度以确保反应过程温和。反应结束后,根据需要加入适量热水,用硫酸溶液调节 pH 至不大于 1,并根据需要加入适量热水,趁热过滤至蒸发皿中。

未反应完的铁原料用滤纸吸干后称量,以此计算已被溶解的铁量。

(2) 硫酸亚铁铵的制备

根据反应生成硫酸亚铁的量,按反应方程式计算并称取所需硫酸铵的质量,$M_{(NH_4)_2SO_4}=132.14$ g/mol。在室温下将硫酸铵配成饱和溶液,然后加入盛有硫酸亚铁溶液的蒸发皿(或缓缓加入固体硫酸铵),混合均匀并用硫酸溶液调节 pH 至不大于 1。

所得混合溶液用水浴或蒸汽浴加热浓缩,至溶液表面刚出现结晶薄层为止。静置自然冷却至室温,待硫酸亚铁铵晶体完全析出。

减压过滤,用少量无水乙醇洗涤晶体,取出晶体,用滤纸快速吸除晶体表面残留的水和乙醇,然后置于盛器或称量纸上晾干,晾干时间不得超过 5 min。

称取 3 g(精确到 0.01 g)左右产品置于样品瓶中,用于产品外观评价。剩余产品保存在自封袋或称量瓶中,备用。

3. 产品等级分析

称取 0.50 g(精确到 0.01 g)硫酸亚铁铵产品,置于 25 mL 比色管中,加入一定体积的除氧水溶解晶体,然后加入 1 mL 20%的盐酸溶液和 2 mL 25%的硫氰化钾溶液,最后用除氧水定容,摇匀。同法平行配制三份。进行产品等级分析、外观评价。

产品等级分析的分级标准如表 2 所示。

表 2　产品分级标准

规格	一级	二级	三级
Fe^{3+} 含量(mg/g)	<0.1	0.1~0.2	0.2~0.4

4. 溶液准备

铁(Ⅱ)离子标准溶液：准确移取一定体积的铁(Ⅱ)离子储备溶液注入一定规格的容量瓶中，加入一定体积的硫酸溶液，用除氧水稀释至刻度，摇匀。

5. 产品纯度分析

(1) 工作曲线绘制

① 配制标准溶液系列：用吸量管准确移取不同体积的铁(Ⅱ)离子标准溶液至 7 个 100 mL 容量瓶中，然后加入 20 mL 缓冲试剂混合溶液，用除氧水稀释至刻度，摇匀、静置。

② 测定最大吸收波长：以相同方式制备不含铁(Ⅱ)离子的溶液为空白溶液，任取一份已显色的铁(Ⅱ)离子标准系列溶液转移到比色皿中，选择一定的波长范围进行测量，确定最大吸收波长。

③ 绘制标准曲线：在最大吸收波长处，测定各铁(Ⅱ)离子标准系列溶液的吸光度。以浓度为横坐标，以相应的吸光度为纵坐标绘制标准曲线。

(2) 产品纯度分析

准确称取 1 g(精确到 0.000 1 g)硫酸亚铁铵产品(自制)，加入一定体积的硫酸溶液，搅拌、溶解，然后定量转移至 100 mL 容量瓶中，用除氧水稀释至刻度，摇匀。

确定产品溶液的稀释倍数，配制待测溶液于所选用的容量瓶中，按照工作曲线绘制时的溶液显色方法和测定方法，在最大吸收波长处进行吸光度测定。

由测得吸光度从工作曲线查出待测溶液中铁(Ⅱ)离子的浓度，计算出产品纯度。

产品纯度分析须完成 3 次平行实验。

五、实验结果

1. 产品纯度

按式 1 计算出产品纯度，取 3 次测定结果的算术平均值作为最终结果，结果保留 4 位有效数字。

$$纯度 = \frac{p_x \times n \times V \times M_2}{m \times M_1} 100\% \qquad (式1)$$

式中：p_x 为从工作曲线查得的待测溶液中铁浓度，mg/L；n 为产品溶液的稀释倍数；V 为产品溶液定容后的体积，mL；m 为准确称取的产品质量，g；M_1 为铁元素的摩尔质量，55.84 g/mol；M_2 为六水合硫酸亚铁铵的摩尔质量，391.97 g/mol。

2. 误差分析

对产品纯度测定结果的精密度进行分析，计算相对平均标准偏差，结果精确至小数点后 2 位。

3. 产率

按式 2 计算产率，结果保留 3 位有效数字。

$$产率 = \frac{产品质量(g) \times 产品纯度}{理论产量(g)} \times 100\% \qquad (式2)$$

4. 报告撰写

请完成一份完整实验报告，实操过程中的数据记录表、谱图等作为工作报告附件，一并提交。

六、注意事项

（1）注意控制反应的温度，提高产品的产率和纯度。

（2）用硫酸调节 pH 至不大于 1，用玻璃漏斗趁热过滤至平底蒸发皿。用少量热的除氧水冲洗三角瓶及滤纸，水量不宜过多，否则蒸发结晶时间过长。

七、思考题

（1）制备硫酸亚铁时，在反应组分中无论是单质铁过量，还是硫酸过量，都有助于目标产品的制备，请简要阐述两种方法的理论依据并分析优缺点。

（2）产物的纯度分析还可以采用滴定分析法，如 $KMnO_4$ 法、$K_2Cr_2O_7$ 法，请问 $KMnO_4$ 法采用何种指示剂，$K_2Cr_2O_7$ 法的缺点是什么？

样例二　乙酸乙酯的合成及质量评价

一、实验目的

（1）根据流程进行乙酸乙酯的制备。

（2）计算乙酸乙酯的产率（%）。

（3）完成报告。

二、实验原理

乙酸乙酯的合成利用的是乙醇与乙酸发生的可逆平衡反应——酯化反应。可采用气相色谱对合成产物进行鉴定，并对产物中的乙酸乙酯含量进行定量分析。物料的物性常数如表 3 所示。

表 3　所用物料的物性常数

药品名称	分子量	密度(g/mL)	沸点(℃)	折光率	水溶解度(g/100 mL)
冰醋酸	60.05	1.049	117.9	1.376	易溶于水
乙醇	46.07	0.789	78.4	1.361	易溶于水
乙酸乙酯	88.11	0.900 5	77.1	1.372	微溶于水
浓硫酸	98.08	1.84	—	—	易溶于水

三、实验用品

1. 仪器

磁力搅拌器(带加热板)，升降台，带十字夹的铁架台，电子天平(精度 0.01 g)，气流烘干器(30 孔，不锈钢)，单口烧瓶(100 mL 或 150 mL，24# 磨口，1 个)，三口烧瓶(100 mL，24#

磨口,1个),分液漏斗(125 mL,聚四氟乙烯旋塞,1个),恒压长颈滴液漏斗(60 mL,24♯磨口,1个),直形冷凝管(200 mm,24♯磨口,1根),蒸馏头(24♯磨口,1个),真空尾接管(24♯双磨口,1个),玻璃塞(24♯磨口,不限),玻璃漏斗(40~60 mm,1个),锥形瓶(50 mL或100 mL,24♯磨口,共4个),量筒(10 mL和25 mL,各3只),烧杯(100 mL,2个),温度计(0~100℃,0~200℃,各1根)。

2. 试剂

乙醇,冰醋酸(乙酸),浓硫酸,碳酸钠溶液,氯化钠溶液,氯化钙溶液,无水硫酸镁,去离子水。

四、实验内容

1. 乙酸乙酯的合成

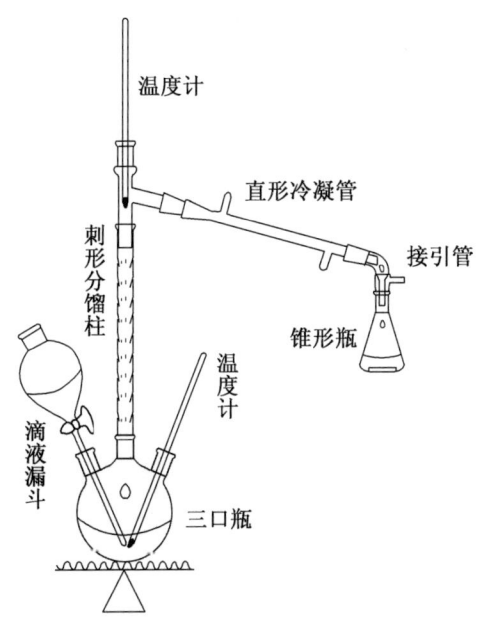

图 1　滴液蒸馏装置示意图　　　　　图 2　精制蒸馏装置示意图

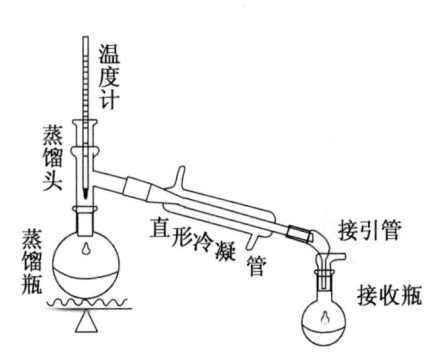

称量并记录所取用乙酸和乙醇的质量(精确到 0.01 g)。将适量乙醇、浓硫酸加入 100 mL 三口烧瓶中,混匀后加入磁力搅拌子。在滴液漏斗内加入适量乙醇和冰醋酸并混匀。

开始加热,当温度升至 110~120℃时,开始滴加乙醇和冰醋酸混合液,调节滴液速度,使滴入速度与馏出乙酸乙酯的速度大致相等。反应结束后,停止加热收集保留粗产品。

2. 乙酸乙酯的精制

洗涤:在粗品乙酸乙酯中加入饱和碳酸钠溶液洗涤至中性,然后将此混合液移入分液漏斗中,充分振摇,静置分层后,分出水层。接着用饱和氯化钠溶液洗涤,分出水层。再用饱和氯化钙溶液洗涤酯层,分出水层。

干燥:将酯层倒入锥形瓶中,并放入一定质量的无水硫酸镁,配上塞子,充分振摇至液体澄清透明,再放置干燥。

蒸馏:将干燥后的乙酸乙酯用漏斗经脱脂棉过滤至干燥的蒸馏烧瓶中,加入磁力搅拌子,搭建好蒸馏装置,加热进行蒸馏。收集乙酸乙酯馏分,记录精制乙酸乙酯的产量。

五、实验结果

1. 计算产物的产率

按式 3 计算出精制后乙酸乙酯的产率,以质量分数 w(乙酸乙酯)计,结果保留至小数点后一位。

$$w = \frac{m_{产品}}{\frac{M_{乙酸乙酯}}{M_{乙酸}} \times m_{乙酸}} \times 100\% \qquad (式3)$$

式中:$m_{产品}$ 为精制后乙酸乙酯的质量,g;$m_{乙酸}$ 为乙酸的质量,g;$M_{乙酸乙酯}$ 为乙酸乙酯分子的摩尔质量,g/mol($M_{乙酸乙酯}=88.11$ g/mol);$M_{乙酸}$ 为乙酸分子的摩尔质量,g/mol($M_{乙酸}=60.05$ g/mol)。

2. 报告撰写

请完成一份完整的实验报告。

六、注意事项

(1) 注意控制反应的温度,提高产品的产率和纯度。
(2) 合成过程中注意保持温度稳定。

七、思考题

乙酸乙酯合成时为什么用加热锅而不用水浴锅或油浴锅?

参考文献

1. 王萍萍. 基础化学实验教程[M]. 北京:科学出版社,2017.
2. 唐迪、李树炎. 化学实验基本操作[M]. 郑州:郑州大学出版社,2020.
3. 张奇涵. 有机化学实验[M]. 北京:北京大学出版社,2015.
4. 曹健,郭玲香. 有机化学实验[M]. 3版. 南京:南京大学出版社,2018.
5. 张兴丽. 生物化学实验指导[M]. 3版. 北京:中国轻工业出版社,2017.
6. 刘箭. 生物化学实验教程[M]. 3版. 北京:科学出版社,2020
7. 唐向阳. 基础化学实验教程[M]. 4版. 北京:科学出版社,2015.
8. 杜登学. 基础化学实验简明教程[M]. 2版. 北京:化学工业出版社,2016.
9. 李莉. 分析化学实验[M]. 哈尔滨:哈尔滨工业大学出版社,2016.
10. 石建新,巢晖. 无机化学实验[M]. 4版. 北京:高等教育出版社,2019.
11. 阎松. 基础化学实验[M]. 北京:化学工业出版社,2016.
12. 胡彩玲. 有机化学实验[M]. 北京:化学工业出版社,2015.
13. 高职高专化学教材编写组. 无机化学实验[M]. 4版. 北京:高等教育出版社,2014.
14. 刘宗瑞. 大学微型化学实验[M]. 2版. 北京:科学出版社,2016.
15. 黄少云. 无机及分析化学实验[M]. 北京:化学工业出版社,2017.
16. 吴景梅,王传虎. 有机化学实验[M]. 合肥:安徽大学出版社,2016.
17. 杨怀霞、吴培云. 无机化学实验[M]. 2版. 北京:中国医药科技出版社,2018.
18. 范勇等. 基础化学实验无机化学实验分册[M]. 2版. 北京:高等教育出版社,2015.
19. 强根荣等. 新编基础化学实验(Ⅱ)——有机化学实验[M]. 北京:化学工业出版社,2020.
20. 李慎新,陈百利,路璐. 分析化学实验[M]. 2版. 北京:化学工业出版社,2022.
21. 范晖. 基础化学实验[M]. 南京:南京大学出版社,2015.
22. 韩东梅等. 基础化学实验[M]. 广州:中山大学出版社,2017.
23. 孟长功等. 基础化学实验[M]. 3版. 北京:高等教育出版社,2019.
24. 史锋. 大学基础化学实验[M]. 2版. 北京:化学工业出版社,2019.